Ingenieur **Lothar Starke**, Ingenieur **Heinrich Bernhard**
und Dipl.-Ing. **Hans-Joachim Siegfried**

Leitfaden der Elektronik

für Gewerbliche Berufs-, Berufsfach- und Fachschulen
und für den Selbstunterricht

Teil 2

Bauelemente der Elektronik in der Praxis

Von Ingenieur **Heinrich Bernhard**, Gewerbeschulrat,
und Dipl.-Ing. **Hans-Joachim Siegfried**, Studienprofessor,
neu bearbeitete und erweiterte **3. Auflage**

Mit 249 Bildern und 10 Tafeln

FRANZIS-VERLAG MÜNCHEN

3. Auflage

1971

Franzis-Verlag G. Emil Mayer KG

Sämtliche Rechte — besonders das Übersetzungsrecht — an Text und Bildern vorbehalten. Fotomechanische Vervielfältigung nur mit Genehmigung des Verlages. Jeder Nachdruck, auch auszugsweise, und jede Wiedergabe der Bilder, auch in verändertem Zustand, sind verboten.

Satz und Druck: L. C. Wittich, Darmstadt, Wittichstraße 6

Printed in Germany. Imprimé en Allemagne

ISBN 3/7723/5763/6

Vorwort zur zweiten Auflage

Zu Beginn des Jahres 1965 kam die erste Auflage des Fachbuches Starke, *Leitfaden der Elektronik*, auf den Markt. Durch die Herausgabe von mehreren Neudrucken der unveränderten ersten Auflage konnte man genügend Zeit für eine notwendige umfassende Neubearbeitung gewinnen. Die Verfasser dieser Neubearbeitung sind H. J. Siegfried und H. Bernhard. Beide Autoren unterrichten seit Jahren an der Elektronik-Schule Tettnang angehende Elektronik-Mechaniker, Radio- und Fernsehtechniker und Elektronik-Techniker.

Diesem Buch liegt folgende Arbeitsteilung zugrunde:

1. H. Bernhard: Kapitel 1 bis 5.1, 5.2.9 und 5.3
2. H. J. Siegfried: Kapitel 5.2, 6 und 7

Teil 2 des Werkes *Leitfaden der Elektronik* baut auf den von Teil 1 vermittelten Grundlagen auf. Beide Teile sind jedoch so gestaltet, daß der Übergang von 1 nach 2 weitgehend kapitelweise möglich ist. Diese Parallelbenutzung gestattet es, Theorie und Praxis miteinander zu verbinden.

Text- und Bildgestaltung des vorliegenden Bandes entsprechen etwa denen des von H. Bernhard bearbeiteten ersten Teils des *Leitfaden der Elektronik*.

Die Autoren haben versucht, den Anforderungen an ein Schulbuch Rechnung zu tragen:

1. *240 Bilder* erläutern den Text,
2. *Merksätze* fassen behandelte Stoffgebiete zusammen,
3. *Wiederholungsfragen* erleichtern die Kontrolle über die angeeigneten Erkenntnisse und Kenntnisse.

Diese Eigenschaften und ein ausgewogener Schwierigkeitsgrad ermöglichen auch die erfolgreiche Verwendung der Leitfaden-Reihe bei der Erwachsenenfortbildung und beim Selbststudium im Bereich der Elektronik.

Zugunsten wichtiger Grundlagen (z. B. Ladungsträger in Gasen und im Hochvakuum) und spezifisch elektronischer Bauelemente (z. B. Meßgrößenaufnehmer, magnetische Speicherelemente und Thyristoren) hat sich der Umfang gegenüber der ersten Auflage beträchtlich erhöht. Einen wesentlichen Anteil an dieser notwendigen Ausweitung leistet die um den Faktor 2,4 erhöhte Bilderzahl. Grundsätzlich haben sich die Gewichte von den Röhren zu den Halbleitern hin verschoben.

Die Autoren dieser Auflage arbeiten nunmehr an Teil 3 des *Leitfaden der Elektronik*. Dieser Band behandelt die Grundschaltungen der Elektronik mit Hilfe exemplarischer Beispiele aus der Praxis.

Der Franzis-Verlag München hat den mit einer umfassenden Neubearbeitung verbundenen Aufwand nicht gescheut. Die Verfasser danken dem Verlag herzlich für die sorgfältige Ausgestaltung des vorliegenden Werkes. Besonderer Dank gebührt allen Lesern, die mit nützlichen Hinweisen und Anregungen zu dieser Arbeit beigetragen haben.

Dr.-Ing. Paul E. Klein, H. Bernhard, H. J. Siegfried

Vorwort zur dritten Auflage

Die vorliegende gemeinsame Überarbeitung konzentriert sich auf das Berichtigen von Fehlern und auf die „dritte Generation" im Bereich der Bauelemente.

In den ersten elektronischen Geräten waren *Röhren* auf ein *Chassis* montiert und passive Bauelemente (z. B. Widerstände und Kondensatoren) einzeln eingelötet worden. Es folgten *gedruckte Leiterplatten* mit *Transistoren* anstelle von Röhren. Alle Einzelbauelemente wurden in eine Grundplatte gesteckt und mit den Leiterbahnen in einem Arbeitsgang verlötet. Heute lassen sich aktive und passive „Bauelemente" in großer Anzahl zusammen mit den zugehörigen Verbindungen auf einem sehr kleinen Siliziumplättchen gleichzeitig herstellen: Es entsteht eine *monolithische Integrierte Schaltung* (Abschnitt 7.3).

Ein Vorschlag der IEC[1]) und der Normen-Entwurf DIN 41 857 geben für Integrierte Schaltungen etwa folgende Definition:

Mikroschaltung, bei der *mehrere Schaltungselemente* derart untrennbar zusammengebaut und untereinander elektrisch verbunden sind, daß die Schaltung hinsichtlich Datenblattangaben, Prüfung, Vertrieb, Anwendung und Instandhaltung als unteilbar gilt.

Auch moderne elektronische Geräte und Anlagen (Elektronenstrahl-Oszilloskope, elektronische Tischrechner, Farbfernsehempfänger usw.) müssen Herstellungsverfahren und Bauelemente *verschiedener* Generationen *nebeneinander* verwenden. Bestimmte gemeinsame und häufig wiederkehrende Standartschaltungen werden heute jedoch zunehmend als monolithische IS[2]) ausgeführt. Diese Entwicklung ist im Bereich der Digitaltechnik am stärksten ausgeprägt.

H. Bernhard, H. J. Siegfried

[1]) International Elektrotechnical Commision (engl.) = Internationale Elektrotechnische Kommission.   [2]) IS = Integrierte Schaltung.

Inhaltsverzeichnis

1 **Widerstände** 11
   1.1 Allgemeines 11
   1.2 Festwiderstände 17
      1.2.1 Drahtwiderstände 17
      1.2.2 Schichtwiderstände 18
         1.2.2.1 Kohleschichtwiderstände 19
         1.2.2.2 Metallschichtwiderstände 19
      1.2.3 Massewiderstände 19
   1.3 Veränderbare Widerstände 20
      1.3.1 Mechanisch veränderbare Widerstände 20
         1.3.1.1 Drehwiderstände (Potentiometer) 20
         1.3.1.2 Dehnungsmeßstreifen (DMS) 23
      1.3.2 Thermisch veränderbare Widerstände 25
         1.3.2.1 Kaltleiter (PTC-Widerstände) 25
         1.3.2.2 Heißleiter (NTC-Widerstände) 27
      1.3.3 Helleiter (Fotoleiter) 28
      1.3.4 Elektrisch veränderbare Widerstände 30
         1.3.4.1 Spannungsabhängige Widerstände (Varistoren oder VDR) 30
         1.3.4.2 Magnetfeldabhängige Widerstände (Feldplatten) 31
   1.4 Wiederholung, Kapitel 1 33

2 **Kondensatoren** 35
   2.1 Allgemeines 35
   2.2 Festkondensatoren 38
      2.2.1 Papier-Kondensatoren 38
      2.2.2 Metall-Papier-Kondensatoren (MP-Kondensatoren) 39
      2.2.3 Kunststoff-Kondensatoren 40
         2.2.3.1 Kunststoff-Folien-Kondensatoren 40
         2.2.3.2 Metall-Kunststoff-Kondensatoren 40
         2.2.3.3 Metall-Lack-Kondensatoren 41
      2.2.4 Keramik-Kondensatoren 41
      2.2.5 Glimmer-Kondensatoren 43
      2.2.6 Elektrolyt-Kondensatoren 43
         2.2.6.1 Aluminium-Elektrolytkondensatoren 43
         2.2.6.2 Tantal-Elektrolytkondensatoren 45
         2.2.6.3 Ungepolte Elektrolytkondensatoren 46

2.3 Veränderbare Kondensatoren 47
   2.3.1 Mechanisch veränderbare Kondensatoren 47
      2.3.1.1 Drehkondensatoren.................. 47
      2.3.1.2 Trimmerkondensatoren (Trimmer) 49
      2.3.1.3 Kapazitive Meßgrößenaufnehmer. 51
   2.3.2 Elektrisch veränderbare Kondensatoren (Kapazitätsdioden). ... 52
2.4 Wiederholung, Kapitel 2 53

3 Spulen.............................. 54

3.1 Allgemeines........................... 54
3.2 Spulenarten........................... 55
   3.2.1 Niederfrequenzspulen 55
   3.2.2 Hochfrequenzspulen...................... 57
   3.2.3 Veränderbare Spulen 58
3.3 Wiederholung, Kapitel 3 59

4 Transformatoren 61

4.1 Allgemeines........................... 61
4.2 Transformatorarten 61
   4.2.1 Netztransformatoren 61
   4.2.2 Niederfrequenztransformatoren (Nf-Übertrager). 69
   4.2.3 Hochfrequenztransformatoren (Hf-Übertrager) 72
   4.2.4 Magnetische Speicherelemente 73
4.3 Wiederholung, Kapitel 4 76

5 Röhren 77

5.1 Leitungsvorgänge im Hochvakuum und in Gasen. 77
   5.1.1 Elektronenemission 77
      5.1.1.1 Thermoemission 78
      5.1.1.2 Fotoemission 79
      5.1.1.3 Sekundäremission 80
      5.1.1.4 Feldemission................... 81
      5.1.1.5 Radioaktive Emission............... 81
   5.1.2 Ladungsträger im elektrischen und magnetischen Feld 81
      5.1.2.1 Elektrischer Strom im Hochvakuum 81
      5.1.2.2 Elektrischer Strom in Gasen 85
   5.1.3 Wiederholung, Abschnitt 5.1 88
5.2 Vakuum-Röhren.......................... 89
   5.2.1 Röhrenheizung 89

5.2.2 Hochvakuumdiode	90
5.2.3 Triode	94
5.2.4 Tetrode	103
5.2.5 Pentode	104
5.2.6 Mehrgitter-Röhren	113
5.2.7 Verbundröhren	114
5.2.8 Vakuumröhren für Sonderzwecke	114
5.2.8.1 Lichtgesteuerte Röhren	114
5.2.8.2 Bild-Bild-Wandlerröhren	119
5.2.8.3 Bild-Signal-Wandlerröhren	120
5.2.8.4 Signal-Bild-Wandlerröhren	124
5.2.8.5 Röntgenröhren	136
5.2.9 Laufzeitröhren	138
5.2.10 Wiederholung, Abschnitt 5.2	140
5.3 Gasentladungsröhren (Ionenröhren)	142
5.3.1 Glimmröhren	142
5.3.1.1 Glimmanzeigeröhren	142
5.3.1.2 Glimmstabilisatorröhren	144
5.3.1.3 Glimmrelaisröhren (Relaisröhren)	145
5.3.1.4 Glimmthyratrons	147
5.3.1.5 Glimmzählröhren	149
5.3.2 Edelgassicherungen	150
5.3.3 Elektronische Blitzröhren	150
5.3.4 Strahlungszählröhren (Geiger-Müller-Zählrohre)	151
5.3.5 Gasentladungsröhren mit heißer Katode	152
5.3.5.1 Quecksilberdampf-Stromrichter	152
5.3.5.2 Thyratrons (Stromtore)	153
5.3.6 Wiederholung, Abschnitt 5.3	155

6 Halbleiter ... 157

6.1 Leitungsvorgänge in Halbleitern	157
6.1.1 Geschichtliches	157
6.1.2 Aufbau des Halbleiterkristalls	157
6.1.3 Eigenleitung	161
6.1.4 Störstellenleitung	162
6.1.4.1 n-Leitung	162
6.1.4.2 p-Leitung	163
6.1.5 pn-Übergang (Grenzschicht)	164
6.1.6 pn-Übergang bei angelegten Spannungen	166
6.1.7 Wiederholung, Abschnitt 6.1	167
6.2 Halbleiter-Dioden	167
6.2.1 Allgemeines	167

- 6.2.2 Germanium-Dioden ... 169
  - 6.2.2.1 Golddraht-Dioden ... 171
  - 6.2.2.2 Tunneldioden ... 172
- 6.2.3 Silizium-Dioden ... 173
  - 6.2.3.1 Silizium-Gleichrichter ... 174
  - 6.2.3.2 Z-Dioden ... 175
  - 6.2.3.3 Si-Referenzelemente ... 180
- 6.2.4 Wiederholung, Abschnitt 6.2 ... 180
- 6.3 Transistoren ... 181
  - 6.3.1 Wirkungsweise des Transistors ... 181
  - 6.3.2 Kennlinien und Kenngrößen des Transistors ... 185
    - 6.3.2.1 Steuerkennlinien ... 186
    - 6.3.2.2 Ausgangskennlinien ... 187
    - 6.3.2.3 Eingangskennlinien ... 188
    - 6.3.2.4 Kenngrößen ... 191
    - 6.3.2.5 Endstufentransistor ... 194
    - 6.3.2.6 Kleinsignalverstärkung ... 195
  - 6.3.3 Arbeitspunkt ... 199
    - 6.3.3.1 Temperaturverhalten ... 199
    - 6.3.3.2 Stabilisierungsmaßnahmen ... 200
- 6.4 Praktische Ausführungsformen von Transistoren ... 203
  - 6.4.1 Transistorarten ... 203
  - 6.4.2 Transistorgehäuse ... 206
- 6.5 Feldeffekt-Transistoren ... 206
  - 6.5.1 Sperrschicht-FET ... 208
  - 6.5.2 MOSFET ... 210
  - 6.5.3 MISFET ... 212
  - 6.5.4 Rauschverhalten der FET ... 212
  - 6.5.5 Eigenschaften der FET ... 212
- 6.6 Unijunction-Transistor ... 212
- 6.7 Vierschicht-Diode ... 214
- 6.8 Wiederholung, Abschnitte 6.3 ... 6.7 ... 216
- 6.9 Thyristor (Vierschicht-Triode) ... 217
  - 6.9.1 Vollweg-Thyristor ... 221
- 6.10 Weitere Halbleiter-Bauelemente ... 222
  - 6.10.1 Kapazitäts-Variations-Diode ... 222
  - 6.10.2 Fotodiode ... 224
  - 6.10.3 Laserdiode ... 224
  - 6.10.4 Fototransistor ... 225
  - 6.10.5 Fotothyristor ... 226
  - 6.10.6 Hall-Generator ... 226
  - 6.10.7 Peltier-Element ... 227
- 6.11 Wiederholung, Abschnitte 6.9 und 6.10 ... 228

7 Integrierte Schaltungen (IS) 229
   7.1 Dickschicht-Schaltungen 229
   7.2 Dünnschicht-Schaltkreise 230
   7.3 Monolithische Integrierte Halbleiterschaltungen 232
       7.3.1 Allgemeine Grundlagen 232
       7.3.2 Aufbau (Beispiel) 233
       7.3.3 Gehäuse 235
       7.3.4 Digitale monolithische IS 236
       7.3.5 Analoge monolithische IS 240
       7.3.6 Technische Daten von monolithischen IS 242
   7.4 Wiederholung, Kapitel 7 242

Anhang: Tafeln 244

Sachverzeichnis 254

1 Widerstände

1.1 Allgemeines

Widerstandsbauelemente erfüllen in der Elektronik vielfältige Aufgaben: Geeignet zusammengeschaltete Widerstände ermöglichen die in Meßgeräten oft notwendige Aufteilung von Strömen und von Spannungen in kleinere Werte. In Verstärkern, Kippschaltungen und Schwingschaltungen setzen Widerstände Stromänderungen in verhältnisgleiche Spannungsänderungen um. Gleiches gilt für die indirekte Messung von Strömen mit dem Oszilloskop. Bei Z-Dioden und bei gasgefüllten Röhren erfolgt die Strombegrenzung mit Hilfe des am Widerstand entstehenden Spannungsabfalls. In den genannten Beispielen und in allen anderen Anwendungsfällen verlangt man vom Bauelement *Widerstand* bestimmte Eigenschaften. Die für ein Bauelement charakteristischen Eigenschaften nennt man *Kenngrößen*. Diese Kenngrößen sind genormt.

Der *Widerstandswert* errechnet sich nach dem Ohmschen Gesetz aus dem Quotienten U/I. Wenn dieser Quotient im Betriebsbereich des Bauelements gleichbleibt, spricht man von einem ohmschen *Widerstand*. Ein ohmscher Widerstand verhält sich bei allen Stromarten gleich: Er setzt elektrische Leistung in Wärme um. Der Widerstandswert (Widerstand) beträgt bei gebräuchlichen Ausführungen einige zehntel Ohm bis mehrere hundert Megohm. In besonderen Fällen, z.B. in Meßgeräten für sehr kleine Ströme,

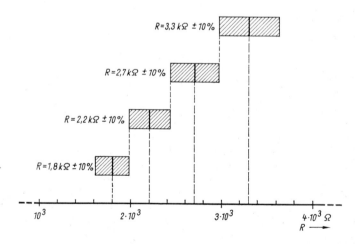

Bild 1.1. Einige Widerstandswerte aus der Normreihe E 12 mit zugehörigen Toleranzen

1 Widerstände

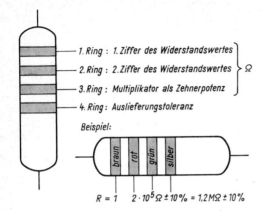

Bild 1.2. Farbringe auf einem Festwiderstand

verwendet man Höchstohmwiderstände mit Widerstandswerten bis etwa 10^{15} Ohm. International vereinbarte *Werte-* und *Toleranzreihen* (**Tafel 1** im Anhang) enthalten jeweils für eine bestimmte Auslieferungstoleranz festgelegte Wertestufen. Die angegebenen Stufenwerte wiederholen sich als Multiplikatoren, wenn sich der Widerstandswert verzehnfacht oder auf ein Zehntel verringert.

Die Auslieferungstoleranz, oft einfach Toleranz genannt, gibt an, um wieviel Prozent der vorhandene Widerstandswert vom aufgedruckten Wert abweichen darf. Die zu den genormten Wertereihen gehörenden Toleranzen sind so festgelegt, daß die in der Toleranz enthaltenen Abweichungen weitgehend den Stufenabstand ausfüllen (**Bild 1.1**). In der Regel verwendet man Widerstände mit Toleranzen zwischen 1% und 20%. Die Meßtechnik benötigt zum Teil Präzisionswiderstände mit einer Toleranz von 0,1%; diese Bauelemente sind sehr teuer.

Bei Festwiderständen (Abschnitt 1.2) sind der Widerstandswert und die Auslieferungstoleranz durch Stempelaufdruck oder durch Farbringe gekennzeichnet (**Bild 1.2**). Zuweilen verwendet man auch Farbpunkte. Ein international vereinbarter *Farbcode* ordnet den einzelnen Farbringen bestimmte Zahlen und Ziffern zu (**Tafel 2** im Anhang). Der erste Farbring muß erkennbar näher an einem Ende des Bauelements liegen als der letzte Ring.

Die ersten beiden Farbringe liefern die in den Werte- und Toleranzreihen angegebenen Stufenwerte; der dritte Ring gibt über den zugehörigen Multiplikator Auskunft. Die Auslieferungstoleranz ist durch den vierten Ring gekennzeichnet.

Wenn die im Widerstand in Wärme umgesetzte elektrische Leistung die durch die *Belastbarkeit* gegebene Grenze übersteigt, erreicht die Temperatur des betreffenden Bauelementes unzulässig hohe Werte. Die Belastbarkeit eines Widerstandes entspricht der höchstzulässigen Betriebslast. Sie gibt an, welche elektrische Leistung das Widerstandsbauelement unter normalen Bedingungen dauernd in Wärme umsetzen kann. Die Belastbarkeit ist aufgedruckt oder bei Widerständen mit Farbkennzeichnung an den Abmessungen des Bauelementes erkenntlich (**Bild 1.3**).

1.1 Allgemeines

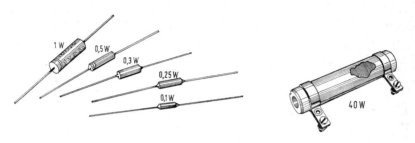

Bild 1.3. Widerstände verschiedener Belastbarkeit.
Links: Kohleschichtwiderstände, Maßstab 1 : 2; rechts: Drahtwiderstand, Maßstab 1 : 2

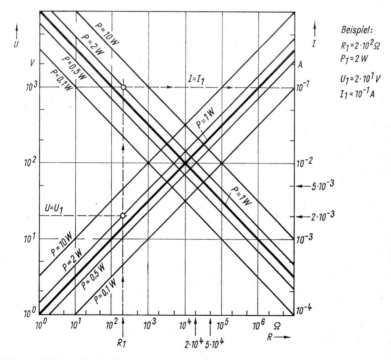

Bild 1.4. Höchstzulässige Spannungen und Ströme in Abhängigkeit vom Widerstand bei gegebener Belastbarkeit

1 Widerstände

Die elektrische Belastung des Widerstandes errechnet sich aus dem Produkt der Effektivwerte von Strom und Spannung: $P = U \cdot I$. Zwischen Spannung, Strom und Widerstand besteht ein gesetzmäßiger Zusammenhang (Ohmsches Gesetz). Ersetzt man in der Leistungsformel die Spannung durch das Produkt $I \cdot R$, so erhält man $P = I \cdot R \cdot I = I^2 \cdot R$. Der Strom I läßt sich durch den Quotienten U/R ausdrücken. In der Leistungsformel ergibt sich damit $P = U \cdot U/R = U^2/R$. Die höchstzulässige Spannung und der höchstzulässige Strom lassen sich aus den Größen Widerstand R und Belastbarkeit P berechnen oder grafisch bestimmen (**Bild 1.4**).

$$P = I^2 \cdot R \qquad\qquad P = U^2/R$$
$$I^2 = P/R \qquad\qquad U^2 = P \cdot R$$

$$\boxed{I = \sqrt{P/R}} \quad (1.1) \qquad \boxed{U = \sqrt{P \cdot R}} \quad (1.2)$$

I in A
U in V
P in W
R in Ω

Bei gleichbleibender Belastbarkeit ergeben sich für die Abhängigkeit der Größen U und I vom Widerstandswert jeweils gerade Linien, wenn man die Achsen der grafischen Darstellung logarithmisch teilt (**Tafel 3** im Anhang).

Für Strom und Spannung Spitze-Spitze bei sinusförmigen Größen gilt:

$$P = \frac{I_{ss}^2 \cdot R}{(2 \cdot \sqrt{2})^2} \qquad\qquad P = \frac{U_{ss}^2}{(2 \cdot \sqrt{2})^2 \cdot R}$$

$$I_{ss}^2 = \frac{P \cdot 8}{R} \qquad\qquad U_{ss}^2 = 8 \cdot P \cdot R$$

$$\boxed{I_{ss} = 2 \cdot \sqrt{\frac{2 \cdot P}{R}}} \quad (1.3) \qquad \boxed{U_{ss} = 2 \cdot \sqrt{2 \cdot P \cdot R}} \quad (1.4)$$

In vielen Fällen ist die höchstzulässige elektrische Belastung kleiner als die angegebene Belastbarkeit. Bei gleichbleibender Belastung und steigender Umgebungstemperatur muß sich die Temperatur des Bauelements erhöhen, damit die umgesetzte Wärmeleistung an die Umgebung abfließen kann. Der spezifische Widerstand von Widerstandswerkstoffen ändert sich mit der Temperatur. Zweckmäßig benutzt man Widerstandswerkstoffe mit kleinen Temperaturkoeffizienten. Die durch Stromwärme verursachten Widerstandsänderungen müssen innerhalb der vom Hersteller garantierten Grenzen bleiben. *Lastminderungskurven* geben Auskunft über die zulässige Belastung in Prozent der Belastbarkeit, abhängig von der Umgebungstemperatur (**Bild 1.5**). Während das Widerstandsbauelement II bei der Umgebungstemperatur 50 °C noch voll belastet werden darf, vermindert sich die Belastbarkeit der Ausführung I bei der gleichen Temperatur auf etwa 78 % des Nennwertes.

Bei konstantem Gleichstrom erhält der Widerstand in gleichen Zeitabschnitten jeweils die gleiche elektrische Energie. Bei sinusförmigem Wechselstrom verteilt sich die

1.1 Allgemeines

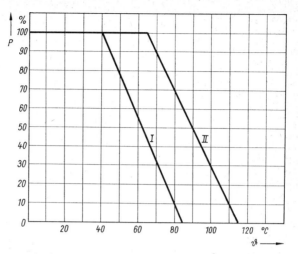

Bild 1.5. Zulässige Betriebslast P in Prozent der Belastbarkeit P_b, abhängig von der Umgebungstemperatur, für zwei verschiedene Widerstandstypen

Energiezufuhr praktisch auf die gesamte Periode. Wenn das Widerstandsbauelement jedoch *Impulsfolgen* in Wärme umsetzt, kann die Energie einer Periode innerhalb von Bruchteilen der Periodendauer wirksam werden. Die Wärme entsteht schneller, als sie an die Umgebung abfließen kann. In Kohleschichtwiderständen (Abschnitt 1.2) bewirkt dieser Wärmestau große Temperaturschwankungen, die das Bauelement zerstören können. Bei Gleichspannung und bei sinusförmiger Wechselspannung kann ein Widerstand unter normalen Bedingungen so viel Leistung in Wärme umsetzen, wie seine Belastbarkeit angibt. Bei Impulsbetrieb beträgt die zulässige mittlere Impulsleistung P_m je nach Tastverhältnis nur einen Bruchteil der angegebenen Belastbarkeit P_b (**Bild 1.6**).

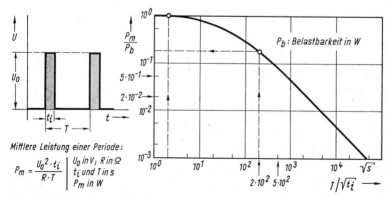

Mittlere Leistung einer Periode:

$$P_m = \frac{U_0^2 \cdot t_i}{R \cdot T} \quad \begin{array}{l} U_0 \text{ in } V; \ R \text{ in } \Omega \\ t_i \text{ und } T \text{ in } s \\ P_m \text{ in } W \end{array}$$

Bild 1.6. Zulässige Impulsleistung von Kohleschichtwiderständen in Abhängigkeit vom Quotienten $T/\sqrt{t_i}$; Bezugsgröße: Belastbarkeit P_b

1 Widerstände

Beispiel: A B

	A	B
Spitzenspannung U_o	10 V	1000 V
Widerstand R	10 Ω	10 Ω
Impulsdauer t_i	$0{,}25 \cdot 10^{-2}$ s	$0{,}25 \cdot 10^{-6}$ s
Periodendauer T	10^{-1} s	10^{-1} s
Mittlere Impulsleistung		
P_m (Bild 1.6)	0,25 W	0,25 W
$T/\sqrt{t_i}$ (Einheit $\sqrt{s}$)	$2 \cdot 10^0 = 2$	$2 \cdot 10^2$
P_m/P_b (Bild 1.6)	$1 \cdot 10^0 = 1$	$2 \cdot 10^{-1} = 0{,}2$
P_b/P_m	1	5
Erforderliche Belastbarkeit	0,25 W	1,25 W
Gewählte Belastbarkeit	0,5 W	2 W

Die aus Belastbarkeit und Widerstandswert errechnete höchstzulässige Spannung $U = \sqrt{P \cdot R}$ ist um so größer, je höher der Widerstandswert ist. Vor allem bei Widerstandsbauelementen mit hohem Widerstandswert und kleinen Abmessungen ergeben sich auch dann unzulässig hohe Feldstärken, wenn die Spannung noch innerhalb der durch die Belastbarkeit gegebenen Grenze liegt. Zwischen den einzelnen Drahtwindungen oder zwischen den bandförmigen Kohlestreifen entsteht bei zu hoher Feldstärke ein Überschlag, der das Bauelement und andere Teile der Schaltung zerstören kann. Die höchstzulässige Betriebsspannung ist deshalb häufig kleiner als der durch die Belastbarkeit gegebene Wert. Bei höheren Spannungen benutzt man zweckmäßig Sonderausführungen mit besonders langer Bauform. Die gleiche Wirkung erzielt man durch Reihenschalten mehrerer Einzelwiderstände, da sich hier die Gesamtspannung auf die einzelnen Bauelemente verteilt.

Bei Temperaturen *oberhalb* des absoluten Nullpunkts ($\vartheta > -273$ °C) befinden sich die Leitungselektronen eines Widerstands in ungeordneter Bewegung zwischen den Atomen. Diese Bewegung ist um so heftiger, je mehr Wärme das Bauelement enthält, je höher also seine Temperatur ist. Die ungeordnete Elektronenbewegung hat die Wirkung kleiner Ströme, die im Widerstand kleine Störspannungen erzeugen. Bei genügend großer Verstärkung verursachen die verstärkten Störspannungen ein vernehmbares *thermisches Rauschen* im Lautsprecher, dem Rauschen eines Wasserfalls vergleichbar. Spannungen und Frequenzen des Rauschsignals sind gleichmäßig über das gesamte Frequenzgebiet verteilt. Die Rauschspannung am Ausgang eines Verstärkers ist um so größer, je größer die Temperatur des Bauelements, der Widerstandswert und das vom nachfolgenden Verstärker erfaßte Frequenzband sind.

Neben diesem Wärmerauschen entsteht vor allem im Widerstandskörper von Kohleschichtwiderständen und Massewiderständen zusätzlich ein *Stromrauschen*, wenn eine Spannung am Bauelement liegt. Diese Spannungsschwankungen treten auf, wenn die Elektronen im Widerstandsmaterial Korngrenzen oder Sperrschichten durchlaufen.

1.2 Festwiderstände

Die Temperatur sollte möglichst keinen Einfluß auf den Widerstandswert von ohmschen Widerständen haben. Da Widerstände durch Stromwärme oder unter dem Einfluß der Umgebung oft Temperaturschwankungen ausgesetzt sind, müssen die verwendeten Widerstandswerkstoffe einen möglichst kleinen Temperaturkoeffizienten (TK) aufweisen. Diese Forderung läßt sich nicht bei allen Widerstandswerkstoffen erfüllen. Während der spezifische Widerstand bestimmter Legierungen für Widerstandsdrähte praktisch nicht von der Temperatur abhängt, kann sich der Widerstand von Massebauteilen (Abschnitt 1.2.3) im Temperaturbereich $-20\,°C \ldots +50\,°C$ um einige Prozent vom Nennwert ändern.

Je nach Aufbau enthalten ohmsche Widerstände auch Kapazitäten und Induktivitäten. Beispiel: Induktivität des spulenförmig gewickelten Drahtwiderstandes. Die hierdurch entstehenden Blindanteile am Gesamtwiderstand wirken sich um so mehr aus, je höher die Betriebsfrequenz des betreffenden Bauelementes ist. Spezielle Wicklungsarten ermöglichen einen weitgehend induktivitäts- und kapazitätsarmen Aufbau. Bei bifilar gewickelten Widerständen heben sich die Magnetfelder der parallel laufenden Drähte auf, da sie gleich groß sind und gegeneinander wirken. Die Induktivität dieser Bauelemente erreicht hierdurch einen sehr kleinen Wert (Leitfaden der Elektronik, Teil 1). Allgemein haben Masse- und Schichtwiderstände wesentlich bessere Hochfrequenzeigenschaften als Drahtwiderstände.

Bei den verschiedenen Widerstandstypen sind eine oder mehrere der beschriebenen Eigenschaften besonders stark ausgeprägt.

Merke: Ein ohmscher Widerstand setzt bei jeder Stromart elektrische Leistung in Wärme um.
Die wichtigsten Kenngrößen eines Widerstandes sind der Widerstandswert, die Auslieferungstoleranz und die Belastbarkeit.

1.2 Festwiderstände

Wie schon der Name sagt, haben diese Bauelemente einen Widerstandswert, der nicht veränderbar ist. Folgende Stoffe kommen als Widerstandsmaterial in Frage:

1. Metallegierungen für Widerstandsdrähte
2. Kohle und Metallegierungen als Schicht auf einem Träger
3. Widerstandsmassen, z. B. ein Kohlegemisch mit organischen Bindemitteln

1.2.1 Drahtwiderstände

Der Widerstandsdraht aus einer geeigneten Metallegierung ist auf einen Wickelkörper aus Keramik oder Kunststoff aufgewickelt. Die Umhüllung besteht je nach Anforderung aus Lack, Kunststoff, Zement oder glasierter Keramik (Bild 1.3).
Drahtwiderstände zeichnen sich durch folgende Eigenschaften aus:

1. hohe zeitliche Konstanz,
2. sehr geringe Temperaturabhängigkeit,

1 Widerstände

3. hohe zulässige Betriebstemperatur,
4. Möglichkeit enger Fertigungstoleranzen.

Die meist verwendeten Legierungen enthalten Nickel, Mangan und Kupfer. Sie sind unter den Handelsnamen Nickelin, Konstantan und Manganin bekannt und erfüllen folgende wichtige Forderungen:

1. Genügend hoher spezifischer Widerstand:

   $\varrho = 0{,}4 \ldots 0{,}5 \ \Omega \cdot mm^2/m = 400 \ldots 500 \ \Omega \cdot cm$.

2. Sehr kleiner Temperaturkoeffizient:

   $\alpha = 0{,}1 \cdot 10^{-4} \ldots 0{,}4 \cdot 10^{-4} \ grd^{-1} =$
   $0{,}1 \cdot 10^{-2} \ldots 0{,}4 \cdot 10^{-2} \ \%/grd$

Ein Vergleich mit dem Leiterstoff Kupfer erläutert diese Angaben: Für den Widerstandswert 10 Ω benötigt man etwa 2 m Konstantandraht mit dem Querschnitt 0,1 mm². Steigt die Temperatur dieses Materials von 20 °C auf 60 °C an, so sinkt der Widerstandswert etwa um 1‰. Mit Kupferdraht muß man für den gleichen Widerstandswert bei gleicher Temperatur und gleichem Querschnitt etwa die 28fache Länge $l = 56$ m aufwenden. Bei der gleichen Temperaturerhöhung steigt der Widerstand etwa um 10% an. Diese prozentuale Widerstandsänderung ist 100mal größer als die des Konstantandrahtes!

Widerstandsdrähte müssen den beim Wickeln auftretenden Zugkräften standhalten. Deshalb darf der Querschnitt eine bestimmte Mindeststärke nicht unterschreiten. Hohe Widerstandswerte lassen sich aus diesem Grunde nur mit großen Drahtlängen erzielen. Wegen des großen Raumbedarfs fertigt man nur in Ausnahmefällen Widerstandswerte über 1 MΩ als Drahtwiderstand an.

Ein weiterer Nachteil ergibt sich durch die Induktivität der Drahtwicklung und durch die Kapazitäten zwischen den Einzelwindungen. Die mit der Induktivität und der Kapazität verknüpften Feldänderungen sind mit einer gewissen Trägheit behaftet. Wenn die am Widerstandsbauelement wirksame Spannung schnellen zeitlichen Änderungen unterworfen ist, folgt der Strom nicht mehr dem zeitlichen Verlauf der Spannung. Bei sinusförmigen Wechselgrößen entsteht hierdurch eine frequenzabhängige Phasenverschiebung zwischen Spannung und Strom. Der Gesamtwiderstand des Bauelements hat jetzt seinen ohmschen Charakter verloren. Er enthält frequenzabhängige Blindanteile und ändert sich deshalb mit der Frequenz. Mit induktivitäts- und kapazitätsarmen Wicklungsarten lassen sich die Hochfrequenzeigenschaften von Drahtwiderständen wesentlich verbessern.

1.2.2 Schichtwiderstände

Diese Ausführungsform stellt innerhalb der Widerstandsbauelemente den größten Anteil. Der meist zylindrische Körper ist mit einer dünnen Schicht des betreffenden Widerstandsstoffes (z. B. Glanzkohle) überzogen (Bild 1.3). Das verwendete Material und die Schichtdicke bestimmen im wesentlichen den Widerstandswert dieser Bauelemente.

1.2 Festwiderstände

Beim Einschleifen einer spiraligen Wendel erhöht sich der Widerstandswert. Aus dem rohrförmigen Widerstandskörper entsteht hierbei ein Widerstandsband. Da sich die Länge erhöht und der Querschnitt vermindert, steigt der Widerstandswert an. Der Widerstand steigt um so mehr an, je länger die eingeschliffene Wendel ist. Mit der beschriebenen Technik erzielt man Widerstandserhöhungen bis auf das Tausendfache des ursprünglich vorhandenen Wertes. Hochspannungswiderstände erhalten neben einer größeren Rohrlänge besonders breite Schliffrillen, damit die Feldstärke zwischen den Rillen nicht zu groß wird (*Durchschlag*, Leitfaden der Elektronik, Teil 1, 3. Aufl., Abschnitt 6.1).

Die Stirnseiten der Widerstandsträger erhalten entweder einen Metallüberzug und Bohrungen oder aufgepreßte Metallkappen zur Verbindung der Anschlußdrähte mit der Widerstandsschicht.

Eine oder mehrere Lackschichten schützen das Widerstandsmaterial vor dem Einfluß von Feuchtigkeit und Sauerstoff aus der umgebenden Luft.

1.2.2.1 Kohleschichtwiderstände

Der Wertebereich erstreckt sich von etwa $5\,\Omega \ldots 100\,M\Omega$. Normalausführungen stellt man mit Belastbarkeiten bis zu 4 Watt her.

Der spezifische Widerstand von Kohle verringert sich mit steigender Temperatur. Bei mittleren Widerstandswerten ändert sich der Widerstand im Bereich der Raumtemperatur etwa um 0,03 % je grd Temperaturänderung. Bei hohen Widerstandswerten ist diese Temperaturabhängigkeit noch stärker ausgeprägt. Das Überschreiten der höchstzulässigen Betriebstemperatur kann eine bleibende Widerstandsänderung zur Folge haben.

1.2.2.2 Metallschichtwiderstände

Diese Bauelemente vereinigen die geringe Temperaturabhängigkeit von Drahtwiderständen mit den guten Hochfrequenzeigenschaften der Kohleschichtwiderstände. Sie lassen sich im Wertebereich $0,1\,\Omega \ldots 5\,M\Omega$ mit Toleranzen bis 0,1 % herstellen. Metallschichtwiderstände mit engen Toleranzen erfüllen in hohem Maße die in der elektrischen und elektronischen Meßtechnik gestellten Anforderungen.

1.2.3 Massewiderstände

Widerstände dieser Art lassen sich billig herstellen. Eine Mischung aus Widerstandswerkstoff und Bindemittel wird in einem Arbeitsgang zu einem zylindrischen Körper mit eingebetteten Anschlußdrähten gepreßt und mit einer Kunststoffumhüllung versehen.

Diese Herstellungsart gestattet keine engen Toleranzen. Die Grenze liegt etwa bei 5 %. Die Temperaturabhängigkeit und das Stromrauschen von Massewiderständen sind wesentlich größer als bei Kohleschichtwiderständen vom gleichen Widerstandswert.

1 Widerstände

Merke: Der Widerstandswert von Festwiderständen ist normalerweise nicht veränderbar.
Nach ihrem Aufbau unterscheidet man Drahtwiderstände, Schichtwiderstände und Massewiderstände.
Der Aufbau und das Widerstandsmaterial bestimmen die elektrischen Eigenschaften eines Widerstandes.

1.3 Veränderbare Widerstände

Bauelemente dieser Gruppe verändern ihren Widerstandswert unter dem Einfluß einer elektrischen oder nichtelektrischen Größe. Je nach Einflußgröße unterscheidet man verschiedene Teilgruppen.

1.3.1 Mechanisch veränderbare Widerstände

1.3.1.1 Drehwiderstände (Potentiometer)

Im einfachsten Fall versieht man einen geeigneten Drahtwiderstand mit einem Abgriff. Der Schleifer von Schiebewiderständen hat die Wirkung eines verstellbaren Abgriffs. Die Elektroakustik verwendet Kohleschicht-Schiebewiderstände als „Flachbahnregler" zum Teilen von Tonfrequenzspannungen. In der Elektronik sind *Drehwiderstände* (Potentiometer) gebräuchlich. Der Schleifer dieser Bauelemente bewegt sich kreisförmig auf einer Kohlebahn, Metallschicht oder Drahtwicklung (**Bild 1.7**). Der Widerstandswert zwischen den beiden festen Anschlüssen des Widerstandskörpers und dem Schleiferanschluß ändert sich in Abhängigkeit vom Drehwinkel. Der Drehbereich von Potentiometern ist normalerweise nicht größer als etwa 320°. Eine *Widerstandskurve* kennzeichnet die Art dieser Abhängigkeit (**Bild 1.8**). Der Widerstand R ist zwischen der Anfangslötfahne (A) und dem Schleifer (S) gemessen. Nach DIN 41 450 gilt die beschriebene Kontaktanordnung von der *Bedienungsseite* aus gesehen. Der Drehwinkel α steigt an, wenn man die Achse des Potentiometers im Uhrzeigersinn dreht.

Der Gesamtwiderstand (Nennwiderstand) und der Verlauf der Widerstandskurve sind mit Herstellungstoleranzen behaftet.

Die elektrischen Eigenschaften von Dreh-

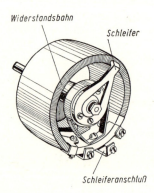

Bild 1.7. Draht-Drehwiderstand üblicher Ausführung. Schichtpotentiometer sind im Prinzip ähnlich aufgebaut

1.3 Veränderbare Widerstände

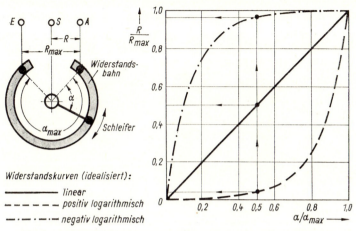

Bild 1.8. Widerstandskurven verschiedener Potentiometer bei Leerlauf

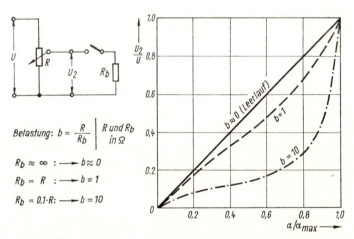

Bild 1.9. Widerstandskurve von linearen Potentiometern bei verschiedenen Belastungen

widerständen gleichen denen entsprechender Festwiderstände. Metallschicht-Drehwiderstände zeichnen sich durch gute Hochfrequenzeigenschaften und sehr kleine Temperaturabhängigkeit aus.

Lineare Potentiometer ändern ihren Widerstand gleichmäßig mit dem Drehwinkel: Die Widerstandskurve ergibt eine gerade Linie (Bild 1.8). Bei Rechtsdrehung gehört zur gleichen Winkeländerung im ganzen Winkelbereich die gleiche Widerstands-

1 Widerstände

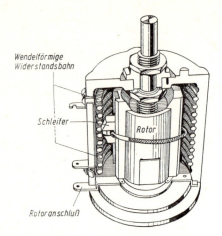

Bild 1.10. Schnitt durch ein Präzisions-Mehrgangpotentiometer mit einem Drehbereich von 10 · 360° (Beckman Instruments)

änderung. Legt man eine gleichbleibende Spannung an den Eingang eines linearen Potentiometers, so folgt die Ausgangsspannung nur dann exakt dem Verlauf des Widerstandes, wenn dieser nicht belastet ist. Der Grad der Abweichung vom Leerlaufwert ist von der Belastung abhängig **(Bild 1.9)**.

Für bestimmte Aufgabenbereiche der Elektronik (z. B. Analogrechentechnik) benötigt man Drehwiderstände mit sehr hoher Einstellgenauigkeit. Mehrgangpotentiometer mit zehn oder mehr wendelförmig übereinander angeordneten Widerstandsbahnen genügen diesen Anforderungen **(Bild 1.10)**. Hat der Schleifer eine Widerstandsbahn durchlaufen, so gelangt er wie bei einer Wendeltreppe auf die nächste darüberliegende Widerstandsbahn. Mit großer Bahnlänge und großem Drehbereich erreicht man in Verbindung mit einer geeigneten Skala die erforderliche Einstellgenauigkeit. Ein Zehngang-Potentiometer hat einen Drehbereich von etwa 3600°. Zu einer Winkeländerung von 36° gehört hier eine Widerstandsänderung von 1% des Gesamtwiderstandes. Die gleiche Winkeländerung verursacht eine Widerstandsänderung von etwa 12% des Gesamtwiderstandes, wenn man einen normalen, linearen Drehwiderstand mit dem Drehbereich 300° verwendet.

Für die Lautstärkeeinstellung in Rundfunkempfängern benutzt man Potentiometer, deren Widerstand sich in Abhängigkeit vom Drehwinkel nach einer logarithmischen Funktion verändert (Bild 1.8). Die Widerstandskurve logarithmischer Potentiometer läßt sich nach dem Drehwinkel in zwei verschiedene Bereiche einteilen:

Die *positiv logarithmische Widerstandskurve* steigt in der ersten Hälfte des Drehbereiches nur sehr langsam an und erreicht in der Mitte erst etwa 5% des Gesamtwiderstandes. In der zweiten Hälfte steigt der Widerstand um so schneller an, je mehr sich der Drehwinkel dem Anschlag nähert.

Bei der *negativ logarithmischen Widerstandskurve* liegen die Verhältnisse umgekehrt. Die zu gleichen Drehwinkeländerungen gehörenden Widerstandsänderungen sind um so kleiner, je mehr sich der Drehwinkel dem Höchstwert nähert. In der zweiten Hälfte

1.3 Veränderbare Widerstände

des Drehbereiches ändert sich der Widerstand nur noch sehr wenig: von etwa 95 % auf den vollen Wert 100 %.

Gesamtwiderstand und Verlauf der Widerstandskurve sind auf jedem Potentiometer gekennzeichnet.

Beispiele:

$R = 100\ \text{k}\Omega$, linear: 100 k

$R = 100\ \text{k}\Omega$, positiv logarithmisch: 100 k+log oder +100 k

$R = 100\ \text{k}\Omega$, negativ logarithmisch: 100 k−log oder −100 k

Die Belastbarkeit der Drehwiderstände ist entweder aufgedruckt oder aus den Abmessungen zu ersehen.

Die elektrisch wirksamen Teile von *Trimmerwiderständen* entsprechen weitgehend denen von Drehwiderständen. Der mechanische Aufbau ist einfacher. Ein Gehäuse ist meist nicht vorgesehen; der Antrieb erfolgt vorzugsweise mit dem Schraubendreher. Trimmerwiderstände dienen zum einmaligen oder seltenen Einstellen eines bestimmten Widerstandswertes.

Merke: Der Widerstandswert von Drehwiderständen und Trimmerwiderständen ändert sich mit dem Drehwinkel der Bedienungsachse.

Die Einstellcharakteristik eines Drehwiderstandes gibt Auskunft über den Zusammenhang zwischen Drehwinkel und Widerstandswert.

1.3.1.2 Dehnungsmeßstreifen (DMS)

Feste Körper sind im Bereich kleiner Formänderungen elastisch. Die Abmessungen ändern sich unter dem Einfluß von Kräften. Je nach Art der Formänderung bezeichnet man diesen Vorgang als *Dehnung* oder Stauchung. *Dehnungsmeßstreifen* gewinnen aus Längenänderungen im Bereich $10^{-3} \ldots 10^{0}$ % verhältnisgleiche Widerstandsänderungen (**Bild 1.11**). Sie zählen deshalb ebenfalls zu den mechanisch veränderbaren Widerständen.

Das Meßgitter ist in der Regel als Draht oder Folie ausgeführt und meist in einen Träger aus Kunststoff eingebettet. Der aufgeklebte Träger und damit auch das Meßgitter müssen den Längenänderungen des Prüfkörpers exakt folgen. Die Widerstandsänderung resultiert aus verschiedenen Vorgängen beim Dehnen des Meßgitterdrahtes:

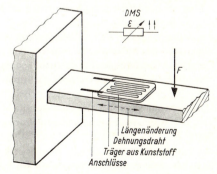

Bild 1.11. Werkstück, auf Biegung beansprucht, mit aufgeklebtem Dehnungsmeßstreifen

1 Widerstände

1. Die Länge wächst (Widerstandszunahme).
2. Der Querschnitt nimmt ab, jedoch nicht im gleichen Verhältnis, wie die Länge zunimmt (Widerstandszunahme). Deshalb wird das Volumen größer.
3. Da bei gleicher Masse das Volumen ansteigt, verringert sich die Dichte. Der spezifische Widerstand nimmt deshalb ab (Widerstandsabnahme).

Dieses Zusammenwirken der Größen Länge, Querschnitt und spezifischer Widerstand verursacht eine der Längenzunahme proportionale Widerstandszunahme. Für den Zusammenhang zwischen der Dehnung $\varepsilon = \Delta l / l$ und der Widerstandsänderung $\Delta R/R$ gilt:

$$\boxed{\frac{\Delta R}{R} = k \cdot \frac{\Delta l}{l}}$$

$\Delta R, R$ in Ω
$\Delta l, l$ in m
k : Zahlenwert

(1.5)

Der Faktor k ist eine Materialkonstante. Er gibt an, wievielmal $\Delta R/R$ größer ist als $\Delta l/l$. Der k-Faktor gebräuchlicher Metallegierungen (z. B. Konstantan) beträgt etwa 2. Der Temperaturkoeffizient dieser Widerstandsstoffe muß so klein sein, daß Temperaturänderungen praktisch keinen Einfluß auf den Widerstand haben. Die Widerstandsänderung bestimmter Halbleiterstoffe ist über 100mal so groß wie die zugehörige Längenänderung $\Delta l/l$. Da der spezifische Widerstand dieser Stoffe stark von der Temperatur abhängt, muß man diesen Temperatureinfluß hier durch spezielle Maßnahmen ausgleichen.

Mit der Dehnung erhält man ein Maß für interessierende mechanische Größen (z. B. mech. Spannung, Zugkraft, Drehmoment). Die Messung dieser Größen gibt Aufschluß über die Beanspruchung von Materialien und über die Eigenschaften von Maschinen. Die Information ist einer elektrischen Größe aufgeprägt. Damit erzielt man für das Messen mechanischer Größen alle Vorteile der elektronischen Meßtechnik: Codieren, Übertragen mit Leitungen oder drahtlos, Verstärken, Anzeigen, Registrieren und Speichern.

Man verwendet Dehnungsmeßstreifen als *Meßgrößenaufnehmer* stets in Brückenschaltungen (Leitfaden der Elektronik, Teil 1). Wenn nur kleine Widerstandsänderungen vorliegen, ändert sich die Ausgangsspannung etwa im gleichen Verhältnis wie der Widerstand des Meßgrößenaufnehmers. Aus kleinen Längenänderungen entsteht eine weitgehend verhältnisgleiche elektrische Spannung. Die Ausgangsspannung der in einem oder mehr Zweigen durch Dehnungsmeßstreifen verstimmten Brücke ist der Eingangsspannung proportional. Bei gegebener Belastbarkeit darf die Spannung am Eingang der Brücke um so größer sein, je höher die Widerstandswerte in den Brückenzweigen sind. Der Widerstand von Dehnungsmeßstreifen beträgt normalerweise einige hundert Ohm.

Merke: **Dehnungsmeßstreifen ändern den Widerstandswert mit ihrer Länge.**

1.3 Veränderbare Widerstände

1.3.2 Thermisch veränderbare Widerstände

Der spezifische Widerstand aller Stoffe ändert sich mehr oder weniger mit der Temperatur. Bei technischen Heißleitern und Kaltleitern ist dieser Effekt besonders stark ausgeprägt.

1.3.2.1 Kaltleiter (PTC-Widerstände) [1])

Metalle haben einen positiven Temperaturkoeffizienten. Der Widerstand nimmt mit steigender Temperatur zu. Da Metalle in kaltem Zustand den Strom besser leiten, nennt man sie auch *Kaltleiter*. Glühlampen und die Heizfäden von Elektronenröhren zeigen ein für Kaltleiter typisches Verhalten. Beim Einschalten fließt ein großer Strom, der sich mit steigender Temperatur so lange verringert, bis die Betriebstemperatur erreicht ist. Diesen Einfluß der Temperatur auf den Widerstandswert nutzt man mit technischen Kaltleitern aus:

1. In der elektronischen Meßtechnik setzen Kaltleiter thermische Größen in elektrische Größen um.
2. Der Temperatureinfluß auf elektronische Schaltungen läßt sich in vielen Fällen mit Kaltleitern kompensieren.
3. In RC-Generatoren begrenzen Teilerschaltungen mit Kaltleitern die erzeugte Spannung auf zulässige Werte.

Während man früher Metallkaltleiter einsetzte (Glühlampen, Eisenwasserstoffwiderstände), benutzt man heute vorwiegend keramische Kaltleiter aus Bariumtitanat. Obwohl es sich hierbei um einen Halbleiterstoff handelt, haben diese Bauelemente aufgrund ihrer besonderen Dotierung einen großen positiven Temperaturkoeffizienten (Kapitel 6.1).

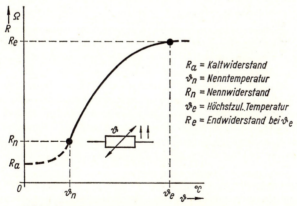

Bild 1.12. Kaltleiterwiderstand in Abhängigkeit von der Temperatur, prinzipieller Verlauf

---

[1]) *P*ositive *T*emperature *C*oefficient (engl.) = Positiver Temperaturkoeffizient.

1 Widerstände

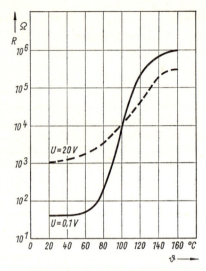

Bild 1.13. Kaltleiterwiderstand in Abhängigkeit von der Temperatur bei gleichbleibender Spannung (Siemens AG)

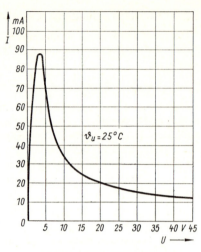

Bild 1.14. Kaltleiter, stationäre Strom-Spannungs-Kennlinie für die Umgebungstemperatur $\vartheta_u = 25\ °C$

Der bei der Nenntemperatur gemessene Nennwiderstand steigt in einem begrenzten Temperaturbereich um mehrere Zehnerpotenzen an, bis er bei der höchstzulässigen Temperatur den Endwiderstand erreicht **(Bild 1.12)**. Der Kaltleiter P 350-C 12 (Siemens AG) weist bei der Temperatur 25 °C den Kaltwiderstand $R_k = 40\ \Omega$ auf. Zur Nenntemperatur 70 °C gehört ein Nennwiderstand von etwa 100 Ω. Erhöht man die Temperatur auf den höchstzulässigen Wert 160 °C, so steigt der Widerstandswert auf etwa 500 kΩ an. Diese Angaben gelten nur, wenn die Spannung am Bauelement einen bestimmten Wert beibehält **(Bild 1.13)**. — Bei *gleicher* Temperatur ändert sich der Kaltleiterwiderstand stark mit den angelegten Spannung (Abschnitt 1.3.4).

Die Anwendung von technischen Kaltleitern unterscheidet zwei Hauptgruppen:

1. Die *Umgebungstemperatur* bestimmt den Widerstand des Kaltleiters. Die Wärmewirkung des elektrischen Stromes muß hier vernachlässigbar klein bleiben. Mit Hilfe der temperaturabhängigen Widerstandsänderungen lassen sich Temperaturen messen, steuern oder regeln. Kennlinien geben Aufschluß über die Eigenschaften des Bauelements (Bild 1.13). Für zwei verschiedene Festspannungen ist hier der Widerstand in Abhängigkeit von der Temperatur aufgetragen.

2. Die *elektrische Belastung* erwärmt den Kaltleiter. Unter dem Einfluß der Stromwärme erhöht sich die Temperatur so lange, bis die vom Bauelement abgegebene Wärmeleistung genauso groß ist wie die aufgenommene elektrische Leistung. Zu jedem Spannungswert gehört eine bestimmte Stromstärke. Eine Kennlinie verbindet die Schnittpunkte der einzelnen Wertepaare miteinander **(Bild 1.14)**. Wenn sich unter dem

1.3 Veränderbare Widerstände

Einfluß der Umgebungsverhältnisse (z. B. Gasströmung oder Flüssigkeitsspiegel) die Wärmeabfuhr ändert, verschiebt sich auch die Strom-Spannungs-Kennlinie. Die elektrischen Größen Strom und Spannung nehmen andere Werte an. Auf diese Weise erhält man Aufschluß über den neuen Wärmezustand der vom Kaltleiter erfaßten Umgebung.

Merke: Kaltleiter erhöhen ihren Widerstand mit steigender Temperatur.

1.3.2.2 Heißleiter (NTC-Widerstände)[1]

In heißem Zustand leiten diese Bauelemente den elektrischen Strom besonders gut. Der Widerstand eines für technische *Heißleiter* verwendeten Halbleiterstoffes verrin-

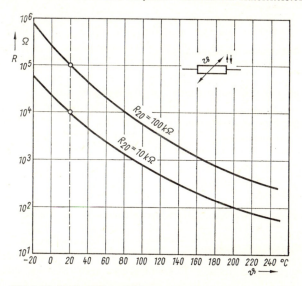

Bild 1.15. Meßheißleiter, Widerstand in Abhängigkeit von der Temperatur (Siemens AG)

gert sich etwa bis auf 1/1000 des ursprünglichen Wertes, wenn seine Temperatur von 20 °C auf 200 °C ansteigt **(Bild 1.15)**.

Man verwendet Heißleiter im Temperaturbereich von etwa 0 ... 200 °C zur Temperaturmessung und zum Ausgleich von Temperatureinflüssen (Temperaturkompensation) in Halbleiterschaltungen. Die Umgebungstemperatur soll hierbei ausschließlich den Widerstand des Heißleiters bestimmen. Der Strom muß deshalb so klein sein, daß die Stromwärme das Bauelement nicht wesentlich erwärmt.

Bei genügend großer Stromstärke bestimmt die im Heißleiter umgesetzte elektrische Leistung fast ausschließlich dessen Temperatur. Erhöht man den Strom, so verringert

[1] *N*egative *T*emperature *C*oefficient (engl.) = Negativer Temperaturkoeffizient.

1 Widerstände

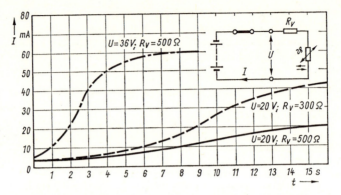

Bild 1.16. Anlaßheißleiter, Strom in Abhängigkeit von der Zeit, Umgebungstemperatur 20 °C, Parameter : U und I (Siemens AG)

sich der Widerstand und damit die am Bauelement liegende Spannung so lange, bis die zugeführte elektrische Leistung nach einiger Zeit genauso groß ist wie die an die Umgebung abgegebene Wärmeleistung. Temperatur und Widerstand haben jetzt einen stationären Zustand erreicht. Diese durch elektrische Belastung verursachte Widerstandsabnahme ist mit einer gewissen Trägheit behaftet (**Bild 1.16**). Der Widerstand von *Anlaßheißleitern* ist im Moment des Einschaltens groß genug, um die hohen Einschaltstromstöße von Röhrenheizkreisen, Glühlampen und Motoren auf zulässige Werte zu begrenzen.

Merke: **Heißleiter verringern ihren Widerstand mit steigender Temperatur.**

1.3.3 Helleiter (Fotoleiter)

Elektromagnetische Strahlen (Lichtstrahlen, ultraviolette Strahlen, infrarote Strahlen) vermögen Energie an Elektronen abzugeben. In bestimmten Halbleiterstoffen (z. B. Silizium, Germanium und Cadmiumsulfid) entstehen dadurch zusätzliche Ladungsträger. Der spezifische Widerstand dieser Stoffe verringert sich unter dem Einfluß elektromagnetischer Strahlen. Im Bereich des sichtbaren Lichtes nimmt der Widerstand eines Halbleiters um mehrere Zehnerpotenzen ab, wenn die Beleuchtung von „dunkel" auf „hell" übergeht (**Bild 1.17**). Während die Beleuchtungsstärke 100 Lux = 100 lx nur mäßigen Ansprüchen genügt (z. B. Treppenhausbeleuchtung), gelten 1000 lx schon als hervorragende Allgemeinbeleuchtung, wie man sie beispielsweise in Zeichensälen benötigt.

Neben der Intensität der elektromagnetischen Strahlen bestimmt auch deren Wellenlänge den Widerstand des Fotoleiters. Die Farbe des sichtbaren Lichtes kennzeichnet dessen Wellenlänge. Mit steigender Frequenz verändert sich die Lichtfarbe von rot über gelb, grün und blau bis zu violett. Je nach Lichtfarbe erhält man für die *gleiche*

1.3 Veränderbare Widerstände

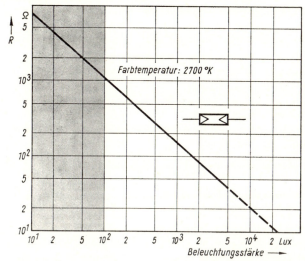

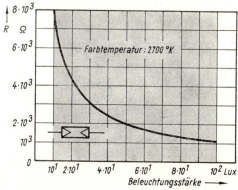

Bild 1.17. Cadmiumsulfid-Helleiter, Widerstand in Abhängigkeit von der Beleuchtungsstärke, Farbtemperatur gleichbleibend (Valvo GmbH)
Oben: Beide Achsen logarithmisch geteilt
Rechts: Ausschnitt mit linear geteilten Achsen

Änderung der Beleuchtungsstärke *verschiedene* Widerstandsänderungen. Das Licht natürlicher und künstlicher Lichtquellen enthält meist Anteile verschiedener Wellenlängen. Deshalb gelten die vom Hersteller angegebenen Widerstandskurven jeweils für eine bestimmte, gleichbleibende Verteilung der Lichtfarben. Dabei vergleicht man die betrachtete Lichtstrahlung mit der Strahlung eines schwarzen Körpers von hoher Temperatur, gemessen in Grad Kelvin (°K). Auf diese Weise lassen sich Farben durch bestimmte Temperaturen angeben.

Die Störstellen im Fotoleiter fangen die vom Licht erzeugten Ladungsträger zum Teil wieder ein. Deshalb kann der Widerstand den Lichtänderungen nur mit einer gewissen Trägheit folgen. Die Grenze für das Umsetzen von periodischem Wechsellicht in Widerstandsänderungen liegt bei einigen Hertz.

1 Widerstände

Durch das Zusammenschalten eines Fotoleiters mit einem Spannungserzeuger gewinnt man Ströme oder Spannungen, deren Werte von der Beleuchtungsstärke abhängig sind. Mit diesen elektrischen Größen lassen sich bestimmte Vorgänge in Abhängigkeit von der Beleuchtungsstärke steuern oder regeln. Beispiele:

1. Dämmerungsschalter setzen beim Unterschreiten einer bestimmten Beleuchtungsstärke künstliche Lichtquellen in Betrieb.
2. Flammenwächter in Ölfeuerungsanlagen unterbrechen die Ölzufuhr, wenn die Flamme des Brenners erlischt.
3. Manche Fernsehempfänger passen die Bildhelligkeit mit Hilfe von Fotoleitern an die Raumhelligkeit an.

Merke: Hellleiter erhöhen ihren Leitwert mit steigender Beleuchtungsstärke.

1.3.4 Elektrisch veränderbare Widerstände

1.3.4.1 Spannungsabhängige Widerstände (Varistoren oder VDR)[1]

Das für viele Varistoren verwendete Silizium-Karbid-Pulver ist mit einem Bindemittel vermischt und in die gewünschte Form gepreßt. Durch Sintern bei hohen Temperaturen entsteht ein Stoff mit keramikähnlichen Eigenschaften. Sein spezifischer

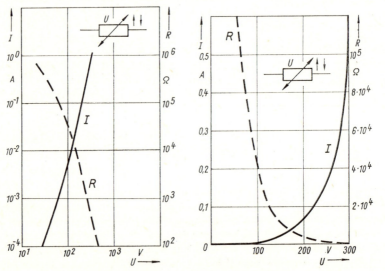

Bild 1.18. VDR-Widerstand, Strom und Widerstand in Abhängigkeit von der Spannung (Valvo GmbH)
Links: Beide Achsen logarithmisch geteilt
Rechts: Ausschnitt mit linear geteilten Achsen

[1] *V*oltage *D*ependent *R*esistor (engl.) = Spannungsabhängiger Widerstand.

1.3 Veränderbare Widerstände

Widerstand ändert sich stark in Abhängigkeit von der angelegten Spannung. Die Strom-Spannungskennlinie im linear geteilten Raster weist einen gekrümmten Verlauf auf, da der Quotient Spannung/Strom (Widerstand) nicht gleichbleibt (**Bild 1.18**). Der Widerstand verringert sich mit steigender Spannung, der Strom steigt entsprechend an. Dieser Effekt ist auf den veränderlichen Kontaktwiderstand der Korngrenzen zwischen den Silizium-Karbid-Teilchen zurückzuführen. Die Richtung der angelegten Spannung hat im Gegensatz zu Gleichrichter-Bauelementen bei gebräuchlichen Varistoren keinen

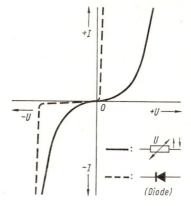

Bild 1.19. U-I-Kennlinien von spannungsabhängigen Widerständen, Achsen linear geteilt

Einfluß auf den Verlauf der Kennlinien (**Bild 1.19**). Die Abschnitte 6.1 und 6.2 beschreiben ausführlich den asymmetrischen Verlauf der Strom-Spannungskennlinien von Gleichrichtern (Dioden).

Beim Unterbrechen von Spulenstromkreisen können durch Selbstinduktion sehr hohe Spannungen entstehen. Spannungsabhängige Widerstände, die zur Spule oder zum Schalter parallel geschaltet sind, öffnen dem Strom einen Weg, wenn die Selbstinduktionsspannung den zulässigen Wert überschreitet. Es fließt so lange ein Ausgleichsstrom, bis die Energie des magnetischen Feldes in Stromwärme umgesetzt ist. Auf diese Weise verhindert man Spannungsdurchschläge in Wicklungen und Funkenbildung zwischen Schalterkontakten.

Merke: **Spannungsabhängige Widerstände erhöhen ihren Leitwert mit steigender Spannung.**

1.3.4.2 Magnetfeldabhängige Widerstände (Feldplatten)

Ein homogenes Magnetfeld mit der Feldliniendichte B übt auf die Elektronen eines stromdurchflossenen Leiters eine Kraft F aus, die sich senkrecht zur Richtung der magnetischen Feldlinien und zur Stromrichtung auswirkt (**Bild 1.20**). Diese Ablenkung der Ladungsträger verursacht einen Ladungsunterschied parallel zur Elektronenstromrichtung zwischen den Seiten D und C eines Leiterplättchens. Der amerikanische Physiker Edwin Herbert Hall beschrieb diesen Effekt im Jahre 1879 zum ersten Mal. Die

1 Widerstände

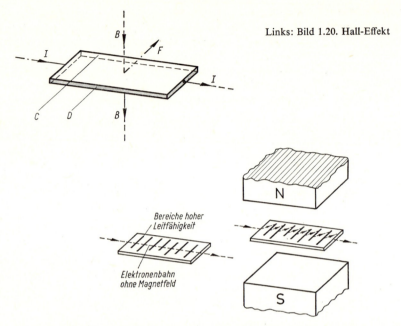

Links: Bild 1.20. Hall-Effekt

Bild 1.21. Elektronenbahnen in einer Feldplatte, mit und ohne Magnetfeld

entstehende Spannung heißt deshalb Hall-Spannung (Abschnitt 6.10.6). Bei den Halbleiterstoffen Indiumantimonid (InSb) und Indiumarsenid (InAs) ist der Hall-Effekt besonders stark ausgeprägt.

Feldplatten bestehen aus Indiumantimonid. Im Halbleiterstoff sind elektrisch gut leitende Bezirke aus Nickelantimonid (NiSb) eingebettet **(Bild 1.21)**. Diese nadelförmigen Einschlüsse in Richtung des Hallfeldes erzwingen in kurzen Abständen eine gleichmäßige Stromdichte und verhindern damit weitgehend das Entstehen einer Hall-Spannung. Unter dem Einfluß eines Magnetfeldes verlängert sich jedoch die Elektronenbahn zwischen den Anschlüssen. Die wachsende Weglänge der Elektronen bewirkt ein Ansteigen des Widerstandes in Abhängigkeit von der Feldliniendichte B **(Bild 1.22)**.

Der Grundwiderstand R_0 (ohne Magnetfeld) gebräuchlicher Feldplatten liegt bei Zimmertemperatur je nach Typ zwischen 10 Ω und 1000 Ω. Etwa von $B = 0{,}3$ Tesla an aufwärts ändert sich der Widerstand R fast gleichmäßig mit der Feldliniendichte, unabhängig von der Richtung des Magnetfeldes.

Wenn die magnetischen Feldlinien nicht senkrecht auf die Feldplatte auftreffen, verringert sich der Einfluß des Magnetfeldes auf den Widerstand. Alle magnetisch steuerbaren Widerstände haben einen negativen Temperaturkoeffizienten.

1.4 Wiederholung, Kapitel 1

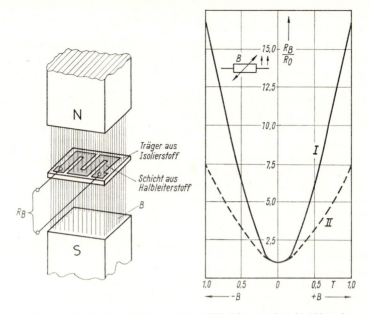

Bild 1.22. Gebräuchliche Feldplatten (I und II), Widerstand R_b in Abhängigkeit von der Feldliniendichte B. Bezugsgröße: Grundwiderstand R_0

Der in weiten Grenzen magnetisch steuerbare Widerstand von Feldplatten erschließt diesem Bauelement viele Anwendungsmöglichkeiten. Beispiele:

1. Feldplatten messen in Verbindung mit Brückenschaltungen magnetische Größen.
2. Feldplatten, deren Widerstand ein mechanisch verschiebbarer Permanentmagnet steuert, arbeiten als „kontaktlose Potentiometer" oder als „kontaktlose Schalter".

Merke: Magnetfeldabhängige Widerstände erhöhen ihren Widerstand mit steigender Feldliniendichte.

1.4 Wiederholung, Kapitel 1

1. Welche Aufgaben erfüllen ohmsche Widerstände?
2. Welche Eigenschaft kennzeichnet einen ohmschen Widerstand?
3. Beschreibe die Kenngrößen Widerstandswert, Auslieferungstoleranz, Belastbarkeit und Temperaturkoeffizient!
4. Wie berechnet man aus der Belastbarkeit die höchstzulässigen Werte für Strom und Spannung?
5. Warum verringert sich die Belastbarkeit eines Kohleschichtwiderstandes bei Impulsbetrieb?

1 Widerstände

6. Worüber geben Lastminderungskurven Auskunft?
7. Warum „rauscht" ein Widerstand?
8. Von welchen Größen ist die Rauschspannung eines Widerstandes abhängig?
9. Beschreibe die charakteristischen Eigenschaften von Drahtwiderständen!
10. Warum verringert sich der Leitwert eines Schichtwiderstandes beim Einschleifen einer spiraligen Trennungsnut?
11. Worin unterscheiden sich die elektrischen Eigenschaften der Kohleschichtwiderstände und der Metallschichtwiderstände?
12. Welche Eigenschaft ist allen Drehwiderständen und Trimmerwiderständen gemeinsam?
13. Worüber gibt die Einstellcharakteristik eines Drehwiderstandes Auskunft?
14. Beschreibe die Einstellcharakteristik eines linearen Potentiometers!
15. Erkläre die durch Dehnung verursachte Widerstandszunahme eines DMS!
16. Wozu verwendet man DMS?
17. Welchen Einfluß hat die Temperatur auf die Eigenschaften von Halbleiterdehnungsmeßstreifen?
18. Beschreibe das Einschalten eines Kaltleiters am Beispiel der Metalldrahtglühlampe!
19. Unter welchen Bedingungen lassen sich PTC-Widerstände zum Messen der Temperatur verwenden? Begründung!
20. Welche charakteristische Eigenschaft besitzen NTC-Widerstände?
21. Erkläre die Wirkungsweise eines Anlaßheißleiters!
22. Wie reagiert ein Fotoleiter auf die Zunahme der Beleuchtungsstärke?
23. Nenne zwei Anwendungsbeispiele für Helleiter!
24. Was versteht man unter einem VDR?
25. Welchen Einfluß hat die Spannung auf den Widerstandswert des VDR?
26. Begründe den Einfluß der Feldliniendichte auf den Widerstandswert von Feldplatten!
27. Wie reagieren Feldplatten auf das Erhöhen ihrer Temperatur?

2 Kondensatoren

2.1 Allgemeines

Der Verwendungszweck bestimmt die von einem Kondensator geforderten Eigenschaften. Eine Reihe von *Kenngrößen* charakterisiert dieses Bauelement und ermöglicht somit eine gezielte Auswahl des passenden Kondensators.
Die *Kapazität* kennzeichnet das Fassungsvermögen von Kondensatoren. Die kleinste Kapazität beträgt etwa 1 pF und liegt damit schon in der Größenordnung von Schaltkapazitäten. Elektrolytkondensatoren mit 10 mF erreichen die obere Grenze gebräuchlicher Kapazitätswerte. Innerhalb des großen Bereiches 1 pF = 10^{-12} F ... 10 mF = 10^{-2} F überstreichen die einzelnen Kondensatorentypen jeweils bestimmte Teilbereiche **(Tafel 4** im Anhang). Alle Nennkapazitäten sind mit Herstellungstoleranzen behaftet. Das Stufenprogramm vieler Typen richtet sich nach den auch für Widerstände gültigen *Werte- und Toleranzreihen* **(Tafel 1** im Anhang). Der Aufdruck erfolgt in Klartext oder nach dem international vereinbarten *Farbcode* für Widerstände und Kondensatoren. (Tafel 2 im Anhang). Während bei Widerständen zum verschlüsselten Zahlenwert die Grundeinheit Ω gehört, ist bei Kondensatoren stets die Einheit pF anzuwenden **(Bild 2.1).**
Kondensatoren mit ungleichartigen Anschlüssen sind besonders gekennzeichnet **(Bild 2.2).** Die dem ersten Farbring zugeordnete Seite markiert den Pluspol gepolter Kondensatoren mit verschlüsselter Werteangabe. Der Außenbelag von Kondensatoren läßt sich als Schirm gegen Störfelder verwenden. Ein schwarzer

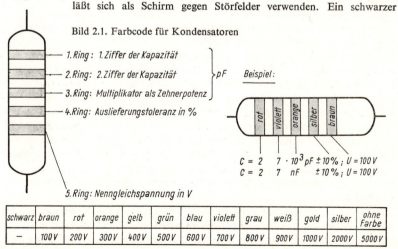

Bild 2.1. Farbcode für Kondensatoren

— 1.Ring : 1.Ziffer der Kapazität
— 2.Ring: 2.Ziffer der Kapazität   } pF   Beispiel:
— 3.Ring: Multiplikator als Zehnerpotenz
— 4.Ring: Auslieferungstoleranz in %
  5.Ring: Nenngleichspannung in V

$C = 2 \quad 7 \cdot 10^3$ pF $\pm 10\%$; $U = 100$ V
$C = 2 \quad 7$ nF $\pm 10\%$; $U = 100$ V

schwarz	braun	rot	orange	gelb	grün	blau	violett	grau	weiß	gold	silber	ohne Farbe
—	100V	200V	300V	400V	500V	600V	700V	800V	900V	1000V	2000V	5000V

2 Kondensatoren

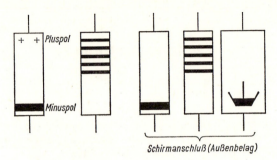

Bild 2.2. Kennzeichnung der Kondensatoranschlüsse

Ring oder ein stilisierter Schirm kennzeichnen die entsprechende Anschlußseite, wenn die Nennwerte in Klartext angegeben sind. Bei Kondensatoren mit Farbcode weist die Schirmseite den größeren Abstand von den Farbringen auf.

Mit Hilfe neuer Werkstoffe und Herstellungsverfahren hat die Bauelemente-Industrie Kondensatoren entwickelt, deren Rauminhalt bei gleicher Kapazität nur noch Bruchteile des Volumens älterer Kondensatoren erreicht. Einseitig herausgeführte Anschlüsse mit genormtem Abstand (Rastermaß) erleichtern den Aufbau gedruckter Schaltungen. Neben den klassischen Bauformen Zylinder und Quader findet man zunehmend scheiben- und tropfenähnliche Ausführungen. Die verschlüsselten Angaben über Kapazität, Toleranz und Anschlußseite lassen sich nicht immer in der für zylindrische Bauform vorgeschriebenen Weise aufbringen. Ein längerer Anschlußdraht kann beispielsweise die Plusseite eines gepolten Kondensators kennzeichnen. Farbpunkte sind oft zusammen mit einem Pfeil aufgedruckt, der die Zählrichtung eindeutig festlegt. Genaue Auskunft geben die vom Hersteller gelieferten Unterlagen.

Die Nenngleichspannung U_n entspricht für Kondensator-Oberflächentemperaturen bis zu 40 °C der höchstzulässigen Betriebsspannung U_h. Bei höheren Temperaturen kann U_h kleiner sein als U_n. Wechselspannungen, Mischspannungen und Impulse müssen im allgemeinen unterhalb der von der Nenngleichspannung U_n gezogenen Grenze bleiben **(Bild 2.3)**. Die genormten Stufenwerte gebräuchlicher Kondensatoren reichen von 1,5 V (Tantal-Elektrolytkondensatoren) bis 1000 V (z. B. Kunststoffolien-Kondensatoren). Für besondere Aufgaben, z. B. im Hochspannungsteil von Fernsehempfängern, verwendet man spezielle Kondensatoren, deren höchstzulässige Dauerspannung 1 kV übersteigt. Bei vielen Kondensatortypen reicht der Platz nicht für einen Stempelaufdruck der Spannung in Klartext aus. Die Nenngleichspannung ist hier verschlüsselt durch Buchstaben oder Farben angegeben. Der an fünfter Stelle aufgedruckten Farbe sind nach dem internationalen Farbcode eine Reihe von Betriebsspannungen zugeordnet (Bild 2.1).

Der spezifische Widerstand des Isolierstoffes zwischen den Kondensatorbelägen hat einen endlichen Wert. Aufgeladene Kondensatoren führen deshalb einen meist vernachlässigbar kleinen Reststrom. Der auf die Normaltemperatur 20 °C bezogene

2.1 Allgemeines

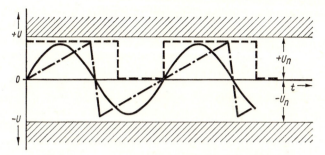

Bild 2.3. Nennspannungsbereich von Kondensatoren

Isolationswiderstand gleicher Wirkung kennzeichnet diese Eigenschaft des Dielektrikums. Dieser Widerstand verringert sich mit steigender Temperatur. Die Widerstandswerte liegen meist in der Größenordnung von Gigaohm (1 GΩ = 10^9 Ω). Die aus dem Produkt Isolationswiderstand × Kapazität berechnete Zeitkonstante liefert ein Maß für die Güte der Kondensatorisolation (Leitfaden der Elektronik I, Kapitel 6). Bei Elektrolytkondensatoren gibt der unter bestimmten Bedingungen gemessene *Betriebsreststrom* Auskunft über die Qualität des Dielektrikums. Dieser Strom steigt mit den Größen Spannung, Kapazität und Temperatur an. Wenn ein Elektrolytkondensator unter sonst gleichen Bedingungen (U, C, ϑ) einen kleineren Reststrom aufweist, ist seine Güte höher einzuschätzen.

Jeder Kondensator setzt einen bestimmten Teil der ihm zugeführten Wechselleistung in Wärme um. Die in dem Kondensatorstromkreis entstehenden Verluste erfaßt man im Ersatzschaltbild durch den Parallel-Verlustwiderstand R_v gleicher Wirkung (Leitfaden der Elektronik I, Kapitel 6). Im verlustfreien Kondensator beträgt die Phasenverschiebung zwischen Strom- und Spannung (Sinusform) $^1/_4$ Periode = 90°. Der Verlustwiderstand verringert diese Phasenverschiebung um den Winkel δ auf den Wert $\varphi = 90° - \delta$. Der Tangens des Winkels $\delta = 90° - \varphi$ heißt *Verlustfaktor tan δ*. Diese Größe ist abhängig von der Kondensatorart (Dielektrikum), von der Kapazität, von der Frequenz und von der Temperatur. Die Hersteller messen den Verlustfaktor unter festgelegten Bedingungen und geben ihn jeweils für eine bestimmte Frequenz an. (Tafel 4 im Anhang).

Temperatur und Luftfeuchtigkeit können die elektrischen Eigenschaften eines Kondensators erheblich beeinflussen. Deshalb gehört zu jedem Kondensator ein Temperatur- und Feuchtebereich, der die durch den Aufbau des Bauelements bestimmten Grenzen absteckt. Der *Temperaturkoeffizient TK_c* beschreibt den Einfluß einer Temperaturänderung $\Delta\vartheta$ auf die relative Kapazitätsänderung $\Delta C/C$:

$$\boxed{\frac{\Delta C}{C} = TK_c \cdot \Delta\vartheta} \qquad \begin{array}{l} \Delta C, C \text{ in } F \\ \Delta\vartheta \text{ in grd} \\ TK_c \text{ in } 1/\text{grd} \end{array} \qquad (2.1)$$

2 Kondensatoren

Da sich die Einheiten Farad im Quotienten $\Delta C/C$ kürzen lassen, ergibt sich, wie bei den Widerstandsbauelementen, für den auf 20 °C bezogenen Temperaturkoeffizienten die Einheit 1/grd oder % je grd. Der Faktor 100 verknüpft die genannten Einheiten miteinander: 0,01 grd^{-1} = 1 % je grd. Der Temperaturkoeffizient erhält ein negatives Vorzeichen, wenn sich die Kapazität mit steigender Temperatur verringert.

Wenn sich die am Kondensator wirksame Spannung sehr schnell ändert (z. B. bei Impulsbetrieb), fließt kurzzeitig ein hoher Strom, der die Beläge und die Übergänge zu den Anschlußleitungen belastet. Impulsspannungen mit steilen Flanken enthalten sinusförmige Oberwellen sehr hoher Frequenz; sie verursachen deshalb im Dielektrikum große Wärmeverluste. Impulsfeste Kondensatoren müssen daher besonderen Anforderungen genügen.

Neben den genannten Eigenschaften interessieren je nach Anwendungsbereich noch weitere Kenngrößen wie z. B. die Strombelastbarkeit, die Eigeninduktivität, die zulässige mechanische Beanspruchung und die Betriebszuverlässigkeit. In Hf-Leistungskondensatoren für Schwingkreise in Sendeanlagen oder Industriegeneratoren fließen große Ströme hoher Frequenz. Trotz großer Belagsquerschnitte und spezieller Isolierstoffe entstehen durch Stromwärme und dielektrische Erhitzung erhebliche Verluste. Diese Verlustwärme muß an die Umgebung abfließen. Die Wärmeabgabe bei niedriger Gehäusetemperatur erfordert eine genügend große Oberfläche des betreffenden Kondensators. Anwender informieren sich zweckmäßig anhand von technischen Unterlagen (Datenblätter) der betreffenden Bauelemente-Hersteller. Dies gilt grundsätzlich für alle Bauelemente.

Merke: Die wichtigsten Kenngrößen eines Kondensators sind die Kapazität, die Auslieferungstoleranz und die Nenngleichspannung.

2.2 Festkondensatoren

Die Kapazität dieser Kondensatoren ist nicht veränderbar. Die einzelnen Kondensatortypen sind meist nach den beim Aufbau verwendeten Werkstoffen für das Dielektrikum oder für die Beläge benannt. Eine Entwicklungstendenz der Elektronik geht dahin, die Zahl der Bauelemente je Raumeinheit immer mehr zu erhöhen. Für die Kondensatoren heißt das: mehr Kapazität je Raumeinheit. Mit anderen Worten: weniger Volumen für die gleiche Kapazität. Dünne Kunststoffolien oder Metalloxidschichten mit verhältnismäßig hoher Dielektrizitätskonstante ermöglichen den raumsparenden Aufbau solcher Kondensatoren mit guten elektrischen Eigenschaften.

2.2.1 Papier-Kondensatoren

Das Dielektrikum zwischen den Belägen aus Metallfolie besteht aus imprägniertem Papier. Zwei Metallfolienbänder und mehrere Papierstreifen, im Wechsel übereinandergeschichtet, sind zu einem Wickel aufgerollt (**Bild 2.4**). Jeweils ein Anschlußdraht ist mit einer Metallfolie durch Klemm-, Löt- oder Schweißkontakt leitend verbunden. Eingelegte Anschlußfahnen stellen den Kontakt zu den Anschlußdrähten her (Druckkontakt). Andere Verfahren (z. B. Löten) gewährleisten eine höhere Kontaktsicherheit.

2.2 Festkondensatoren

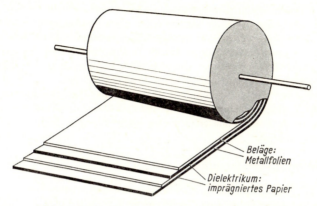

Bild 2.4. Papier-Kondensator (schematische Darstellung)

Papierkondensatoren sind verhältnismäßig billig. Der hohe Verlustfaktor und die große Eigeninduktivität dieser Bauelemente beschränken den Anwendungsbereich auf niedrige Frequenzen (**Tafel 4** im Anhang). Die Betriebszuverlässigkeit der Papierkondensatoren ist gering, da der erste Spannungsdurchschlag das Bauelement bereits zerstören kann. Der Widerstand der Papierzwischenlage verringert sich an der Durchschlagstelle so stark, daß die beiden Metallfolien miteinander verschweißen. Dieser Schweißkontakt entspricht einem Kurzschluß zwischen den Anschlußdrähten.

2.2.2 Metall-Papier-Kondensatoren (MP-Kondensatoren)

Das Dielektrikum dieser Bauelemente besteht wie bei den Papier-Kondensatoren aus imprägniertem Papier. Auf beiden Seiten sind im Vakuum sehr dünne Metallschichten aufgedampft. Eine weitere isolierende Papierzwischenlage ergänzt diese Metallpapierschicht zu einem wickelfähigen Streifen (**Bild 2.5**). Der beschriebene Aufbau verringert Raumbedarf und Gewicht gegenüber Papier-Kondensatoren gleicher Kapazität.

Bild 2.5. Metall-Papier-Kondensator mit Stirnkontaktierung (schematische Darstellung)

2 Kondensatoren

Bei einem Spannungsdurchschlag entsteht ein Lichtbogen zwischen den Belägen. Die in Wärme umgesetzte elektrische Energie reicht normalerweise aus, um die Metallschichten in der Umgebung der Durchschlagstelle zu verbrennen. Die Papierzwischenlage liefert den hierzu notwendigen Sauerstoff. Im zerstörten Bereich der Isolierschicht stehen sich keine Beläge gegenüber. Die Metallfilme können sich deshalb nach einem Spannungsdurchschlag nicht berühren. Diese Fähigkeit, sich selbst zu heilen, verleiht den MP-Kondensatoren ein hohes Maß an Betriebszuverlässigkeit (**Tafel 4** im Anhang).

Durch Aufspritzen einer metallischen Kontaktbrücke und durch Anlöten oder Anschweißen der Anschlußdrähte erreicht man große Kontaktsicherheit und geringe Eigeninduktivität (Bild 2.5).

2.2.3 Kunststoff-Kondensatoren

2.2.3.1 Kunststoff-Folien-Kondensatoren

Der Aufbau dieser Bauelemente entspricht etwa dem von Papierkondensatoren. Anstelle von imprägniertem Papier verwendet man hier Folien aus Kunststoff als Dielektrikum. Die Beläge sind wie bei den Papier-Kondensatoren als Metallfolien ausgebildet. Kunststoff-Folien-Kondensatoren haben meist einen höheren Isolationswiderstand als Papierkondensatoren gleicher Kapazität. Die Art des Kunststoffes zwischen den Belägen bestimmt weitgehend die elektrischen Eigenschaften des betreffenden Kondensators. Je nach der Größenordnung des Verlustfaktors tan δ unterscheidet man zwei Hauptgruppen:

1. Der Verlustfaktor entspricht etwa dem von Papier-Kondensatoren; die Größenordnung beträgt 1 %. Gebräuchliche Isolierstoffe sind Polytherephtalfolie (Handelsnamen Hostaphan und Mylar) und Polycarbonatfolien (Handelsname Makrofol). Kondensatoren dieser Gruppe sind oft zuverlässiger, kleiner und billiger als vergleichbare Papier-Kondensatoren.
2. Der Verlustfaktor tan δ ist viel kleiner als der von Papier-Kondensatoren; die Größenordnung liegt bei 0,01 %. Fachleute bezeichnen Kondensatoren dieser Gruppe meist nach dem verwendeten Kunststoff (Polystyrol, Handelsname Styroflex) als *Styroflex-Kondensatoren* (**Tafel 4** im Anhang). Polystyrol besitzt neben einem kleinen Verlustfaktor noch weitere erwünschte Eigenschaften: Der kleine Temperaturkoeffizient und die geringe Wasseraufnahme bewirken eine gewisse Konstanz der elektrischen Kennwerte. Der Anwendungsbereich umfaßt hauptsächlich Schwingkreise und Bandfilter mit hoher Güte.

2.2.3.2 Metall-Kunststoff-Kondensatoren

Der grundsätzliche Aufbau dieser Bauelemente gleicht dem von MP-Kondensatoren (Bild 2.5). Das Dielektrikum aus Kunststoff ist auf beiden Seiten mit einer dünnen Metallschicht bedampft. Der von den MP-Kondensatoren her bekannte *Selbstheileffekt* gewährleistet eine hohe Betriebszuverlässigkeit. Eine zusätzliche Papierzwischenlage liefert den zum Verbrennen der Metallschichten notwendigen Sauerstoff. An der Verbrennungsstelle bildet sich nichtleitendes Metalloxid. Das Papier liegt nicht im

2.2 Festkondensatoren

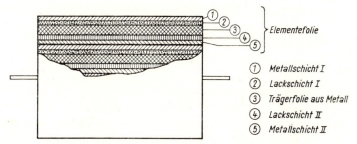

Bild 2.6. Metall-Lack-Kondensator (prinzipieller Aufbau)

elektrischen Feld des Kondensators; es hat deshalb keinen Einfluß auf dessen elektrische Eigenschaften. Die Art des verwendeten Kunststoffes bestimmt weitgehend die elektrischen Eigenschaften der betreffenden Kondensatoren. Kunststoffe mit hoher Durchschlagsfestigkeit erlauben beispielsweise den raumsparenden Aufbau von Hochspannungskondensatoren (**Tafel 4** im Anhang).

2.2.3.3 Metall-Lack-Kondensatoren

Kunststoffolien und Papierstreifen für Wickelkondensatoren lassen sich nicht beliebig dünn herstellen und verarbeiten. Die erforderliche Mindestdicke des Dielektrikums erlaubt Betriebsspannungen, die viele Geräte gar nicht benötigen. Während Halbleiterschaltungen meist mit weniger als 30 Volt auskommen, haben die mit der dünnsten Folie ausgerüsteten Styroflex-Kondensatoren noch eine Nenngleichspannung von mehr als 100 Volt. Dieser große Spannungsabstand erhöht zwar die Zuverlässigkeit des Kondensators, muß jedoch mit mehr Raumbedarf erkauft werden. Der Aufbau von Metall-Lack-Kondensatoren gestattet es, die Dicke der Isolierschicht und damit die Nenngleichspannung zugunsten kleinerer Abmessungen auf die erforderlichen Werte zu verringern.

Eine dünne Metallfolie trägt auf beiden Seiten einen sehr dünnen Lackfilm mit guten Isoliereigenschaften (**Bild 2.6**). Auf die außen liegenden Seiten der Lackschichten sind wiederum dünne Metallfilme aufgedampft. Die beschichtete Folie läßt sich zu einem Kondensator-Wickel aufrollen. Eine isolierende Zwischenlage ist nicht erforderlich. Die beiden Metallfilme bilden gemeinsam einen Belag des Kondensators, der andere Belag ist mit der Trägerfolie identisch.

2.2.4 Keramik-Kondensatoren

Beläge und Dielektrika der bisher beschriebenen Kondensatoren sind streifenförmig aufgebaut und zu einem Wickel aufgerollt. Dieser spulenförmige Aufbau verursacht eine große Eigeninduktivität, die sich durch stirnseitiges Kurzschließen der zum gleichen Belag gehörenden Metallschichten verringern läßt (Bild 2.5). Bestimmte Keramik-Kondensatoren sind selbst induktionsarmen Styroflex-Kondensatoren im Bereich hoher Frequenzen überlegen, da sie neben einem kleinen Verlustfaktor auch

2 Kondensatoren

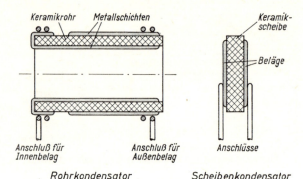

Bild 2.7. Keramik-Kondensatoren (prinzipieller Aufbau)

eine sehr geringe Eigeninduktivität aufweisen. Nachteilig ist der begrenzte Kapazitätsbereich (Tafel 4 im Anhang).

Nach den elektrischen Eigenschaften der als Dielektrikum verwendeten Keramik-Massen unterscheidet man zwei international genormte Hauptgruppen:

1. *NDK-Kondensatoren* (*N*iedrige *D*ielektrizitäts-*K*onstante). Die verwendeten Werkstoffe kennzeichnet man nach IEC[1]) mit „Typ I" (**Tafel 5** im Anhang). Sie enthalten meist Titandioxid (TiO_2) und zeichnen sich durch einen kleinen Verlustfaktor und einen gleichmäßigen Temperaturgang der Kapazität aus. Je nach Anteil der Oxyde lassen sich Keramik-Massen mit definierten Temperaturkoeffizienten etwa im Bereich $+10^{-4} \ldots -10^{-3}$ grd^{-1} herstellen. In Schwingkreisen kann dieser definierte Temperaturgang der Kapazität die Temperaturabhängigkeit der Induktivität ausgleichen.
2. *HDK-Kondensatoren* (*H*ohe *D*ielektrizitäts-*K*onstante). Die IEC-Klasse der entsprechenden Werkstoffe lautet „Typ II". Wesentlicher Bestandteil ist das Bariumtitanat ($Ba\,Ti\,O_3$). Während die obere Grenze der relativen Dielektrizitätskonstante für Werkstoffe vom Typ I bei etwa 100 liegt, erreichen Stoffe dieser Gruppe II relative Dielektrizitätskonstanten bis zu 10000. Deshalb erzielt man mit kleinen Abmessungen hohe Kapazitäten. Der Temperaturkoeffizient ist wesentlich größer als bei NDK-Kondensatoren und stark temperaturabhängig: Die Kapazität ändert sich nicht mehr linear mit der Temperatur. Der Anwendungsbereich erstreckt sich auf Sieb- und Koppelschaltungen.

Die meist rohr- oder scheibenförmig ausgeführten Keramikkörper erhalten zwei getrennte Schichten aus Silberemulsion (**Bild 2.7**). Nach dem oxydierenden Einbrennen bei ca. 800 °C bilden diese Silberschichten fest haftende Beläge. Die Draht- oder Fahnen-

---

[1]) *International Electrotechnical Commission*, (engl.) = Internationale Elektrotechnische Kommission.

2.2 Festkondensatoren

anschlüsse sind durch Weichlot kontaktsicher mit den Silberschichten verbunden. Eine dichte Hülle aus Lack oder Isoliermasse schützt den fertigen Kondensator vor Feuchtigkeit.

Die in Halbleiter-Schaltungen üblichen niedrigen Betriebsspannungen erlauben den Einsatz von sehr dünnwandigen Keramik-Kondensatoren. Mit einem Dielektrikum kleinerer Wandstärke könnte man wesentlich geringere Abmessungen bei größeren Kapazitäten erzielen. Nachteilig ist dabei die erhöhte Bruchgefahr. Vielschicht-Kondensatoren, die ähnlich wie Wickel-Kondensatoren aus „Keramikfolien" mit aufgebrannter Metallschicht aufgebaut sind, vermeiden diesen Nachteil.

Die beschränkte Oberfläche von Keramik-Kleinkondensatoren erlaubt es meist nicht, die wichtigsten Kenngrößen in Klartext aufzudrucken. Deshalb sind Keramik-Kondensatoren verschlüsselt gekennzeichnet:

1. Gemäß dem international genormten Farbcode für Keramik-Kleinkondensatoren (**Tafel 5** im Anhang),
2. nach einer vom Hersteller festgelegten Firmennorm, z. B. durch eine Kombination von Farben, Buchstaben und Ziffern.

2.2.5 Glimmer-Kondensatoren

In beschränktem Umfang stellt man hochwertige Meßkondensatoren mit dem natürlichen Isolierstoff Glimmer (als Dielektrikum) her.

Die Beläge sind als Edelmetallschichten in dünne Glimmerplättchen eingebrannt und durch Nieten mit den Anschlußfahnen verbunden. Eine dichte Kunststoffschicht umschließt den fertigen Kondensator.

Glimmer-Kondensatoren zeichnen sich aus durch einen sehr kleinen Verlustfaktor, geringe Temperaturabhängigkeit der Kapazität und hohe zeitliche Kapazitätskonstanz (**Tafel 4** im Anhang).

2.2.6 Elektrolyt-Kondensatoren

2.2.6.1 *Aluminium-Elektrolytkondensatoren*

Eine Folie aus Reinstaluminium (Belag) ist auf beiden Seiten mit einer sehr dünnen Oxydschicht überzogen. Dieses Aluminiumoxid (Al_2O_3) wirkt als Dielektrikum. Eine

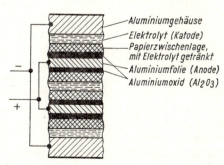

Bild 2.8. Aluminium-Elektrolytkondensator (prinzipieller Aufbau)

– Aluminiumgehäuse
– Elektrolyt (Katode)
– Papierzwischenlage, mit Elektrolyt getränkt
– Aluminiumfolie (Anode)
– Aluminiumoxid (Al_2O_3)

elektrisch leitende Flüssigkeit oder Paste (Elektrolyt) bildet den zweiten Belag und stellt gleichzeitig den Kontakt zu dem als Becher ausgebildeten zweiten Anschluß her **(Bild 2.8)**.

Das Dielektrikum Aluminiumoxid zeichnet sich durch eine mittlere relative Dielektrizitätszahl ($\varepsilon_r \approx 7$) und durch eine sehr hohe Spannungsfestigkeit aus. Je Volt Spannung benötigt man nur eine Schichtdicke von etwa 10^{-9} m = 0,001 µm. Durch elektrochemische Vorgänge (Formieren) läßt sich das Dielektrikum so dünn herstellen, wie es die gewünschte Betriebsspannung erfordert. Elektrolytkondensatoren benötigen daher sehr wenig Raum im Vergleich zu anderen Kondensatoren gleicher Kapazität und Betriebsspannung (Tafel 4 im Anhang). Dies gilt vor allem für Halbleiter-Schaltungen, deren kleine Betriebsspannungen sehr dünne Oxydschichten zugunsten geringer Abmessungen zulassen.

Beim Aufrauhen der Aluminiumfolie erhöht sich deren Oberfläche. Die Kapazität des betreffenden Elektrolytkondensators erhöht sich ohne zusätzlichen Raumaufwand, gleichzeitig steigt jedoch der Verlustfaktor an.

Die Oxydschicht zwischen den Belägen sperrt weitgehend den Strom, jedoch nur in einer Richtung. Ein kleiner *Reststrom* liefert Sauerstoff-Ionen an die Oxydschicht und erhöht damit die Dicke des Dielektrikums. Elektrolytkondensatoren haben deshalb zwei verschiedenartige Anschlüsse: Sie sind gepolt. Der *Pluspol* einer reinen oder pulsierenden Gleichspannung ist stets an den formierten Belag (*Anode*) anzuschließen. Der *Minuspol* ist dann über den Aluminiumbecher mit dem Elektrolyten (*Katode*) verbunden. Beim Betrieb mit Wechselspannung, deren Wert Spitze-Spitze etwa 2 V übersteigt, überzieht sich die Katode ebenfalls mit einer Oxydschicht. Dieser elektrochemische Prozeß kann den Kondensator zerstören, da sich gleichzeitig im Bauelement Wärme und Gas bilden.

Häufig erhalten Elektrolytkondensatoren eine Gleichspannung, der eine Wechselspannung oder eine Impulsfolge überlagert ist. Diese Betriebsart ist erlaubt, wenn in jedem Augenblick die Summe aller Spannungsanteile innerhalb folgender Grenzen bleibt **(Bild 2.9)**:

1. Nenngleichspannung, bei richtiger Polung,
2. etwa 1 V bei Falschpolung.

Die meisten Elektrolyte sind für Aluminium-Elektrolytkondensatoren nicht geeignet, da sie das empfindliche Aluminiumoxid angreifen und zersetzen. Die elektrischen Eigenschaften der weniger aggressiven Elektrolyte sind jedoch stark von der Temperatur abhängig. Bei tiefer Temperatur verringert sich die Beweglichkeit der Ionen sehr stark. Dies hat ein Ansteigen des spezifischen Widerstandes zur Folge. Aluminium-Elektrolytkondensatoren haben deshalb normalerweise einen eng begrenzten Temperaturbereich **(Tafel 4** im Anhang).

Der für Elektrolytkondensatoren charakteristische Reststrom steigt mit den Größen Kapazität, Betriebsspannung und Temperatur. Beim Vergleich gemessener Restströme mit Erfahrungswerten erhält man Aufschluß über den Zustand des Dielektrikums.

2.2 Festkondensatoren

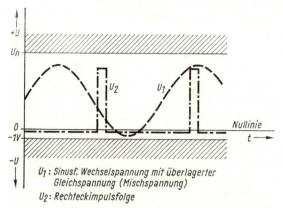

U_1: Sinusf. Wechselspannung mit überlagerter Gleichspannung (Mischspannung)
U_2: Rechteckimpulsfolge

Bild 2.9. Nennspannungsbereich für Elektrolytkondensatoren

Nach längeren Betriebspausen entsteht beim Einschalten ein erhöhter Reststrom, der mit fortschreitender Zeit auf den Wert des Dauerreststromes abklingt.

Beim Betrachten der aufgedruckten Spannungsangaben fällt auf, daß zwei Werte angegeben sind. Die erste Zahl kennzeichnet die Nenngleichspannung. Die zweite Zahl, meist durch einen Schrägstrich von der ersten getrennt, gibt an, welcher Spitzenwert allenfalls gelegentlich und nur für kurze Zeit zulässig ist ($t < 1$ Minute).

2.2.6.2 Tantal-Elektrolytkondensatoren

Die Anode aus Tantalpulver erhält ihre Form durch Pressen unter hohem Druck. Beim anschließenden Sintern bildet sich ein poröser Körper mit großer Oberfläche. Das Dielektrikum entsteht wie beim Aluminium-Elektrolytkondensator durch Formieren des Sinterkörpers (Belag) in einem Elektrolyten. Der am Pluspol freiwerdende Sauerstoff oxidiert das Tantal-Metall zu Tantalpentoxid (Ta_2O_5). Die Höhe der Formierspannung steuert die Dicke der Oxydschicht und damit die Kapazität des Kondensators. Anschließend überzieht man den oxydierten Tantalkörper mit einer Mangan-

Bild 2.10. Tantal-Elektrolytkondensator (prinzipieller Aufbau)

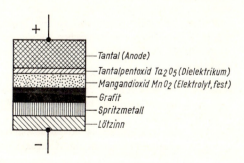

— Tantal (Anode)
— Tantalpentoxid Ta_2O_5 (Dielektrikum)
— Mangandioxid MnO_2 (Elektrolyt, fest)
— Grafit
— Spritzmetall
— Lötzinn

verbindung, die später in Mangandioxid übergeführt wird. Dieser elektronenleitende Halbleiter dient als „fester Elektrolyt" und wirkt somit wie ein Belag. Grafit und eine aufgespritzte dünne Schicht aus lösbarer Metallegierung stellen den Kontakt zum zweiten Kondensatoranschluß her (**Bild 2.10**). Zum Schluß lötet man den Kondensator in ein dicht verschlossenes Gehäuse ein, das mit der Katode elektrisch leitend verbunden ist. Andere Ausführungen sind nur mit einer Kunststoffmasse umpreßt oder in Kunststoff getaucht.

Aus dem beschriebenen Aufbau des Tantal-Elektrolytkondensators ergeben sich gegenüber der Normalausführung des Aluminium-Elektrolytkondensators einige Vorteile, die man allerdings mit einem höheren Preis erkaufen muß (Tafel 4 im Anhang):

1. Die Kapazität je Raumeinheit ist größer, weil der Tantalsinterkörper durch seine poröse Struktur eine große Oberfläche erhält. Die hohe Dielektrizitätskonstante von Tantalpentoxid ($\varepsilon_r \approx 27$) unterstützt diese Eigenschaft.
2. Die elektrischen Eigenschaften der für das Dielektrikum und für die Beläge verwendeten Stoffe sind in einem großen Bereich nicht von der Temperatur abhängig.
3. Der „feste Elektrolyt" Mangandioxid kann nicht auslaufen, nicht einfrieren und nicht verdunsten; hierdurch erhöht sich die Betriebssicherheit des betreffenden Bauelementes wesentlich.

Die Hersteller liefern Tantal-Elektrolytkondensatoren, deren Aufbau von der beschriebenen Normalausführung abweicht. Je nach Auswahl der Beläge (Sinterkörper, Stab, Folie) und des Stoffes für das Dielektrikum ergeben sich spezielle Eigenschaften, die den Anforderungen eines bestimmten Anwendungsbereiches genügen.

2.2.6.3 Ungepolte Elektrolytkondensatoren

Die meisten Elektrolytkondensatoren sind gepolt. Ein Betrieb mit Wechselstrom ist unter bestimmten Bedingungen nur in einem eng begrenzten Spannungsbereich möglich.

Ungepolte (bipolare) Elektrolytkondensatoren vereinigen den Vorteil großer Kapazität je Raumeinheit mit *gleichartigen* Anschlüssen, die einen periodischen oder zeitlich unbestimmten Wechsel der anliegenden Spannung gestatten. Der Aufbau dieser Bauelemente entspricht im Prinzip dem zweier gleich gepolter Kondensatoren, die gegensinnig in Reihe geschaltet sind. Es entsteht ein Kondensator mit halber Einzelkapazität, der in beiden Richtungen bis zum Wert der Nennspannung belastet werden darf. Der gemeinsame Elektrolyt dient als Gegenbelag für beide Teilkapazitäten. Ungepolte Kondensatoren beanspruchen bei gleicher Kapazität mehr Raum als gepolte Ausführungen, da die Gesamtkapazität einer Reihenschaltung kleiner ist als die kleinste Teilkapazität.

Merke: Die Kapazität von Festkondensatoren ist nicht veränderbar. Der Aufbau und das Dielektrikum bestimmen die elektrischen Eigenschaften von Kondensatoren.

Als Dielektrikum in Festkondensatoren verwendet man wahlweise Papier, Kunststoff, Keramik und Metalloxid.

2.3 Veränderbare Kondensatoren

2.3.1 Mechanisch veränderbare Kondensatoren

2.3.1.1 Drehkondensatoren

Die Kapazität eines Kondensators ist abhängig von der wirksamen Fläche A, vom Abstand l der Beläge und von der Dielektrizitätszahl ε_r des verwendeten Isolierstoffes (Leitfaden der Elektronik, Teil 1). Beim Drehkondensator ändert sich mit dem Drehwinkel die wirksame Plattenfläche, da nur die einander gegenüberstehenden Plattenteile zur Kapazität beitragen (Bild 2.11).

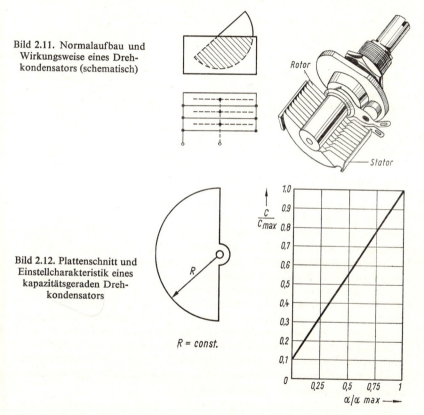

Bild 2.11. Normalaufbau und Wirkungsweise eines Drehkondensators (schematisch)

Bild 2.12. Plattenschnitt und Einstellcharakteristik eines kapazitätsgeraden Drehkondensators

Der Drehkondensator besteht im wesentlichen aus zwei Plattenpaketen, die kammartig ineinandergreifen. Das bewegliche Plattenpaket (Rotor) ist vom fest angeordneten Plattenpaket (Stator) durch Keramikteile isoliert. Als Dielektrikum dient Luft. Der Raumbedarf von Drehkondensatoren gleicher Endkapazität verringert sich um so mehr,

Bild 2.13. Plattenschnitt und Einstellcharakteristik eines frequenzgeraden Drehkondensators

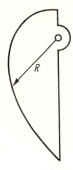

$R \neq const.$

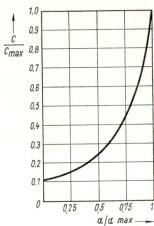

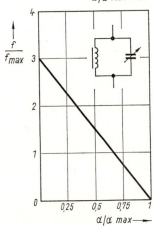

je kleiner die Plattenabstände sind, die Größenordnung liegt für serienmäßig hergestellte Drehkondensatoren bei einigen Zehntel Millimetern. Hochwertige Kunststoffe, deren elektrische Eigenschaften denen von Luft fast gleichen, erlauben noch größere Kapazitäten je Raumeinheit, weil ein festes Dielektrikum noch kleinere Plattenabstände zuläßt.

Die *Einstellcharakteristik* von Drehkondensatoren richtet sich nach dem Plattenschnitt. Je nach Anwendungsbereich benötigt man einen bestimmten Verlauf der Kapazität C in Abhängigkeit vom Drehwinkel α. Bei *kapazitätsgeraden Kondensatoren* für Meßzwecke gehören zu gleichen Winkeländerungen gleiche Kapazitätsänderungen. Die Einstellcharakteristik hat die Form einer Geraden (**Bild 2.12**). Diesen linearen Kapazitätsverlauf zwischen 10% und 100% der Endkapazität erreicht man durch Rotorpakete, deren Platten halbkreisförmig geschnitten sind.

Empfangsgeräte für Ton- und Fernsehrundfunk und bestimmte Tongeneratoren benutzen Schwingkreise als frequenzbestimmende Glieder. Die Resonanzfrequenz dieser Schwingkreise ist der Quadratwurzel aus Induktivität und Kapazität umgekehrt proportional (Leitfaden der Elektronik, Teil 1):

$$f_r = \frac{1}{2 \cdot \pi \cdot \sqrt{L \cdot C}} \quad \text{oder} \quad f_r^2 = \frac{1}{(2 \cdot \pi)^2 \cdot L \cdot C}$$

Eine linear geteilte Frequenzskala erhält man nur dann, wenn die Resonanzfrequenz mit zunehmender Kapazität gleichmäßig abnimmt (**Bild 2.13**). Die erforderliche Ein-

2.3 Veränderbare Kondensatoren

stellcharakteristik für *frequenzgerade Kondensatoren* entsteht durch einen speziellen Schnitt der Rotorplatten. Während der Variationsbereich C_{max}/C_0 der Kapazität wie beim kapazitätsgeraden Kondensator etwa 10:1 beträgt, ändert sich die zugehörige Frequenz etwa im Verhältnis 3:1 ($\approx \sqrt{10:1}$).

Die Skala von Rundfunkgeräten ist normalerweise in Wellenlängen geeicht. *Wellengerade Kondensatoren* ermöglichen einen linearen Zusammenhang zwischen Wellenlänge und Skalenlänge. Bei der Senderwahl sind meist zwei Schwingkreise gleichzeitig abzustimmen. Dies geschieht mit Hilfe eines Zweifach-Drehkondensators, dessen zwei Rotor-Plattenpakete auf derselben Drehachse sitzen und gleichzeitig in die zugehörigen Stator-Plattenpakete eintauchen.

Bei Drehkondensatoren normaler Ausführung stellt ein Schleifkontakt die elektrisch leitende Verbindung zwischen dem Rotor und dem zugehörigen Anschluß her (Bild 2.11). *Schmetterlings-Drehkondensatoren* arbeiten ohne Schleifkontakt. Der schmetterlings-

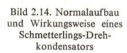
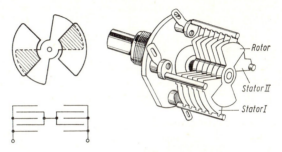

Bild 2.14. Normalaufbau und Wirkungsweise eines Schmetterlings-Drehkondensators

förmige Rotor taucht gleichzeitig in zwei Statorpakete mit gleichem Plattenschnitt **(Bild 2.14)**. Jeder Stator hat einen Anschluß. Durch die elektrisch leitend verbundenen Flügel des Rotors entstehen zwei Teilkapazitäten, die in Reihe geschaltet sind.

2.3.1.2 Trimmerkondensatoren (Trimmer)

Die Kapazität dieser Bauelemente läßt sich wie bei Drehkondensatoren zwischen dem Anfangswert und dem Endwert stetig verändern. Während Drehkondensatoren für wiederholtes Verstellen geeignet sind, werden Trimmer meist nur zum einmaligen Einstellen der Kapazität benutzt. Dies geschieht überwiegend mit Hilfe eines Schraubenziehers (Schraubendrehers).

Der Aufbau mancher Trimmer gleicht dem von Drehkondensatoren. Andere Trimmerkondensatoren mit dem Dielektrikum Luft besitzen zylinderförmige Elektrodenpakete, die ineinandergreifen können, weil die einzelnen Zylinder verschiedene Durchmesser aufweisen **(Bild 2.15)**. Die Fläche der einander gegenüberstehenden Statorplatten und Rotorplatten wächst um so mehr, je tiefer man den Rotor in den Stator hineinschraubt: Die Kapazität steigt an.

Die durch einmaliges Einstellen oder durch Nachstimmen gewonnene Trimmerkapazität soll möglichst lange Zeit gleichbleiben. Aus diesem Grund verwendet man

2 Kondensatoren

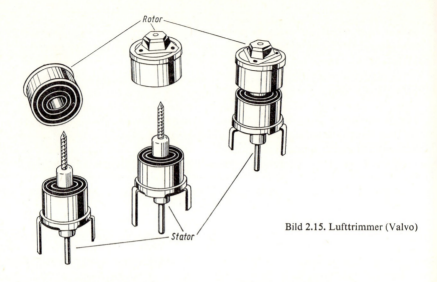

Bild 2.15. Lufttrimmer (Valvo)

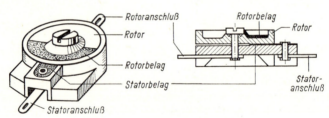

Bild 2.16. Keramischer Scheibentrimmer

als Dielektrikum oft Keramik, deren elektrische Eigenschaften von äußeren Einflüssen (z.B. Temperatur und Luftfeuchtigkeit) weitgehend unabhängig sind. Stator und Rotor des keramischen Scheibentrimmers tragen eine aufgebrannte Metallschicht **(Bild 2.16)**. Beide Beläge sind etwa halbkreisförmig ausgeführt. Der Rotor aus Keramik wirkt als Dielektrikum. Er läßt sich mit Hilfe einer Stellschraube verdrehen. Die Kapazität des Scheibentrimmers ändert sich mit der Fläche der einander gegenüberliegenden Beläge. Auch bei anderen Bauformen von Trimmerkondensatoren ist die Kapazitätsänderung im Prinzip auf eine Variation der wirksamen Fläche zurückzuführen.

Merke: Die Kapazität von Drehkondensatoren und Trimmerkondensatoren verändert sich mit dem Drehwinkel der Bedienungsachse. Die Einstellcharakteristik von Drehkondensatoren gibt Auskunft über den Zusammenhang zwischen Drehwinkel und Kapazität.

2.3 Veränderbare Kondensatoren

2.3.1.3 Kapazitive Meßgrößenaufnehmer

Kapazitive Aufnehmer setzen wie andere Meßgrößenaufnehmer nichtelektrische Größen (Druck, Weglänge usw.) in elektrische Größen um. Das elektrische Signal enthält alle Informationen, die zur Beschreibung der Meßgröße notwendig sind. Mit den elektrischen Größen Strom und Spannung ergeben sich meist erhebliche Vorteile für das Übertragen, Verarbeiten, Anzeigen und Registrieren.

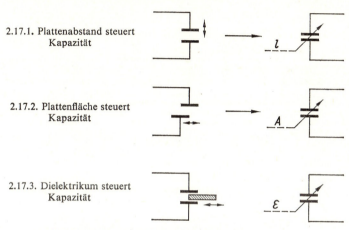

2.17.1. Plattenabstand steuert Kapazität

2.17.2. Plattenfläche steuert Kapazität

2.17.3. Dielektrikum steuert Kapazität

Bild 2.17. Kapazitive Meßgrößenaufnehmer

Alle kapazitiven Aufnehmer enthalten einen Kondensator, dessen Kapazität sich ändert, wenn entweder der Plattenabstand, die Plattenfläche oder die Dielektrizitätszahl unter dem Einfluß einer nichtelektrischen Größe andere Werte annimmt (**Bild 2.17**).

Während man für Druckmessungen häufig kapazitive Meßgrößenaufnehmer mit variablem Plattenabstand einsetzt, erhält man bei Füllstandsmessungen durch das veränderliche Dielektrikum eine Kapazitätsänderung.

Die elektrische Meßtechnik benutzt kapazitive Aufnehmer meist in Wechselstrom-Brückenschaltungen. Kapazitätsänderungen in einem oder mehreren Zweigen der vorher abgeglichenen Brückenschaltung verursachen proportionale Spannungsänderungen am Brückenausgang (Leitfaden der Elektronik I, Abschnitt 2.8). Da es sich hierbei meist um sehr kleine Spannungen handelt, sind der Brücke in der Regel Meßverstärker nachgeschaltet.

Merke: Kapazitive Meßgrößenaufnehmer verändern ihre Kapazität unter dem Einfluß einer nichtelektrischen Größe.

2 Kondensatoren

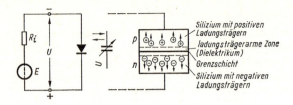

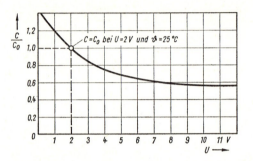

Bild 2.18. Kapazitätsdiode, Aufbau und Wirkungsweise

2.3.2 Elektrisch veränderbare Kondensatoren (Kapazitätsdioden)

Die Sperrschicht aller Halbleiterdioden besitzt eine bestimmte Kapazität, die vom Aufbau des Halbleiters und von der angelegten Sperrspannung abhängig ist (Abschnitt 6.10.1). Dieser Effekt ist bei *Kapazitätsdioden* besonders ausgeprägt. Unter dem Einfluß der Sperrspannung entfernen sich die negativen Ladungsträger des n-leitenden Stoffes und die positiven Ladungsträger des p-leitenden Materials aus dem Bereich der pn-Grenzschicht (**Bild 2.18**). Die Grenzschicht nimmt die Eigenschaften eines Isolierstoffes an, da sie nur noch wenige freie Ladungsträger besitzt. Dieser Isolierstoff wirkt als Dielektrikum, dessen Breite sich mit wachsender Spannung erhöht. Das Verbreitern des Dielektrikums entspricht einem Vergrößern des Plattenabstandes; die Kapazität verringert sich mit ansteigender Sperrspannung.

Der Anwendungsbereich von Kapazitätsdioden erstreckt sich hauptsächlich auf Empfängerschaltungen der Rundfunk- und Fernsehtechnik. Spannungen steuern das Abstimmen und das automatische Nachstimmen von Schwingkreisen und Koppelgliedern mit großer Betriebssicherheit anstelle von aufwendigen mechanischen Einrichtungen. Kapazitätsdioden ersetzen die herkömmlichen Abstimmelemente (z.B. Drehkondensatoren) in dem Maße, wie es den Herstellern gelingt, die benötigte Kapazitätsvariation im betreffenden Frequenzbereich mit genügend kleinen Verlusten zu vereinigen.

Merke: Kapazitätsdioden verringern ihre Kapazität mit steigender Sperrspannung.

2.4 Wiederholung, Kapitel 2

1. Beschreibe die Kenngrößen Kapazität, Auslieferungstoleranz, Nenngleichspannung und Verlustfaktor!
2. Woran erkennt man die Eigenschaften eines Kondensators?
3. Welche Eigenschaft ist allen Festkondensatoren gemeinsam?
4. Beschreibe den Aufbau eines Papierkondensators!
5. Erkläre den Selbstheileffekt bei MP-Kondensatoren!
6. Worin unterscheiden sich Kunststoffkondensatoren grundsätzlich von Papierkondensatoren?
7. Wodurch läßt sich die Eigeninduktivität eines Kondensators verringern?
8. Warum verwendet man für Schwingkreise häufig Styroflexkondensatoren?
9. Vergleiche MP-Kondensatoren mit Metall-Kunststoff-Kondensatoren in Aufbau und Eigenschaften!
10. Warum sind Metall-Lack-Kondensatoren für Halbleiterschaltungen besonders geeignet?
11. Wodurch zeichnen sich NDK-Keramik-Kondensatoren aus?
12. Worin unterscheiden sich HDK-Keramik-Kondensatoren von NDK-Typen?
13. Beschreibe den Aufbau eines Aluminium-Elektrolytkondensators!
14. Warum erreichen Elektrolytkondensatoren eine hohe Kapazität je Raumeinheit?
15. Was ist beim Anschluß von Elektrolytkondensatoren besonders zu beachten?
16. Welche Aufgabe hat der Reststrom im Elektrolytkondensator?
17. Vergleiche die Eigenschaften des Tantal-Elektrolytkondensators mit denen des Aluminium-Elektrolytkondensators!
18. Unter welcher Bedingung darf man gepolte Elektrolytkondensatoren an Wechselspannung anschließen?
19. Welche Eigenschaft ist allen Drehkondensatoren und Trimmerkondensatoren gemeinsam?
20. Wodurch entsteht bei Drehkondensatoren eine Kapazitätsänderung?
21. Worüber gibt die Einstellcharakteristik eines Drehkondensators Auskunft?
22. Was versteht man unter einem kapazitätsgeraden Kondensator?
23. Wie ist ein Schmetterlings-Drehkondensator aufgebaut?
24. Warum verwendet man für das Dielektrikum von Trimmern häufig Keramik?
25. Welche Aufgaben erfüllen kapazitive Meßgrößenaufnehmer?
26. Wie sind Kapazitätsdioden zu polen?
27. Unter welcher Bedingung erhöht sich die Kapazität einer Kapazitätsdiode?

3 Spulen

3.1 Allgemeines

Widerstände und Kondensatoren sind meist fertig zu beziehen. Wer Spulen und Transformatoren benötigt, muß die Wicklung dieser Bauelemente meist selbst herstellen, weil nur Kernmaterial und Anbauteile fertig lieferbar sind. Den geeigneten Kern und die erforderlichen Wickeldaten ermittelt man anhand der gewünschten Eigenschaften häufig aus Tabellen (z. B. RPB Nr. 80/80b und 106/107). Beim Herstellen sind die gültigen Vorschriften und Normen (VDE, DIN, IEC) zu beachten. Der Deutsche Normenausschuß (DNA) erarbeitet und veröffentlicht DIN-Normen unter dem Verbandszeichen $\overline{\text{DIN}}$. — VDE: *V*erband *D*eutscher *E*lektrotechniker e. V.

Jede stromdurchflossene Spule baut ein Magnetfeld auf. Bei Feldänderungen entsteht in der Wicklung eine Selbstinduktionsspannung, die ihrer Ursache (der Feldänderung) entgegenwirkt. Diese Eigenschaft heißt *Induktivität* (Leitfaden der Elektronik, Teil 1). Bei allen Spulen steigt die Induktivität L mit dem Quadrat der Windungszahl N an. Der Einfluß der Abmessungen ist bei Spulen ohne Kern oft nur näherungsweise durch eine Formel zu erfassen. Genaue Induktivitätswerte ermittelt man zweckmäßigerweise durch Messen der Größe L.

Die für einen bestimmten induktiven Blindwiderstand benötigte Induktivität wächst um so mehr, je kleiner die zugehörige Betriebsfrequenz ist. Hohe Induktivitäten sind bei vertretbarem Wicklungsaufwand aber nur mit einem Kern zu erreichen. Mit der Kernform sind meist auch die Abmessungen der Wicklungen festgelegt. Die magnetischen Eigenschaften des Kernwerkstoffes sind ebenfalls bekannt. Permeabilität, Abmessungen und Windungszahl bestimmen die Induktivität einer Spule. Man faßt die beiden erstgenannten Einflüsse im *Induktivitätskoeffizienten* A_L zusammen. Die Größe A_L gibt an, welche Induktivität eine bestimmte Kernform mit *einer* Windung aufweist. Die Induktivität der fertigen Spule berechnet sich zu $L = N^2 \cdot A_L$. (3.1)

Die für eine bestimmte Induktivität erforderliche Windungszahl ergibt sich durch Umformen der obigen Gleichung:

$$\boxed{N = \sqrt{\frac{L}{A_L}}} \qquad L \text{ und } A_L \text{ in H} \qquad (3.2)$$

Jede Spule setzt eine bestimmte Menge elektrischer Energie in Wärme um. Diese Energie geht dem Spulenstromkreis verloren. Man faßt die Verluste von Kern *und* Spule im *Verlustfaktor* tan δ zusammen (Leitfaden der Elektronik, Teil I, Kapitel 7).

3.2 Spulenarten

Die Verluste ändern sich erheblich mit der Frequenz des Spulenstromes. Die verschiedenen Kernwerkstoffe besitzen jeweils für die in den Datenblättern enthaltenen Frequenzbereiche und Anwendungsschwerpunkte besonders günstige Eigenschaften (**Tafel 7 im Anhang**). Kernbleche für Netzfrequenzdrosseln und Netztransformatoren kennzeichnet man durch die Verlustzahl V. Sie gibt die Verluste in Watt je kg bei Netzfrequenz und einer festgelegten Feldliniendichte (z. B. 1,2 Tesla) an.

Die Wicklung von Spulen und Transformatoren benötigt eine bestimmte Windungszahl. Alle Einzelwindungen sind im Wickelraum unterzubringen. Je nach Drahtdurchmesser und Isolation ergeben sich für die gleiche Windungszahl große Unterschiede an Raumbedarf. Vor allem bei kleinem Drahtquerschnitt entfällt ein erheblicher Teil des für die Wicklung benötigten Raumes auf die Isolation.

Die Stromdichte in den Wicklungsdrähten darf einen bestimmten Höchstwert nicht überschreiten, damit sich die Wicklung nicht unzulässig stark erwärmt. Bei gegebenem Strom muß der Drahtquerschnitt um so größer sein, je kleiner die zulässige Übertemperatur ist. Der Bedarf an Wickelraum steigt entsprechend an.

Merke: **Die Induktivität einer Spule ist dem Quadrat der Windungszahl proportional.**
Die Induktivität einer Spule ist dem Induktivitätskoeffizienten ihres Kerns proportional.

3.2 Spulenarten

3.2.1 Niederfrequenzspulen

Die *Siebdrossel* im Netzteil von elektrischen Geräten und Anlagen arbeitet meist bei einer Betriebsfrequenz von 100 Hz. Der Mischstrom in ihrer Wicklung enthält einen kleinen Wechselanteil. Die Siebdrossel muß dem Wechselstrom einen großen und dem Gleichstrom einen kleinen Widerstand entgegensetzen. Aus der erforderlichen Siebwirkung und dem höchstzulässigen Gleichspannungsabfall ergeben sich folgende Eigenschaften:

1. Mindestwert der Induktivität,
2. Höchstwert des Wicklungswiderstandes,
3. Höchstwert des Gleichstromes.

Das Berechnen des erforderlichen Kerns und der Wickeldaten erfolgt anhand dieser Angaben zweckmäßigerweise nach Tabellen (z. B. RPB 106/107). Es ist dabei stets zu beachten, daß der Gleichstrom den Arbeitspunkt auf der Magnetisierungskennlinie in den Bereich kleinerer Induktivität verschiebt. Die Induktivität ändert sich deshalb mit der Stromstärke. Ein kleiner Luftspalt im Kern — quer zur Feldrichtung — wirkt als großer magnetischer Widerstand im Feldlinienweg. Dieser magnetische Widerstand R_m bleibt gleich, da die Permeabilität der Luft nicht von der Feldliniendichte abhängig ist (Leitfaden der Elektronik, Teil 1). Die für einen bestimmten Magnetwerkstoff erforderliche Luftspaltlänge steigt gleichmäßig mit der Stärke des Gleichstromes in der Wicklung. Übliche Werte liegen zwischen 0,5 und 2 mm. Die Größen R_m und N bestimmen die Induktivität einer Spule. Wenn sich R_m nicht ändert, ist auch die Induk-

3 Spulen

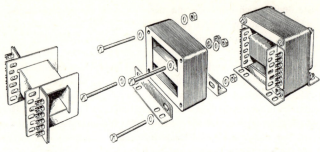

3.1.1. Spulenkörper zur Aufnahme der Wicklung   3.1.2. Kern, aus Blechen aufgebaut (M-Schnitt)   3.1.3. Spulenkörper mit Wicklung und eingeschobenen Kernblechen

Bild 3.1. Kern mit Spulenkörper für Nf-Spulen

3.2.1. M-Schnitt   3.2.2. EI-Schnitt   3.2.3. L-Schnitt   3.2.4. UI-Schnitt   3.2.5. EE-Schnitt

Bild 3.2. Formen gebräuchlicher Kernblech-Schnitte

tivität konstant. Da sich der magnetische Leitwert durch den Luftspalt verringert, erhält man eine kleinere Induktivität (**Tafel 6** im Anhang). Dieser Induktivitätsverlust ist durch eine höhere Windungszahl auszugleichen.

Der Kern von Siebdrosseln und anderen Niederfrequenzspulen ist meist aus Blechen aufgebaut (**Bild 3.1**). Die einzelnen Blechsorten sind genormt. Als Werkstoff verwendet man Eisen mit bestimmten Legierungszusätzen. Je nach Art und Anteil dieser Legierungszusätze erhält man bestimmte magnetische und elektrische Eigenschaften (**Tafel 7** im Anhang). Durch Zulegieren von Silizium erhöht man den spezifischen Widerstand des Materials und verringert damit die Wirbelstromverluste im Kern. Alle Bleche erhalten einen nichtleitenden Überzug (z. B. Lack- oder Oxydschicht). Diese Maßnahme blockiert einen großen Teil der sonst möglichen Wirbelstromwege. Die Wirbelstromverluste im Kern verringern sich weiter.

Die einzelnen Kernblech-Schnitte und deren Abmessungen sind ebenfalls genormt. (**Bild 3.2**). Der *Mantelkern* (M-Schnitt) ist für Niederfrequenzspulen und -transformatoren am weitesten verbreitet. Beim Herstellen entsteht allerdings ein erheblicher Arbeitsaufwand, da man die Kernbleche einzeln in den Spulenkörper hineinschieben muß (stopfen). Deshalb bevorzugt man heute oft EI- oder EE-Schnitte.

3.2.2 Hochfrequenzspulen

Als Kernwerkstoff verwendet man fast ausschließlich *weichmagnetisches Ferrit* (Handelsnamen: Ferroxcube, Siferrit). Eine pulvrige Mischung aus Eisenoxid mit einem anderen Metalloxid (z. B. Manganoxid, Nickeloxid, Zinkoxid) erhält durch Pressen und anschließendes Sintern unter hoher Temperatur die gewünschte Kernform (**Bild 3.3**). Es entsteht ein keramischer Stoff, der gute magnetische Eigenschaften mit

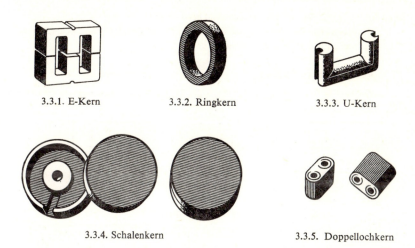

3.3.1. E-Kern   3.3.2. Ringkern   3.3.3. U-Kern

3.3.4. Schalenkern   3.3.5. Doppellochkern

Bild 3.3. Formen gebräuchlicher Spulen- und Transformatorenkerne aus Ferrit

kleiner elektrischer Leitfähigkeit verbindet. Die hohe Permeabilität erlaubt kleine Spulenabmessungen, da die Induktivität den Größen μ_r und N^2 proportional ist (Leitfaden der Elektronik, Teil 1). Auch bei hohen Frequenzen erzielt man mit Ferritkernspulen die für Schwingkreise erforderliche Güte, weil die Verluste im Kern klein genug sind. Das Typenprogramm der Hersteller enthält viele, zum Teil komplizierte Kernbauformen, die jeweils auf bestimmte Anwendungsbereiche zugeschnitten sind (Bild 3.3). Ein Teil dieser Kernformen und die notwendigen Zubehörteile (z. B. Spulenkörper) sind genormt. Typische Kernformen sind beispielsweise U-Kerne für Zeilentransformatoren in Fernsehempfängern, Stabkerne für Ferritantennen, Schalenkerne für Filter der Trägerfrequenztechnik und Schraubkerne für Rundfunkempfängerspulen (**Tafel 7** im Anhang).

Zwischen den gegeneinander isolierten Windungen und Lagen einer Spulenwicklung bestehen Potentialunterschiede. Unter dem Einfluß elektrischer Felder entstehen in der Drahtisolation dielektrische Verluste, die vor allem bei hohen Frequenzen den Verlustfaktor erheblich vergrößern. Die Wicklung hat die Eigenschaft eines verlustbehafteten Kondensators. Die *Eigenkapazität* einer Spule enthält alle Teilkapazitäten der Wicklung. Bei genügend hoher Frequenz gerät der Blindwiderstand der Eigenkapazität in den Bereich des induktiven Blindwiderstandes. Die Spule erreicht ihre Eigenfrequenz und wirkt als Parallelresonanzkreis. Durch besondere Wickelarten (z. B. Kreuzwickel) läßt sich diese Eigenkapazität verringern.

Die Auswahl von Kernform und Kernwerkstoff und das Berechnen der Wickeldaten anhand der gewünschten Eigenschaften geschieht zweckmäßigerweise mit Hilfe von Datenblättern und spezieller Fachliteratur (z. B. RPB Nr. 80/80b, Franzis-Verlag).

Merke: **Der Aufbau und das Kernmaterial bestimmen die Eigenschaften einer Spule.**
Nach dem Bereich der Betriebsfrequenz unterscheidet man Niederfrequenzspulen und Hochfrequenzspulen.

3.2.3 Veränderbare Spulen

Die Größen N, l, A und μ_r bestimmen die Induktivität L einer Spule mit Kern (**Bild 3.4**):

$$L = N^2 \frac{\mu_0 \cdot \mu_r \cdot A}{l} \quad (3.3) \quad \text{oder} \quad L = N^2 \cdot \frac{1}{R_m} \quad (3.4)$$

L: Induktivität in H
N: Windungszahl
μ_0: Induktionskonstante ($\mu_0 = 1{,}257 \cdot 10^{-6}$ H/m)
μ_r: Permeabilitätszahl
A: Kernfläche in m^2
l: mittlere Feldlinienlänge in m
R_m: Magnetischer Widerstand in 1/H

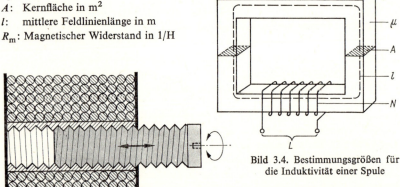

Bild 3.4. Bestimmungsgrößen für die Induktivität einer Spule

Links: Bild 3.5. Spule mit Schraubkern

Bringt man in den Feldlinienweg einer Luftspule einen Stoff hoher Permeabilität ein, so verringert sich der magnetische Widerstand erheblich. Die Induktivität steigt an. Bei Spulen mit Schraubkern wächst die Induktivität um so mehr, je tiefer der Kern in den Innenraum der Spule eintaucht (**Bild 3.5**). Da sich der Vorschub der Kerns beim

3.3 Wiederholung, Kapitel 3

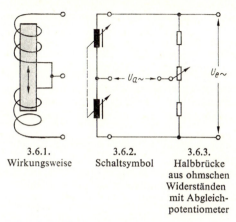

3.6.1. Wirkungsweise   3.6.2. Schaltsymbol   3.6.3. Halbbrücke aus ohmschen Widerständen mit Abgleichpotentiometer

Bild 3.6. Meßbrücke mit Differenzspulenaufnehmer

Drehen nur langsam ändert, läßt sich die Induktivität sehr fein auf einen gewünschten Wert einstellen. Das Abgleichen einer Spule ist auch durch Verändern der Luftspaltlänge möglich. In manchen Empfängerschaltungen erfüllen veränderbare Spulen mit großem Variationsbereich (Variometer) die Aufgabe des Drehkondensators: Verändern der Resonanzfrequenz von Schwingkreisen. Ein rohrförmiger Tauchkern ist hierbei mit dem Skalenantrieb mechanisch gekoppelt.

Die Permeabilität eines Spulenkerns ist vom Arbeitspunkt auf der Magnetisierungskennlinie abhängig (Leitfaden der Elektronik, Teil 1). Die Induktivität läßt sich deshalb mit einem magnetischen Gleichfeld steuern. Bei genügend starker Vormagnetisierung gerät der Spulenkern in den Sättigungsbereich. Die Induktivität ist dann kaum größer als die einer entsprechenden Spule ohne Kern. Die Spule setzt dem Wechselstrom fast nur noch den ohmschen Widerstand der Wicklung entgegen.

Induktive Meßgrößenaufnehmer arbeiten nach dem oben beschriebenen Prinzip. Sehr verbreitet sind Differenzspulenaufnehmer **(Bild 3.6)**. Unter dem Einfluß einer nichtelektrischen Größe wächst die Induktivität der einen Spulenhälfte, während sich die der anderen Hälfte verringert. Der als Halbbrücke geschaltete Meßgrößenaufnehmer verstimmt auf diese Weise die vorher abgeglichene Vollbrücke. Da sich die Brückenverstimmungen in den beiden Zweigen unterstützen, reagiert diese Schaltung empfindlich auf Änderungen der zu messenden Größe.

Merke: In veränderbaren Spulen steuert man die Induktivität meist durch die wirksame Permeabilität.

3.3 Wiederholung, Kapitel 3

1. Welchen Einfluß hat die Windungszahl auf die Induktivität einer Spule?
2. Worüber gibt der Induktivitätskoeffizient eines Spulenkerns Auskunft?

3 Spulen

3. Welche Eigenschaft kennzeichnet der Verlustfaktor einer Spule?
4. Warum benötigt man häufig für die gleiche Windungszahl einen verschieden großen Wickelraum?
5. Welche Größen dienen als Berechnungsgrundlagen für Siebdrosseln?
6. Warum besitzen Siebdrosseln einen Luftspalt im Feldlinienweg?
7. Durch welche Maßnahmen verringert man die Wirbelstromverluste im Kern von Niederfrequenzspulen?
8. Welchen Anforderungen müssen Kern und Wicklung von Hochfrequenzspulen genügen?
9. Vergleiche die Eigenschaften des Kernwerkstoffes Eisen mit denen von weichmagnetischem Ferrit!
10. Wodurch steuert man meist die Induktivität veränderbarer Spulen?
11. Erkläre die Wirkungsweise des Differenzspulenaufnehmers!

4 Transformatoren

4.1 Allgemeines

Transformatoren haben in der Regel zwei oder mehrere Wicklungen, die über ein gemeinsames Magnetfeld miteinander gekoppelt sind. Diese induktive Kopplung überträgt elektrische Energie von der Primärseite (Eingang) auf die Sekundärseite (Ausgang). Die elektrischen Größen der Primärseite (Spannung, Strom, Widerstand) erhalten durch Transformation andere Werte auf der Sekundärseite, wenn das Verhältnis der Windungszahlen N_p / N_s größer oder kleiner ist als eins (Leitfaden der Elektronik, Teil 1). In bestimmten Fällen sind Eingang und Ausgang nicht galvanisch voneinander getrennt: Der Spartransformator besitzt nur *eine* Wicklung mit Anzapfung. Potentialübertrager für Symmetrierschaltungen sind auf beiden Seiten geerdet. Die Einzelwicklungen von Transformatoren sind ähnlich aufgebaut wie die bereits besprochenen Spulen. Für Wicklung und Kern gelten zum großen Teil die bei den Spulen besprochenen Kenngrößen (Verlustzahl, Induktivitätsfaktor usw.).

Der Transformator muß die von ihm verlangten Eigenschaften bei einer festen Frequenz aufweisen (z. B. Netztransformator) oder in einem bestimmten Frequenzbereich beibehalten (z. B. Tonfrequenzübertrager). Dies ist nur möglich, wenn man Kernform, Kernwerkstoff, Wicklungsdaten und Wickelart dem jeweiligen Frequenzbereich anpaßt. Für den unterschiedlichen Aufbau der Transformatoren ergibt sich damit folgende Gliederung:

1. *Netztransformatoren* für eine feste Frequenz von 50 Hz (4.2.1),
2. *Niederfrequenztransformatoren* (Nf-Übertrager) für einen Frequenzbereich von etwa 20 Hz ... 20 kHz (4.2.2) oder eine feste Frequenz innerhalb dieses Bereiches,
3. *Hochfrequenztransformatoren* (Hf-Übertrager) für Teilbereiche innerhalb des Frequenzbandes $\approx$ 20 kHz ... $\approx$ 1 GHz (4.2.3),
4. *Übertrager mit Speichereigenschaften* (4.2.4).

Merke: Der Aufbau und das Kernmaterial bestimmen die elektrischen Eigenschaften eines Transformators.

4.2 Transformatorarten

4.2.1 Netztransformatoren

Nahezu alle elektrischen Geräte und Anlagen beziehen die zum Betrieb erforderliche elektrische Energie über einen Netztransformator aus dem Wechselstromnetz, sei es auch nur zum Aufladen von Akkumulatoren. Der Netztransformator hat die Aufgabe, aus

4 Transformatoren

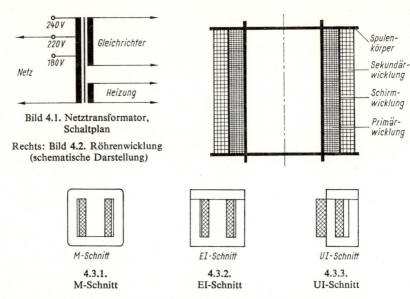

Bild 4.1. Netztransformator, Schaltplan

Rechts: Bild 4.2. Röhrenwicklung (schematische Darstellung)

4.3.1.	4.3.2.	4.3.3.
M-Schnitt	EI-Schnitt	UI-Schnitt

Bild 4.3. Manteltransformatoren (schematisch)

der Netzwechselspannung $U_p = 220$ V die benötigten Betriebsspannungen zu gewinnen. Mit Hilfe nachgeschalteter Gleichrichter und Siebglieder erzeugt man Gleichspannung. Während die Abmessungen und elektrischen Eigenschaften der Aufbauteile weitgehend in den DIN-Normen festgelegt sind, gelten für den Aufbau aus Sicherheitsgründen folgende VDE-Vorschriften:

1. VDE 0550, „Vorschriften für Kleintransformatoren",
2. VDE 0411, „Vorschriften für Netztransformatoren in elektronischen Meßgeräten".

Die *Primärwicklung* von Netztransformatoren liegt an der Netzwechselspannung. Oft sind Anzapfungen für verschiedene Spannungen vorgesehen **(Bild 4.1)**. Auf der Sekundärseite benötigt man Wicklungen für verschiedene Stromkreise. Für übliche Ausführungen benutzt man die Röhrenwicklung **(Bild 4.2)**. Beim Wickeln beginnt man mit der Netzwicklung; es folgt die Sekundärwicklung mit der höchsten Spannung. Außen liegen, wenn erforderlich, die Windungen der Heizwicklung mit großem Querschnitt. Diese Wickelfolge erleichtert die Wärmeabfuhr, da die Wicklungsteile mit der höchsten Stromstärke am weitesten außen liegen. Wenn eine besondere Trennung erforderlich ist, ordnet man zwischen Primär- und Sekundärwicklung eine *Schutzwicklung* (Schirmwicklung) an. Sie besteht beispielsweise aus einer Lage von soliertem Kupferdraht. In dieser Wicklung darf kein Strom fließen! Ein Ende bleibt deshalb frei, das andere ist in der Regel mit Masse verbunden. Mit Röhrenwicklungen

4.2 Transformatorarten

lassen sich auf einfache Weise *Manteltransformatoren* aufbauen (**Bild 4.3**). Hierzu verwendet man für Leistungen bis etwa 200 W meist Kernbleche mit M-Schnitt; für höhere Leistungen sind UI- und EI-Schnitte üblich. Mit symmetrisch aufgebauter Wicklung oder mit speziellen Kernformen (z. B. Ringkern) läßt sich die magnetische Ausstreuung gegenüber dem Normalaufbau erheblich verringern.

Der *Kern* besteht wie bei Niederfrequenzspulen aus geschichteten Blechen, die gegeneinander durch eingebrannte organische Oxydschichten oder durch andere Methoden isoliert sind. Die einzelnen Blechsorten erhalten durch Zulegieren von Silizium eine kleinere elektrische Leitfähigkeit. Beide Maßnahmen verringern die Wirbelstromverluste im Kern. Für die Kernbleche sind verschiedene Dicken genormt. Gebräuchliche Werte: 0,35 mm und 0,5 mm.

Für den Netzanschluß stehen verschiedene Typenprogramme serienmäßig gefertigter Netztransformatoren zur Verfügung. Viele Betriebe stellen jedoch Transformatoren selbst her, um deren Eigenschaften auf die gegebenen Erfordernisse zuschneiden zu können. Beim Berechnen der Daten für Wicklung und Kern benutzt man zweckmäßigerweise Tabellen und Nomogramme, wie sie z. B. in Nr. 106/107 der Radio-Praktiker-Bücherei (Franzis-Verlag) zu finden sind. Ein Berechnungsbeispiel in allgemeiner Form soll den Berechnungsgang erläutern und das Verständnis für die Zusammenhänge fördern:

1. Aus den vom Transformator geforderten Eigenschaften erhält man folgende Größen:
   1.1 Netzwechselspannung = Primärspannung U_p,
   1.2 Netzfrequenz f,
   1.3 Ströme und Spannungen auf der Sekundärseite.
2. Die Einzelleistungen auf der Sekundärseite ergeben sich aus dem Produkt der Effektivwerte von Strom und Spannung. Sind Gleichrichter angeschlossen, so

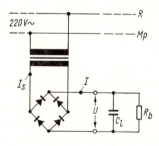
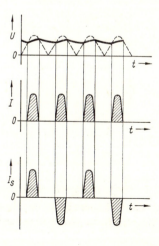

Bild 4.4. Brückengleichrichter

fließt in der betreffenden Wicklung nur während eines Teiles jeder Halbwelle ein impulsförmiger Strom (**Bild 4.4**). Der für die Erwärmung der Wicklung maßgebliche Effektivwert dieses Wechselstromes ist größer als der des Gleichstromes nach dem Siebglied. Die zum Berechnen der Kernabmessungen notwendige Wechselleistung muß deshalb größer sein als die Gleichleistung. Bei Netzgleichrichtern in Graetz-Schaltung erhält man die korrigierte Wechselleistung durch Multiplikation der Gleichleistung mit dem Faktor 1,4 (Erfahrungswert). Die Gesamtleistung der Sekundärseite ergibt sich durch Summieren der Teilleistungen:

$$P_s = P_{s1} + P_{s2} + P_{s3} + \ldots \qquad \text{Alle Leistungen in VA} \qquad (4.1)$$

3. Jeder Transformator setzt einen Teil der zugeführten elektrischen Energie in Wärme um. Sein Wirkungsgrad ist deshalb kleiner als 100%. Die Sekundärleistung in Prozent der Primärleistung ist um so größer, je größer die Kernabmessungen sind (**Tafel 8 im Anhang**). Bei üblichen Blechen betragen die Verluste erfahrungsgemäß etwa 20% der vom Transformator abgegebenen Leistung. Die Primärleistung errechnet sich damit zu

$$P_p \approx 1{,}2 \cdot P_s \qquad P_p, P_s \text{ in VA} \qquad (4.2)$$

4. Transformatoren größerer Leistung führen bei gleichen Spannungen (z. B. $U_p = 220$ V) höhere Ströme. Die Drahtquerschnitte müssen ebenfalls entsprechend größer sein. Man benötigt deshalb mehr Fensterfläche für die Wicklung. Dies ist mit ein Grund dafür, daß die Abmessungen des Kerns mit der übertragenen Leistung ansteigen. Für den Brutto-Eisenquerschnitt des Kerns (einschl. Isolation zwischen den Blechen) gilt die Näherungsformel

$$A \approx \sqrt{P_p} \qquad \begin{array}{l} A \text{ in cm}^2 \\ P_p \text{ in VA} \end{array} \qquad (4.3)$$

oder

$$A' \approx 10^{-4} \sqrt{P_p} \qquad \begin{array}{l} A' \text{ in m}^2 \\ P_p \text{ in VA} \end{array} \qquad (4.4)$$

Der benötigte Kerntyp ergibt sich aus dem nächsthöheren Normwert für die Größe A. Die für M- und EI-Schnitte gültige Faustformel (4.3) liefert stets etwas zu große Kerntypen, damit die Wicklung mit Sicherheit in die Fensterfläche hineinpaßt. In vielen Fällen reicht deshalb auch der nächstkleinere Kerntyp noch aus. Hier ist jedoch eine genaue Berechnung mit Hilfe von Tabellen oder Nomogrammen erforderlich.

5. Der Blindstrom in den Wicklungsteilen darf einen bestimmten Wert nicht überschreiten, da sonst die Feldliniendichte im Kern den höchstzulässigen Wert

4.2 Transformatorarten

(z. B. 1,2 Tesla) übersteigt. Der induktive Blindwiderstand muß deshalb jeweils groß genug sein. Diese Forderung ist erfüllt, wenn man je Volt Spannung eine genügend große Windungszahl vorsieht:

$$n \approx \frac{1}{4{,}4 \cdot f \cdot B_{max} \cdot A_{Fe}}$$

n: Windungszahl je Volt
f in Hz, (1/s)
B_{max} in T, (Vs/m^2)
A_{Fe} in m^2 (4.5)

Mit der für das häufig verwendete Kernmaterial Dynamoblech IV höchstzulässigen Feldliniendichte $B_{max} = 1{,}2$ Tesla und der Netzfrequenz $f = 50$ Hz vereinfacht sich Formel (4.5) zu

$$n \approx 10^{-4} \frac{38}{A_{Fe}}$$

n in 1/V
A_{Fe} in m^2 (4.6)

oder

$$n \approx \frac{38}{A_{Fe}}$$

n in 1/V
A_{Fe} in cm^2 (4.7)

Die Windungszahl je Volt ist dem Kernquerschnitt umgekehrt proportional. Die Feldliniendichte im Kern steigt sowohl mit der Stromstärke als auch mit der Windungszahl an (Leitfaden der Elektronik, Teil 1). In unserem Fall ergibt eine höhere Windungszahl jedoch eine kleinere Feldliniendichte, weil sich der induktive Blindwiderstand mit dem Quadrat der Windungszahl erhöht. Der Rückgang des Stromes wirkt sich deshalb stärker aus als der Anstieg der Windungszahl.

Der Kernquerschnitt A ist wegen der Blechisolation etwa 1,1 mal größer als der Eisenquerschnitt A_{Fe}. In der Praxis rechnet man zweckmäßigerweise mit der Größe A. Formel (4.6) lautet dann:

$$n \approx \frac{42}{A}$$

n in 1/V
A in cm^2 (4.8)

6. Die *Windungszahlen* erhält man durch Multiplizieren der Windungszahl je Volt mit den entsprechenden Sollspannungen. Der Effektivwert der Sollspannung an den Wicklungsanschlüssen für den Gleichrichter entspricht etwa der Gleichspannung hinter dem Siebglied bei Nennlast (Bild 4.4). Zum Ausgleich der Spannungsverluste im Transformator erhöht man in der Beziehung für ideale Spannungstransformation $U_s = U_p \cdot N_s/N_p$ das Verhältnis N_s/N_p. Der Eingriff erfolgt auf beiden Seiten, weil auch die Verluste auf beiden Seiten auftreten. Erfahrungs-

4 Transformatoren

gemäß verringert man N_p um etwa 10% und erhöht N_s um den gleichen Prozentsatz:

$$\boxed{N_p \approx 0{,}9 \cdot n \cdot U_p}$$

N_p: Primärwindungszahl
N_s: Sekundärwindungszahl
n in 1/V
U_p, U_s in V

(4.9)

$$\boxed{N_s \approx 1{,}1 \cdot n \cdot U_s}$$

(4.10)

7. Der *Drahtquerschnitt* für die einzelnen Wicklungsteile hängt von der Stromstärke und von der für die zugelassene Erwärmung maßgeblichen Stromdichte ab:

$$\boxed{A_d = \frac{I}{S}}$$

A_d in mm²
I in A
S in A/mm²

(4.11)

Zwischen Drahtquerschnitt und Drahtstärke besteht der Zusammenhang

$$A_d = \frac{\pi \cdot d^2}{4}$$

oder

$$\boxed{d = \sqrt{\frac{A_d \cdot 4}{\pi}}}$$

d in mm
A_d in mm²

(4.12)

Wir ersetzen in Formel (4.12) die Größe A_d durch den Quotienten I/S:

$$d = \sqrt{\frac{I \cdot 4}{S \cdot \pi}}$$

oder

$$\boxed{d = 2\sqrt{\frac{I}{S \cdot \pi}}}$$

d in mm
I in A
S in A/mm²

(4.13)

Mit der mittleren Stromdichte $S = 2{,}55$ A/mm² erhält man eine für die Praxis zugeschnittene Faustformel:

$$\boxed{d \approx \sqrt{\frac{I}{2}}}$$

d in mm
I in A

(4.14)

4.2 Transformatorarten

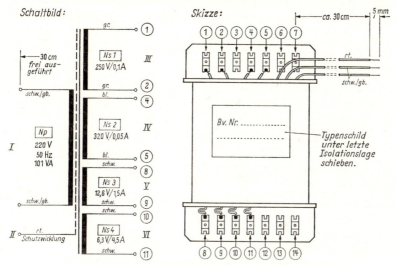

Bild 4.5. Bauvorschrift für Netztransformator (Beispiel)

Der zur Gleichspannungsversorgung gehörende Wicklungsteil liefert eine Impulsfolge, deren Effektivwert größer ist als der Gleichstrom nach dem Siebglied (Bild 4.4). Beim Berechnen des Drahtquerschnittes muß man daher von einem höheren Strom ausgehen, um eine unzulässige Erwärmung dieser Wicklung zu vermeiden. Für Brückengleichrichter mit Halbleitern ist der korrigierte Effektivwert des Wechselstromes etwa 60% größer als der Gleichstrom. Es gilt dann

$$d' \approx \sqrt{\frac{I \cdot 1{,}6}{2}} \qquad \begin{array}{l} d': \text{Drahtdurchmesser der} \\ \quad \text{Gleichstromwicklung in mm} \\ I: \text{Gleichstrom in A} \end{array} \qquad (4.15)$$

Für die außenliegende Sekundärwicklung ist eine höhere Stromdichte zulässig als für die Primärwicklung, weil außen die Stromwärme leichter an die umgebende Luft abfließen kann.

Die für Kern und Wicklung errechneten Daten bilden die Grundlage der *Bauvorschrift*. Diese enthält weitere Angaben wie z. B. einen Schaltplan, eine Skizze über die Lötösenbefestigung, Auskunft über Draht- und Lagenisolation usw. **(Bild 4.5).** Ein einfaches Beispiel soll den Werdegang einer Bauvorschrift erläutern:

Beispiel:

1. Netztransformator für Gleichstromversorgung; Netzwechselspannung $U_p = 220$ V; Netzfrequenz $f = 50$ Hz; Gleichgrößen: -12 V/2A und $+6$ V/2A.

2. Sekundärleistungen:

$$P_{s1} = 12\,\text{V} \cdot 2\,\text{A} \cdot 1{,}4 = 33{,}6\,\text{VA}$$
$$P_{s2} = 6\,\text{V} \cdot 2\,\text{A} \cdot 1{,}4 = 16{,}8\,\text{VA}$$
$$P_s = P_{s1} + P_{s2} = \underline{\underline{50{,}4\,\text{VA}}}$$

3. Primärleistung:

$$P_p \approx 1{,}2 \cdot P_s = \underline{\underline{60{,}5\,\text{VA}}}$$

4. Kernquerschnitt und Kerntyp:

$$A \approx \sqrt{P_p} \approx 7{,}8\,\text{cm}^2$$

Aus Tafel 8: Kern M 85; $A = \underline{\underline{9{,}3\,\text{cm}^2}}$

5. Windungszahl je Volt

$$n \approx \frac{42}{A} \approx \underline{\underline{4{,}5\,\text{Windungen je Volt}}}$$

6. Windungszahlen:

6.1 $N_p = 0{,}9 \cdot n \cdot U_p = 0{,}9 \cdot 4{,}5 \cdot 220 \approx \underline{\underline{890}}$

6.2 $N_{s1} \approx 1{,}1 \cdot n \cdot U_{s1} = 1{,}1 \cdot 4{,}5 \cdot 12 \approx \underline{\underline{60}}$

6.3 $N_{s2} \approx 1{,}1 \cdot n \cdot U_{s2} = 1{,}1 \cdot 4{,}5 \cdot 6 \approx \underline{\underline{30}}$

7. Drahtdicken:

7.1 $I_p = \dfrac{P_p}{U_p} = 0{,}275\,\text{A}$

$$d_p \approx \sqrt{\frac{I_p}{2}} \approx \underline{\underline{0{,}371\,\text{mm}}}$$

Normwert aus Tafel 9: $d_p = \underline{\underline{0{,}38\,\text{mm}}}$

7.2 $I_{s1} = 2\,\text{A} \cdot 1{,}6 = 3{,}2\,\text{A}$

$$d_{s1} \approx \sqrt{\frac{I_{s1}}{2}} \approx \underline{\underline{1{,}27\,\text{mm}}}$$

Normwert aus Tafel 9: $d_{s1} = \underline{\underline{1{,}5\,\text{mm}}}$

7.3 $I_{s2} = 2\,\text{A} \cdot 1{,}2 = 2{,}4\,\text{A}$

$d_{s2} = \underline{\underline{1{,}5\,\text{mm}}}$

Die Primärwicklung des unbelasteten Transformators wirkt als Spule. Es fließt ein Leerlaufstrom, dessen magnetisches Wechselfeld die Molekularmagnete des Kerns im Rhythmus der Netzfrequenz umdreht. Dieser Leerlaufstrom beträgt bei der Netz-

4.2 Transformatorarten

spannung $U_p = 220$ V etwa 1 mA je VA übertragener Leistung. Ein Windungsschluß im Transformator ist oft daran zu erkennen, daß der Primärstrom bei Leerlauf erheblich von dem genannten Näherungswert abweicht.

Merke: Netztransformatoren arbeiten bei einer festen Frequenz. Die Primärwicklung von Netztransformatoren ist für die Netzspannung ausgelegt.
Der Kern von Netztransformatoren ist aus weichmagnetischen Blechen aufgebaut. Die einzelnen Kernbleche sind gegeneinander isoliert.

4.2.2 Niederfrequenztransformatoren (Nf-Übertrager)

Die Primärwicklung dieser Transformatoren erhält eine Wechselspannung mit beliebigem zeitlichem Verlauf im Frequenzbereich $\approx$ 20 Hz bis $\approx$ 20 kHz.

In Zerhackerschaltungen für Gleichspannungsumsetzer und Gleich-Wechselumsetzer schalten Transistoren die Betriebsgleichspannung an der Primärwicklung eines Übertragers periodisch ein und aus. Über eine Rückkopplungswicklung gelangt ein Teil der elektrischen Energie wieder auf den Eingang des Verstärkers (z. B. Transistor) zurück. Diese Maßnahme erhält die Schwingungen aufrecht.

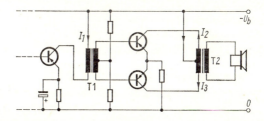

Bild 4.6. Nf-Verstärker mit Gegentaktendstufe (Prinzip);
T1 : Treibertransformator,
T2 : Ausgangstransformator

In bestimmten LC-Sinusgeneratoren bildet der Übertrager einen Teil des frequenzbestimmenden Schwingkreises. Über die Rückkopplungswicklung gelangt wie beim elektrischen Zerhacker ein Teil der elektrischen Energie mit der nötigen Spannung und Phasenlage auf den Eingang des Verstärkers zurück.

Im Zeilentransformator von Fernsehempfängern gewinnt man mit Hilfe weiterer Bauelemente die zur zeilenförmigen Strahlablenkung notwendige Sägezahnspannung und die Hochspannung für das Beschleunigen des Elektronenstrahls in der Bildröhre.

Niederfrequenzverstärker bestehen in der Regel aus mehreren Verstärkerstufen. Die Leistungsstufe ist meist als Gegentaktverstärker ausgeführt **(Bild 4.6)**. Die beiden Transformatoren haben unter anderem die Aufgabe, die Widerstände der einzelnen Stufen einander anzupassen ($R_i = R_a$), damit von der Treiberstufe auf die Gegentaktstufe und von dieser auf den Lautsprecher möglichst viel Leistung übertragen wird.

Die vom Nf-Übertrager geforderten Eigenschaften sind auf die verschiedenartigen Anwendungsfälle zugeschnitten. Das Berechnen kann daher nur anhand der durch Schaltungsart und Bauelemente gegebenen elektrischen Größen erfolgen. Die in Gegentaktendstufen häufig anzutreffenden *Übertrager* weisen im Aufbau gemeinsame und charakteristische Merkmale auf:

4 Transformatoren

1. Der Übertrager muß seine Eigenschaften innerhalb eines bestimmten Frequenzbereiches (z. B. 50 Hz ... 16 kHz) weitgehend beibehalten.
2. Als Kernmaterial verwendet man fast ausschließlich Dynamoblech IV/0,35 mm. Der Einsatz von weichmagnetischen Ferriten ist meist nicht möglich, weil deren höchstzulässige Feldliniendichte zu klein ist.
3. Der Kernquerschnitt A steigt wie beim Netztransformator mit der Quadratwurzel aus der Primärleistung P_p. Meist verwendet man jedoch ein Mehrfaches des für Netztransformatoren gleicher Leistung benötigten Eisenquerschnitts. Dies hat folgende Gründe:
   3.1. Die höchstzulässige Feldliniendichte liegt bei 0,8 Tesla (Netztransformator 1,2 Tesla), damit keine Verzerrungen durch Sättigung des Eisens auftreten.
   3.2. In der Primärwicklung des Treibertransformators T 1 (Bild 4.6) fließt zusätzlich ein verhältnismäßig großer Gleichstrom I_1. Die vom Gleichstrom verursachte Vormagnetisierung erhöht die Feldliniendichte und damit die Gefahr der Sättigung.
4. In der Primärwicklung des Gegentaktausgangsübertragers T 2 fließen zwei gleich große Gleichströme I_2 und I_3 in entgegengesetzter Richtung. Ihre magnetischen Wirkungen heben sich daher auf.
5. Bei der unteren Grenzfrequenz f_u fließt der größte Blindstrom, weil hier der induktive Blindwiderstand der Primärwicklung seinen kleinsten Wert erreicht. Mit dem Blindstrom steigt auch die Feldliniendichte an. Der Eisenquerschnitt des Kerns muß entsprechend größer sein.
6. Eine Faustformel für den Kernquerschnitt bei Übertragern mit Gleichstromvormagnetisierung und einer Stromdichte von 1,5 A/mm² lautet:

$$\boxed{A_{Fe} \approx 10 \sqrt{\frac{2 \cdot P_p}{f_u}}} \qquad \begin{array}{l} A_{Fe} \text{ in cm}^2 \\ P_p \text{ in VA} \\ f_u \text{ in Hz} \end{array} \qquad (4.16)$$

7. Die vom Übertrager geforderte Induktivität L_p der Primärwicklung bestimmt zusammen mit der unteren Grenzfrequenz die Primärwindungszahl. Der Eingang des Übertragers wirkt für den Transistor als Arbeitswiderstand R_a. Der induktive Blindwiderstand der Primärwicklung liegt parallel zu diesem Arbeitswiderstand. Der Scheinwiderstand aus L_p und R_a verringert sich mit fallender Frequenz und setzt deshalb die Verstärkung herab. Die untere Frequenzgrenze ist erreicht, wenn X_{Lp} gleich R_a wird:

$$2 \cdot \pi \cdot f_u \cdot L_p = R_a$$

$$\boxed{L_p = \frac{2 \cdot \pi \cdot f_u}{R_a}} \qquad \begin{array}{l} L_p \text{ in H} \\ R_a \text{ in } \Omega \\ f_u \text{ in Hz.} \end{array} \qquad (4.17)$$

Die Größe R_a ermittelt man aus den Betriebsdaten des Verstärkers.

4.2 Transformatorarten

8. Die Induktivität L_p ist dem Quadrat der Primärwindungszahl und dem Induktivitätsfaktor des Kerns proportional (Formel 3.1). Aus $L_p = N_p^2 \cdot A_L$ erhält man durch Umformen:

$$\boxed{N_p = \sqrt{\frac{L_p}{A_L}}} \qquad L_p, A_L \text{ in H} \qquad (4.18)$$

9. Übertrager mit Gleichstrom-Vormagnetisierung müssen wie Siebdrosseln in der Regel einen Kern mit Luftspalt erhalten, damit die Feldliniendichte nicht in den Bereich der Sättigung gerät. Der Induktivitätskoeffizient dieser Kerne ist erheblich kleiner als ohne Luftspalt. Für die gleiche Primärinduktivität benötigt man deshalb eine höhere Windungszahl.

10. Das Übersetzungsverhältnis N_p/N_s des Ausgangsübertragers muß so groß sein, daß der auf die Primärseite transformierte Widerstand des Verbrauchers (Lautsprecher, Meßgeräte usw.) mit dem Innenwiderstand des Spannungserzeugers (Verstärker) übereinstimmt. Die Widerstände transformieren sich mit dem Quadrat der zugehörigen Windungszahlen:

$$\frac{R_p}{R_s} = \frac{N_p^2}{N_s^2}$$

oder

$$\frac{N_p}{N_s} = \sqrt{\frac{R_p}{R_s}}$$

und

$$\boxed{N_p = N_s \sqrt{\frac{R_p}{R_s}}} \qquad R_p, R_s \text{ in } \Omega \qquad (4.19)$$

11. Primärwicklung und Sekundärwicklung beanspruchen etwa den gleichen Wickelraum, da auf der Seite höherer Windungszahl die Drahtquerschnitte kleiner sind (kleinerer Strom). Die mit quadratischem Querschnitt angenommenen Drähte für *eine* Seite benötigen den Wickelquerschnitt $N \cdot d^2 = 0{,}5 \cdot A_w$.

Wenn man die Seitenlänge der Quadrate gleich dem Drahtdurchmesser setzt, erhält man

$$\boxed{d = 0{,}8 \sqrt{\frac{2N}{A_w}}} \qquad \begin{array}{l} d \;\; : \text{Drahtdurchmesser in mm} \\ A_w : \text{Wickelraum in mm}^2 \end{array} \qquad (4.20)$$

Der Faktor 0,8 berücksichtigt den Raumbedarf der Draht- und Lagenisolation. Die Primärseite erhält den größeren Teil des Wickelraumes, wenn in der Primärwicklung zusätzlich ein Gleichstrom fließt. Die aus den Strömen und Querschnitten zur Kontrolle berechnete Stromdichte sollte etwa im Bereich 1,5 ... 2,0 A/mm² liegen. Der Verstärker muß die in der Wicklung durch Stromwärme entstehenden Verluste zusätzlich aufbringen. Deshalb darf die Stromdichte nicht zu hoch sein.

12. Die Streufeldlinien des Übertragers haben auf beiden Seiten die Wirkung einer Spule, die mit dem ohmschen Widerstand der Wicklung in Reihe geschaltet ist. Die Streuinduktivitäten sind klein gegenüber der Primärinduktivität L_p. Die induktiven Blindwiderstände der Streuinduktivitäten und die von ihnen verursachten Spannungsabfälle wachsen mit steigender Frequenz. Die Streuung des

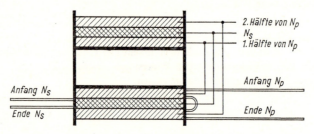

Bild 4.7. Streuarme Wicklung

Übertragers muß um so kleiner sein, je höher die obere Frequenzgrenze des Übertragungsbereiches liegt. Durch geeignetes Aufteilen und Verschachteln der Wicklungen läßt sich die Streuung eines Übertragers erheblich verringern (Bild 4.7).

Merke: Nf-Transformatoren müssen ihre elektrischen Eigenschaften meist in einem großen Frequenzbereich beibehalten.

4.2.3 Hochfrequenztransformatoren (Hf-Übertrager)

Im Hochfrequenzteil von Sende- und Empfangsanlagen zur drahtlosen Übermittlung von Nachrichten (Sprache, Ton, Bild, Meßwerte) ist oft eine Seite der verwendeten Hf-Übertrager durch Kondensatoren zu einem Schwingkreis ergänzt und auf die zu übertragende Frequenz abgestimmt (Resonanz). Wenn die Verluste in den Wicklungen und im Kern zu groß sind, erreicht die Resonanzkurve nicht den gewünschten Verlauf (Leitfaden der Elektronik, Teil 1). Als Kernwerkstoff verwendet man deshalb Ferritsorten, deren Verluste im erforderlichen Frequenzbereich klein genug sind.

Eine Empfangsantenne soll einen möglichst großen Teil der aufgenommenen Energie an den Empfänger weitergeben. Dies ist nur möglich, wenn man die Widerstände von Antenne, Antennenkabel und Empfängereingang aneinander anpaßt. Die für Leistungs-

4.2 Transformatorarten

anpassung erforderliche Widerstandstransformation erreicht man mit Antennenübertragern.

Merke: Der Kern von Hf-Transformatoren besteht meist aus weichmagnetischem Ferrit.

4.2.4 Magnetische Speicherelemente

Daten aller Art (z. B. Meßwerte oder Kontoauszüge) sind mit elektronischen Mitteln besonders schnell und sicher zu verarbeiten (z. B. Vergleichen und Umrechnen), wenn die Informationen in *binärer* Form vorliegen. Man unterscheidet hierbei nur *zwei* verschiedene Zustandsbereiche, denen die Zeichen O und L zugeordnet sind **(Bild 4.8)**. Jede Zahl im üblichen Zehnersystem ist durch ihre Ziffern und durch deren Stellenwert gegeben. Beispiel: $13 = 1 \cdot 10^1 + 3 \cdot 10^0$. Das Dualzahlensystem benötigt nur *zwei* verschiedene Ziffern. Der Stellenwert ergibt sich durch Multiplikation mit entsprechenden *Zweierpotenzen*. Beispiel: $13 = 1 \cdot 2^3 + 1 \cdot 2^2 + 0 \cdot 2^1 + 1 \cdot 2^0$. Es genügt also, die Informationen 0 und 1 bzw. O und L in der richtigen Reihenfolge aufzuschreiben: 13 = LLOL **(Bild 4.9)**. Die Information L entspricht bei magnetischen Speicherelementen meist dem positiven Sättigungsbereich **(Bild 4.10)**. Die Magnetisierungskurve der für *Ringkern-Speicherelemente* geeigneten Ferrite verläuft nahezu rechteckförmig. Zum nicht belegten Speicherplatz (Information O) gehört die Remanenz $-B_r$ (zurückbleibende Feldliniendichte). Ein genügend großer positiver

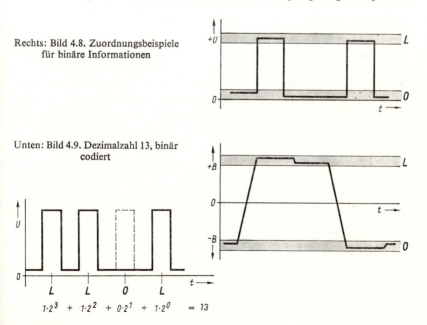

Rechts: Bild 4.8. Zuordnungsbeispiele für binäre Informationen

Unten: Bild 4.9. Dezimalzahl 13, binär codiert

4 Transformatoren

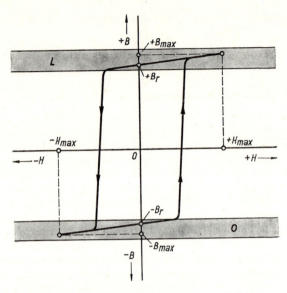

Bild 4.10. Magnetisierungskurve (Hystereseschleife) von Rechteck-Ferrit (schematisch)

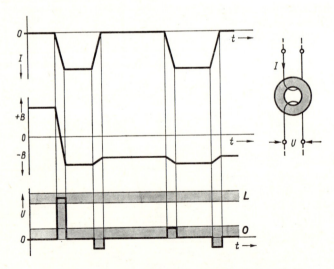

Bild 4.11. Lesevorgang beim Ringkernspeicher (schematisch)

4.2 Transformatorarten

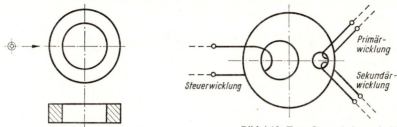

Bild 4.13. Transfluxor (schematisch)

Bild 4.12. Speicherringkern mit 2 mm Außendurchmesser in natürlicher Größe und im Maßstab 10 : 1 vergrößert

Stromstoß in der Primärwicklung erhöht die magnetische Feldstärke kurzzeitig bis zum positiven Höchstwert $+B_{max}$ (Bild 4.10). Die Feldliniendichte steigt dabei sprunghaft von $-B_r$ nach $+B_{max}$ an und geht mit dem Impulsende nach $+B_r$ zurück. Das Speicherelement enthält jetzt die Information L. Zum „Lesen" der gespeicherten Information erhält die Primärwicklung einen negativen Impuls, der die Feldstärke in negativer Richtung kurzzeitig bis zum Wert $-B_{max}$ erhöht. War ein L gespeichert, so entsteht durch das rasche Umklappen der Feldliniendichte von $+B_r$ nach $-B_r$ eine hohe zeitliche Änderung der Feldlinienzahl $\Delta\Phi/\Delta t$ im Kern (**Bild 4.11**). Der in der Sekundärwicklung induzierte Spannungsstoß ist so groß, daß er den Bereich L erreicht und somit den Zustand des Speichers markiert. Wenn der Leseimpuls eine O antrifft ($-B_r$), so ändert sich die Feldliniendichte nur von $-B_r$ nach $-B_{max}$ und zurück nach $-B_r$. Die in der Sekundärwicklung induzierte Spannung bleibt im Bereich O.

Ringkerne aus Rechteck-Ferriten lassen sich mit sehr kleinen Abmessungen bis herunter zu wenigen zehntel Millimetern Außendurchmesser herstellen und erlauben deshalb den raumsparenden Aufbau von Speichern für große Datenmengen (**Bild 4.12**). Die magnetischen Eigenschaften der Speicherkerne zeichnen sich durch hohe zeitliche Konstanz und geringe Erschütterungsempfindlichkeit aus; sie sind jedoch stark von der Temperatur abhängig.

Der Lesevorgang gibt zwar über den Inhalt des Speichers Auskunft, er zerstört jedoch die gespeicherte Information L, so daß nach dem Lesen die gelesene Information wieder in den Kern „eingeschrieben" werden muß. *Transfluxoren* vermeiden diesen Nachteil. Eine Scheibe aus Rechteckferrit ist mit zwei oder mehr kreisrunden Durchbrüchen versehen (**Bild 4.13**). Der Strom in der Steuerwicklung erzeugt ein Magnetfeld, das die Kopplung zwischen Primär- und Sekundärseite verändert. Eine mit der Primärwicklung „eingeschriebene" Information läßt sich beliebig oft über die Sekundärwicklung „abfragen".

Metallegierungen mit etwa 50% Eisen und 50% Nickel erhalten durch geeignetes Walzen und Glühen ebenfalls eine fast rechteckförmige Magnetisierungskurve (Handelsname z. B. „Ultraperm ZE"). Auf einen Träger aus Metall oder Keramik wickelt man sehr dünne Bänder aus diesem Werkstoff (**Bild 4.14**). Eine Schutzhülle vermeidet

4 Transformatoren

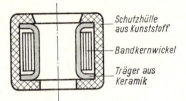

Bild 4.14. Speicher-Ringbandkern (schematisch)

mechanische Beschädigungen von außen. Die magnetischen Eigenschaften der metallischen Rechteckwerkstoffe sind fast durchweg besser als die von Rechteckferriten. Die untere Grenze der Abmessungen liegt für den Außendurchmesser bei etwa 3 mm. Der spezifische Widerstand ist viel kleiner als der entsprechender Ferritsorten. Beim Ummagnetisieren entstehen deshalb höhere Verluste durch Wirbelströme.

Merke: Der Kern von Speicherelementen kann nur zwei verschiedene, stabile magnetische Zustände annehmen.

4.3 Wiederholung, Kapitel 4

1. Beschreibe die Aufgaben der Netztransformatoren!
2. Welche Eigenschaften sind allen Netztransformatoren gemeinsam?
3. Welche Aufgaben hat die Schutzwicklung in Netztransformatoren?
4. Wie ist der Kern von Netztransformatoren aufgebaut?
5. Warum ist die Primärleistung eines Transformators größer als die Sekundärleistung?
6. Beschreibe zwei Anwendungsbeispiele für Nf-Übertrager!
7. Warum benötigen Nf-Übertrager für Gegentaktendstufen in Tonfrequenzverstärkern einen besonders großen Kernquerschnitt?
8. Nach welchen Gesichtspunkten ist das Übersetzungsverhältnis eines Ausgangsübertragers zu bemessen?
9. Warum dürfen Nf-Übertrager mit hoher Grenzfrequenz nur eine sehr kleine Streuung aufweisen?
10. Welche Anforderungen stellt man an das Kernmaterial für Hochfrequenztransformatoren?
11. Warum unterscheidet ein Speicherkern nur zwei verschiedene magnetische Zustände?
12. Erkläre das „Schreiben" der Information L beim Ferritspeicherkern!
13. Beschreibe das „Lesen" der Information L beim Ferritspeicherkern!
14. Welchen Vorteil besitzt der Transfluxor gegenüber dem Ringspeicherkern?
15. Worin unterscheidet sich ein metallischer Speicherkern von einem Ferritspeicherkern?

5 Röhren

5.1 Leitungsvorgänge im Hochvakuum und in Gasen

Jede Röhre besitzt mindestens zwei Elektroden in einem luftdicht verschlossenen Gefäß aus Glas oder Metall. Der vom Röhrenkolben umschlossene Raum ist bei *Elektronenröhren* weitgehend luftleer und bei *Ionenröhren* mit Edelgas oder Quecksilberdampf gefüllt. Die beiden Grundelektroden haben folgende Aufgaben: Die negative *Katode* sendet Elektronen aus und nimmt positive Ionen auf. Die positive *Anode* fängt Elektronen und negative Ladungsträger auf (Bild 5.1.1).

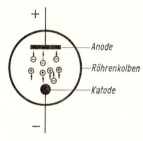

Bild 5.1.1. Röhre mit Grundelektroden

5.1.1 Elektronenemission

In metallischen Leiterwerkstoffen sind die Elektronen der äußersten Atomhülle nicht fest an einen bestimmten Atomkern gebunden. Diese Leitungselektronen bewegen sich verhältnismäßig frei zwischen den Atomresten. Starke Kräfte halten das Gerüst der regelmäßig aufgebauten Atomreste fest zusammen. Unter dem Einfluß der praktisch immer vorhandenen Wärmeenergie fliegen die Leitungselektronen ungeordnet und mit hoher Geschwindigkeit in alle Richtungen. Die mittlere Geschwindigkeit der Wärmebewegung steigt, wenn man die Temperatur des betreffenden Stoffes durch Zufuhr von Energie erhöht. Fließt ein Elektronenstrom im Leiter, so überlagert sich diese Wärmebewegung der langsamen und gleichmäßigen Strombewegung.

Bei genügend hoher Temperatur bewegen sich die Leitungselektronen so heftig, daß einige von ihnen die Oberfläche des Metalls verlassen können. Jedes Elektron erhöht beim Verlassen der Katode deren positive Ladung. Da sich ungleichartige Ladungen anziehen, kehren die emittierten Elektronen im Nahbereich der Katode zurück. Diese ausgesendeten und wieder zurückkehrenden Elektronen umhüllen die Katode mit einer Elektronenwolke (Raumladung).

Bild 5.1.2. Austrittsarbeit eines Elektrons bei verschiedenen Katoden

Katodenmaterial		BaSrO	Caesium	Quecksilber	Wolfram	Platin
Austrittsarbeit für ein Elektron	in eV	≈ 1	≈ 1,9	≈ 4,5	≈ 4,5	≈ 6
	in Ws	≈ 1,6 · 10⁻¹⁹	≈ 3,1 · 10⁻¹⁹	≈ 7,3 · 10⁻¹⁹	≈ 7,3 · 10⁻¹⁹	≈ 9,6 · 10⁻¹⁹

Elektronen mit hoher Austrittsgeschwindigkeit entfernen sich genügend weit von der Katode und geraten in den Wirkungsbereich des elektrischen Feldes zwischen Anode und Katode. Die Kraft dieses Feldes treibt die Elektronen mit zunehmender Geschwindigkeit zur Anode hin. Die für die Austrittsarbeit eines Elektrons erforderliche Energie ist für verschiedene Stoffe verschieden groß **(Bild 5.1.2)**. Nach der Form der zugeführten Energie unterscheidet man verschiedene Emissionsarten:

5.1.1.1 *Thermoemission* durch Zufuhr von Wärme,
5.1.1.2 *Fotoemission* durch Zufuhr von Licht
5.1.1.3 Sekundäremissim durch Zufuhr der Bewegungsenergie beschleunigter Elektronen oder Ionen
5.1.1.4 *Feldemission* durch Zufuhr von elektrischer Energie
5.1.1.5 *Radioaktive Emission* durch Zufuhr von Kernenergie

5.1.1.1 Thermoemission

Ein stromdurchflossener Leiter liefert die erforderliche Wärmeenergie. Wenn der glühende Heizfaden selbst Elektronen emittiert, spricht man von einer *direkt geheizten*

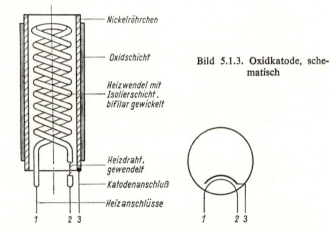

Bild 5.1.3. Oxidkatode, schematisch

Katode. Der in den Anfängen der Röhrentechnik fast ausschließlich verwendete Wolfram-Heizfaden arbeitet bei hoher Temperatur, weil die Leitungselektronen in reinen Metallen eine große Austrittsarbeit vollbringen müssen. Heute verwendet man meist *indirekt geheizte Katoden* aus Barium-Strontium-Oxid (BaSrO). Bei üblichen Ausführungen bedeckt das emittierende Mischoxid die Außenfläche eines Nickelröhrchens **(Bild 5.1.3)**. Der wendelförmige Heizer erwärmt die Glühkatode auf eine Arbeitstemperatur von etwa 700 °C. Der Heizdraht aus Wolfram ist durch eine Schicht aus Aluminiumoxid wärmebeständig gegen die Katode isoliert. Oxidkatoden liefern je Quadratzentimeter Fläche Gleichströme bis zu 0,5 Ampere. Bei Impulsbetrieb darf

5.1 Leitungsvorgänge im Hochvakuum und in Gasen

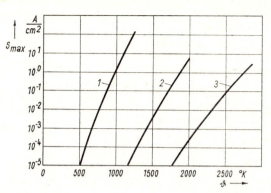

Bild 5.1.4. Höchstmögliche Emission verschiedener Katodenwerkstoffe in Abhängigkeit von der Temperatur (ValvoGmbH)
1 = Barium-Strontium-Oxid; 2 = Thoriertes Wolfram; 3 = Wolfram

die Stromdichte kurzzeitig bis auf etwa 50 A/mm² ansteigen. Für die Elektronenstromdichte $S = 0{,}25$ A/cm² ist eine Heizleistung von etwa einem Watt erforderlich. Wolfram benötigt für die gleiche Emission eine um etwa 1700 °C höhere Temperatur als Barium-Strontium-Oxid (**Bild 5.1.4**).

Fast alle Vakuumröhren erzeugen die zum Betrieb erforderlichen Elektronen durch Thermoemission.

5.1.1.2 Fotoemission

Die Leitungselektronen der Fotokatode in Fotozellen und Fotovervielfachern erhalten die zum Austritt benötigte Energie durch elektromagnetische Strahlung. Der Frequenzbereich erstreckt sich von der langwelligen Infrarotstrahlung (IR) über das sichtbare Licht bis zur kurzwelligen ultravioletten Strahlung (UV). Die Strahlungsenergie geht in sehr kleinen Portionen (Lichtquanten oder Photonen) auf die Elektronen der Katode über. Ein *Lichtquant* enthält um so mehr Energie, je höher seine Frequenz ist oder je kleiner seine Wellenlänge ist:

$$\boxed{W_p = h \cdot f}\qquad \begin{array}{l} W_p \text{ in Ws}\\ f \text{ in Hz (s}^{-1}) \end{array} \tag{5.1}$$

oder

$$\boxed{W_p = h \cdot \frac{c}{\lambda}}\qquad \begin{array}{l} \lambda \text{ in m}\\ c = 3 \cdot 10^8 \text{ m/s (Lichtgeschwindigkeit)}\\ h = 6{,}62 \cdot 10^{-34} \text{ W} \cdot \text{s}^2\\ \text{(Plancksches Wirkungsquantum)} \end{array} \tag{5.2}$$

Die Größen c und h sind Naturkonstanten, deren Werte man durch Versuche gefunden hat.

Lichtquanten können nur dann ein Elektron auslösen, wenn ihre Energie mindestens so groß ist wie die vom Katodenmaterial abhängige Austrittsarbeit für ein Elektron. Die Fotoemission setzt daher erst oberhalb einer bestimmten Mindestfrequenz ein. Das Alkalimetall Caesium (Cs) zeichnet sich durch eine besonders geringe Austrittsarbeit

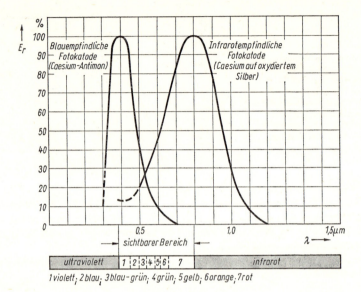

Bild 5.1.5. Relative spektrale Empfindlichkeit E_r verschiedener Katoden für Strahlung gleicher Energie

aus. Deshalb ist die Fotoemission schon im Bereich der infraroten Strahlung (kleine Frequenz, lange Wellen) möglich.

Je nach Stoff ergeben sich für eine Strahlung gleicher Energie bei verschiedener Frequenz Elektronenemissionen verschiedener Stärke. Die Emission einer Fotokatode erreicht bei einer bestimmten Frequenz der Lichtstrahlung ihren Höchstwert (**Bild 5.1.5**). In der Praxis beschreibt man diese Eigenschaft durch die *relative spektrale Empfindlichkeit*. Eine grafische Darstellung enthält die Elektronenemission in Prozent des Höchstwertes, abhängig von der Wellenlänge bei Lichtstrahlung gleicher Intensität.

5.1.1.3 Sekundäremission

Elektronen und Ionen lassen sich durch elektrische oder magnetische Felder beschleunigen. Die Bewegungsenergie wächst mit dem Quadrat der Geschwindigkeit. Erreicht ein Ladungsträger die Oberfläche eines Metalls, so geht seine Bewegungsenergie beim Aufprall an die Leitungselektronen des betreffenden Stoffes über. Wenn dieser Zusammenstoß mit genügend hoher Geschwindigkeit erfolgt, erhält das getroffene Leitungselektron so viel Energie, daß es die Oberfläche des Metalls verlassen kann. Die Bewegungsenergie aller auftreffenden Primärelektronen ist stets größer als die Energie der in gleicher Zeit emittierten *Sekundärelektronen*, weil nicht alle Leitungselektronen durch den Zusammenstoß das zur Emission erforderliche Energieniveau erreichen.

5.1 Leitungsvorgänge im Hochvakuum und in Gasen

Je nach Material der emittierenden Oberfläche, Geschwindigkeit und Einfallswinkel der aufprallenden Elektronen ergeben sich für gleiche Primärelektronenströme verschiedene Sekundärelektronenströme. Bei bestimmten Stoffen ist die **Zahl** der herausgelösten Sekundärelektronen größer als die Anzahl der in gleicher Zeit eintreffenden Primärelektronen. Neben festen Stoffen emittieren auch Gasatome elektrische Ladungsträger, wenn sie mit beschleunigten Elektronen zusammenstoßen (Abschnitt 5.1.2.2). Sekundärelektronen-Vervielfacher (SEV) nutzen die beschriebene Emissionsart zum Verstärken von Fotoströmen (Abschnitt 5.2.8.1).

5.1.1.4 Feldemission

Durch Zufuhr von Wärme erhöht sich die Bewegungsenergie der Leitungselektronen. Die Temperatur kennzeichnet den Wärmezustand eines Körpers. Die für „kalte" Katoden gültige Raumtemperatur liegt bereits etwa 300 °C über dem absoluten Nullpunkt (null Grad Kelvin ist gleich -273 Grad Celsius). Auch bei Raumtemperatur können deshalb einige Leitungselektronen die Oberfläche der Katode verlassen. Ein genügend starkes elektrisches Feld saugt diese Raumladung ab. Die beschleunigten Elektronen erreichen eine hohe Geschwindigkeit. Ihre Bewegungsenergie reicht dazu aus, beim Zusammenstoß mit Gasmolekülen oder Gasatomen weitere Ladungsträger zu erzeugen.

Die in Hochspannungsanlagen oft beobachteten Sprühentladungen sind auf die beschriebene Feldemission zurückzuführen. In Kaltkatodenröhren entstehen Ladungsträger ebenfalls durch Feldemission.

5.1.1.5 Radioaktive Emission

In bestimmten Atomen entsteht durch natürlichen Kernzerfall oder durch Beschuß mit massereichen Teilchen (Protonen) eine Kernumbildung. Dieser Vorgang ist mit der Emission radioaktiver Strahlen verbunden. Hierbei verlassen kleinste Teilchen das Atom mit hoher Geschwindigkeit. Nach der Teilchenart unterscheidet man drei verschiedene Strahlen:

1. Alpha-Strahlen (α-Strahlen), Heliumkerne mit zwei positiven Protonen.
2. Beta-Strahlen (β-Strahlen), Elektronen, die sich nahezu so schnell bewegen wie das Licht ($c = 3 \cdot 10^8$ m/s).
3. Gamma-Strahlen (γ-Strahlen), elektromagnetische Wellen mit sehr kleiner Wellenlänge und hohem Durchdringungsvermögen.

Merke: **Ein Stoff emittiert Elektronen, wenn man ihm genügend Energie zuführt.**
Nach der Energieart unterscheidet man Thermoemission, Fotoemission, Sekundäremission, Feldemission und radioaktive Emission.

5.1.2 Ladungsträger im elektrischen und magnetischen Feld

5.1.2.1 Elektrischer Strom im Hochvakuum

Aus den Gefäßen für Elektronenröhren pumpt man Gasmoleküle und Gasatome bis auf einen praktisch unbedeutenden Rest heraus. Die von der Katode emittierten Elek-

5 Röhren

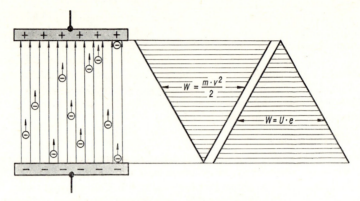

Bild 5.1.6. Elektronen im elektrischen Feld. Die Ruheenergie $e \cdot U$ geht in die Bewegungsenergie $0{,}5 \cdot m \cdot v^2$ über

tronen können sich daher innerhalb der Elektronenröhre frei bewegen. Die Geschwindigkeit und die Richtung der Elektronen lassen sich mit elektrischen oder magnetischen Feldern steuern. Feldkräfte beschleunigen Elektronen praktisch trägheitslos, da diese eine sehr kleine Masse besitzen. Für Wechselfelder gelten deshalb ähnliche Überlegungen wie für Gleichfelder. Dies gilt jedoch nur solange, wie die Elektronenlaufzeit klein gegenüber der Periodendauer des Wechselfeldes bleibt (Abschnitt 5.2.9).

Ein Elektron hat die Ladung $Q_e = e = 1{,}6 \cdot 10^{-19}$ As. Es fliegt im elektrischen Feld mit gleichmäßig zunehmender Geschwindigkeit von der negativen Elektrode (Katode) zur positiven Elektrode (Anode) **(Bild 5.1.6)**. Die Ruheenergie des Elektrons beträgt an der Katode $W_r = Q_e \cdot U = e \cdot U$. Auf dem Weg zur Anode entsteht daraus die Bewegungsenergie $0{,}5 \cdot m \cdot v^2$. Wenn die gesamte Ruheenergie in Bewegungsenergie übergegangen ist, gilt:

$$\frac{1}{2} \cdot m \cdot v^2 = e \cdot U \quad \text{oder} \quad v^2 = \frac{2 \cdot e}{m} \cdot U$$

bzw.

$$\boxed{v = \sqrt{\frac{2 \cdot e}{m} \cdot U}} \tag{5.3}$$

Die vom Elektron beim Durchlaufen der Spannung $U = 1$ V aufgenommene Energie beträgt ein *Elektronenvolt* gleich 1 eV. Dies ist eine sehr kleine Energieeinheit:

$$1 \text{ eV} = 1{,}6 \cdot 10^{-19} \text{ As} \cdot 1 \text{ V} = 1{,}6 \cdot 10^{-19} \text{ Ws}$$

Die Elementarladung e und die Elektronenmasse $m = 9{,}1 \cdot 10^{-31}$ kg sind Naturkonstanten. Für die Gleichung (5.3) erhält man durch Einsetzen der Werte für m und e:

5.1 Leitungsvorgänge im Hochvakuum und in Gasen

$$\boxed{v \approx 6 \cdot 10^5 \sqrt{U}} \qquad \begin{array}{l} U \text{ in V} \\ v \text{ in m/s} \end{array} \qquad (5.4)$$

Beispiel:

Zwischen Anode und Katode liegt die Spannung $U = 100$ V. Die Entfernung zwischen beiden Elektroden beträgt $l = 3$ mm.
1. Welche mittlere Geschwindigkeit erreichen die Elektronen?
2. Wie groß ist die Elektronenlaufzeit von der Katode zur Anode?

Lösung:

1. $v \approx 6 \cdot 10^5 \sqrt{100}$ m/s

   $v \approx 6 \cdot 10^6$ m/s $= 6000$ km/s

2. $v_m = \dfrac{l}{t}$

   $t = \dfrac{l}{v_m}$

   $v_m = \dfrac{v_a + v_e}{2} = \dfrac{(0 + 6 \cdot 10^6) \text{ m/s}}{2} = 3 \cdot 10^6$ m/s

   $t = \dfrac{3 \cdot 10^{-3}}{3 \cdot 10^6}$ s

   $t = 10^{-9}$ s $= 1$ns

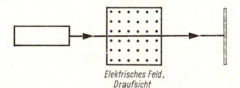

Bild 5.1.7. Ablenkung des Elektronenstrahls im elektrischen Feld

Elektronenkanone

Elektrisches Feld, Draufsicht

Je nach Betrag und Richtung des elektrischen Feldes ergeben sich durch Beschleunigen oder Verzögern der Elektronen verschiedene Steuermöglichkeiten:

1. Steuern der Intensität des Elektronenstromes, z. B. in Verstärkerröhren (Abschnitt 5.2);
2. Ablenken von Elektronenstrahlen, z. B. in Oszillografenröhren (Abschnitt 5.2.8.4);

5 Röhren

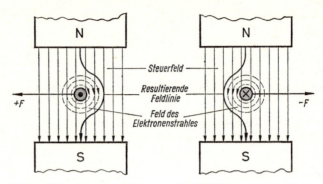

5.1.8.1. Elektronenstrom fließt aus der Bildebene heraus

5.1.8.2. Elektronenstrom fließt in die Bildebene hinein

Bild 5.1.8. Kraftwirkung auf einen Elektronenstrahl im Magnetfeld

3. Bündeln und Zerstreuen von Elektronenstrahlen, z. B. in Fernseh-Bildröhren (Kapitel 5.2.8.4).

Elektrische und magnetische Felder ändern die Richtung bewegter Elektronen. Ein elektrisches Feld beschleunigt Elektronen *in* Feldrichtung. Der ursprünglich parallel zur Elektrodenoberfläche verlaufende Elektronenstrahl krümmt sich deshalb zur positiven Ablenkplatte hin **(Bild 5.1.7)**.

Stromdurchflossene Leiter und Elektronenstrahlen erzeugen ein Magnetfeld, dessen Feldlinien sich kreisförmig um die Elektronenbahn schließen (Leitfaden der Elektronik Teil 1). Durchläuft der Elektronenstrahl ein Magnetfeld in einer Ebene

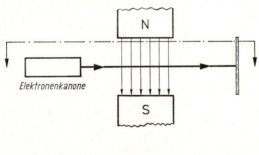

Bild 5.1.9. Ablenkung eines Elektronenstrahls im Magnetfeld

5.1 Leitungsvorgänge im Hochvakuum und in Gasen

parallel zu den Polflächen, so schwächt sein Magnetfeld das Steuerfeld auf der einen Seite und verstärkt es auf der anderen Seite **(Bild 5.1.8)**. Es entsteht eine Kraft senkrecht zur Richtung des Steuerfeldes und senkrecht zur Elektronenbahn **(Bild 5.1.9)**. In Fernseh-Bildröhren nutzt man diesen Effekt zum zeilenförmigen Ablenken des Elektronenstrahles.

Merke: Das elektrische Feld beschleunigt Elektronen in Feldrichtung. Das magnetische Feld beschleunigt bewegte Elektronen senkrecht zur Elektronenbahn und senkrecht zur Feldrichtung.

5.1.2.2 Elektrischer Strom in Gasen

Im Vakuum und in metallischen Stoffen entsteht elektrischer Strom durch die geordnete Bewegung von *Elektronen*. In elektrisch leitenden Flüssigkeiten übernehmen *Ionen* den Transport elektrischer Ladung. In *Ionenröhren* findet man meist beide Ladungsträgerarten. Diese Bauelemente enthalten, im Gegensatz zu den praktisch luftleeren Elektronenröhren, Edelgase oder Quecksilberdampf, meist unter geringem Druck. Man nennt sie deshalb auch gasgefüllte Röhren.

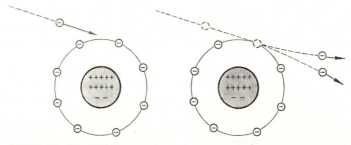

5.1.10.1. Ein freies Elektron nähert sich mit hoher Geschwindigkeit einem neutralen Neonatom (10 Protonen und 2 Elektronen im Atomrumpf; 8 Elektronen in der äußersten Hülle)

5.1.10.2. Das herausgeschossene Elektron vermindert die negative Ladung des Neonatoms. Es entsteht ein positives Ion

Bild 5.1.10. Stoßionisation

In Gasen findet man bei normalen Druck- und Temperaturverhältnissen fast keine freien Ladungsträger. Das Gasgemisch Luft (Stickstoff und Sauerstoff) zählt ebenso zu den Nichtleitern wie das Edelgas Neon. Treffen jedoch beschleunigte Elektronen mit genügend großer Geschwindigkeit auf neutrale Gasatome auf, so entstehen positive Gas-Ionen und weitere Elektronen **(Bild 5.1.10)**. Diese *Stoßionisation* pflanzt sich lawinenartig fort. Die herausgeschossenen und vom elektrischen Feld beschleunigten Elektronen verstärken den Elektronenstrom. Nach dem Erreichen der zur Stoßionisation erforderlichen Geschwindigkeit können sie beim Zusammenstoß mit Gasatomen weitere Ladungsträger erzeugen. Die positiven Ionen fliegen zur negativen

5 Röhren

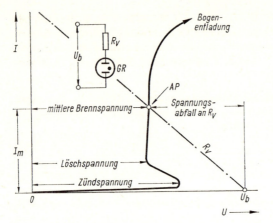

Bild 5.1.11. Typische Kennlinie einer Gasentladungsröhre mit kalter Katode

Katode und lösen beim Aufprall weitere Elektronen aus. Langsame Elektronen können sich in neutralen Gasatomen „verfangen". Auf diese Weise bilden sich negative Ionen, die zur Anode fliegen.

Zum Ionisieren eines Atoms ist ein vom Stoff abhängiger Betrag an Energie (z. B. Wärme) notwendig. In der beschriebenen Kettenreaktion nutzt man die Bewegungsenergie beschleunigter Elektronen. Diese Ladungsträger erreichen die zur Stoßionisation erforderliche Mindestgeschwindigkeit, wenn man die Spannung an den Elektroden auf den Wert der *Zündspannung* erhöht (**Bild 5.1.11**). Entspricht der Gasdruck dem äußeren Luftdruck, so sind die Gasatome im Röhrengefäß verhältnismäßig dicht zusammengedrängt. Die Elektronen stoßen deshalb mit Gasatomen zusammen, bevor sie die zum Ionisieren erforderliche Geschwindigkeit erreicht haben. Diese kleinere „freie Weglänge" ist durch eine höhere Zündspannung auszugleichen. Wenn man den Gasdruck stark verringert, sind nur noch Bruchteile der ursprünglichen Anzahl von Gasatomen im Röhrenkolben vorhanden. Jetzt ist die Wahrscheinlichkeit von Zusammenstößen so klein, daß wiederum eine höhere Spannung zum Zünden erforderlich ist. Zu einem mittleren Gasdruck gehört deshalb die kleinste Zündspannung.

In einem begrenzten Gasdruckbereich verringert sich die Zündspannung, wenn die mittlere „freie Weglänge" der Elektronen wächst. Bei gleicher Spannung erreicht ein Elektron die zur Stoßionisation erforderliche Bewegungsenergie auf einem kürzeren Weg, wenn man die Feldstärke erhöht. Zu einem kleineren Elektrodenabstand gehört deshalb auch eine kleinere Zündspannung.

An den Elektroden entstehen durch Aufnahme oder Abgabe von Elektronen wieder neutrale Gasatome. Dieser Vorgang verstärkt den Elektronenstrom in den Zuleitungen. Auch im Raum zwischen Katode und Anode rekombinieren stets einige Ionen und Elektronen zu neutralen Gasatomen. Trotzdem steigt die Anzahl der Ladungsträger in der gezündeten Röhre durch den Lawineneffekt weiter an. Die Gasentladungsstrecke verringert ihren Widerstand. Da der Einfluß des abnehmenden Widerstandes größer ist als die Wirkung des ansteigenden Stromes, verringert sich die Spannung (Bild 5.1.11).

5.1 Leitungsvorgänge im Hochvakuum und in Gasen

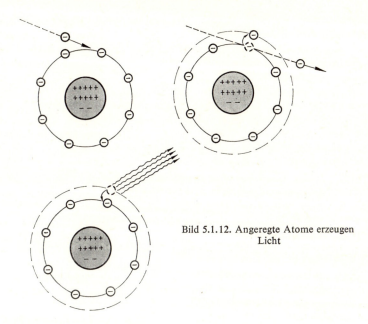

Bild 5.1.12. Angeregte Atome erzeugen Licht

Nach dem Erreichen der *Brennspannung* verursacht eine geringfügige Zunahme der Spannung ein steiles Ansteigen des Stromes. Die gezündete Gasentladung erlischt nur, wenn man die Spannung zwischen Katode und Anode unter den Wert der kleinsten Brennspannung (Löschspannung) absenkt. Dies geschieht beim Betrieb mit Netzwechselspannung automatisch in der Nähe des Nulldurchgangs. Der kleine Widerstand gezündeter Röhren ermöglicht einen hohen Wirkungsgrad, weil die in Wärme umgesetzte Leistung $P = I^2 \cdot R$ auch bei großen Strömen klein bleibt.

Der Strom einer gezündeten Ionenröhre läßt sich im Gegensatz zur Vakuumröhre durch elektrische Felder nicht mehr steuern.

Durch den Lawineneffekt wächst die Stromdichte in der Röhre selbständig an, bis sie schließlich einen für thermische Ionisierung erforderlichen Wert erreicht. Hier sind Gas-Ionen und Elektronen etwa in gleicher Anzahl vorhanden. Es entsteht ein Plasma hoher Leitfähigkeit. Die Glimmentladung geht in eine Bogenentladung über (Bild 5.1.11). Die Elektroden der Röhre sind jetzt praktisch kurzgeschlossen. Der Kurzschlußstrom zerstört die Ionenröhre und weitere Teile der Schaltung, wenn kein ohmscher Widerstand die Stromstärke auf einen zulässigen Wert begrenzt. Dieser Widerstand liegt in Reihe mit der Ionenröhre. Der Arbeitspunkt AP stellt sich so ein, daß in beiden Bauelementen der gleiche Strom I_m fließt. Er liegt deshalb im Schnittpunkt der Kennlinien von Ionenröhre und Vorwiderstand (Bild 5.1.11). Auch der Innenwiderstand des Spannungserzeugers oder der Widerstand eines Verbrauchers können die Aufgabe der Strombegrenzung übernehmen.

5 Röhren

Der Zusammenstoß zwischen einem Gasatom und einem Elektron führt in vielen Fällen nicht zur Ionisierung. Die Bewegungsenergie des Elektrons reicht hier nur dazu aus, ein Elektron der äußeren Atomhülle auf ein höheres Energieniveau zu stoßen. Dieser „angeregte" Zustand entspricht im Modell einer Elektronenbahn mit größerem Durchmesser (**Bild 5.1.12**).

Der „angeregte" Zustand ist jedoch nicht stabil. Bei der Rückkehr zum ursprünglichen Energieniveau gibt das Elektron die Energiedifferenz als Lichtquant in Form elektromagnetischer Wellen ab. Je nach Wellenlänge handelt es sich dabei um unsichtbare Strahlen oder um Licht einer bestimmten Farbe. Im Raum zwischen Katode und Anode bilden sich verschiedene Lichtzonen. In den meisten gasgefüllten Röhren ist das *negative Glimmlicht* der Katode gut zu erkennen.

Merke: In einer gezündeten Gasentladungsstrecke übernehmen Elektronen und Ionen den Transport elektrischer Ladung. Beim Zünden einer Gasentladungsstrecke steigt die Zahl der Ladungsträger lawinenartig an.

Jede Gasentladungsstrecke benötigt einen strombegrenzenden Widerstand im Betriebsstromkreis.

5.1.3 Wiederholung, Abschnitt 5.1

1. Unterscheide fünf verschiedene Emissionsarten nach der zugeführten Energie!
2. Beschreibe den Aufbau einer indirekt beheizten Katode!
3. Warum beginnt die Fotoemission erst oberhalb einer bestimmten Mindestfrequenz?
4. Welchen Einfluß hat die Wellenlänge der Lichtstrahlen auf die Elektronenemission einer Caesium-Katode?
5. Unter welcher Bedingung kann ein aufprallendes Primärelektron eine Sekundäremission der getroffenen Fläche auslösen?
6. Welche Größen bestimmen die Dichte des durch Sekundäremission ausgelösten Elektronenstromes?
7. Wodurch unterscheiden sich Beta-Strahlen von den Elektronen einer Raumladungswolke?
8. Warum müssen Elektronenröhren weitgehend luftleer sein?
9. Welchen Einfluß hat das elektrische Feld auf Elektronen?
10. Wonach richtet sich die Geschwindigkeit der Elektronen im elektrischen Feld?
11. Weshalb beschleunigt ein magnetisches Feld bewegte Elektronen nicht in Feldrichtung?
12. Warum erfährt ein ruhendes Elektron im Magnetfeld keine Kraftwirkung?
13. Vergleiche die Ladungsträgerarten der Ionenröhre mit denen der Elektronenröhre!
14. Unter welcher Voraussetzung beginnt die Stoßionisation in einer Gasentladungsstrecke?
15. Welchen Einfluß hat der Gasdruck auf die Zündspannung einer Ionenröhre?
16. Auf welche Weise läßt sich eine gezündete Gasentladung löschen?
17. Warum benötigen alle Gasentladungsstrecken einen strombegrenzenden Vorwiderstand?
18. Wie läßt sich die Entstehung von Glimmlicht erklären?

5.2 Vakuum-Röhren

5.2.1 Röhrenheizung

Im Gegensatz zu Halbleiter-Bauelementen enthalten Vakuum-Röhren zunächst keine Ladungsträger. Man muß die erforderlichen Ladungsträger in der Röhre erst erzeugen. Dies geschieht meist durch *Thermoemission*. Während des Betriebes wird die Röhrenkatode dauernd geheizt, sie emittiert deshalb Elektronen. Man führt der Röhre dauernd eine beachtliche Heizleistung zu, was bei Halbleiter-Bauelementen nicht erforderlich ist. Aus diesem Grunde ist auch der Wirkungsgrad einer Röhre wesentlich geringer als der eines Transistors. Wenn auch die Röhre wegen dieser und mancher anderer Nachteile immer mehr von Halbleiter-Bauelementen verdrängt wird, hat sie doch eine Daseinsberechtigung in der Anwendung bei sehr hohen Frequenzen, bei hohen Leistungen und in vielen Sonderausführungen (z. B. Bildröhre).

Nach der Art, wie man die Katode heizt, unterscheidet man *direkt geheizte Röhren* und *indirekt geheizte Röhren*.

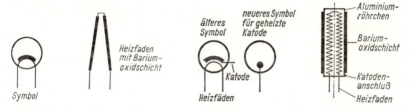

Bild 5.2.1. Schaltzeichen und Ausführung einer direkt geheizten Katode

Bild 5.2.2. Schaltzeichen und Ausführung einer indirekt geheizten Katode

Bei *direkt geheizten Röhren* wurde die Bariumoxidschicht direkt auf den Heizfaden aufgetragen (**Bild 5.2.1**). Die allerersten Verstärkerröhren besaßen schon diese direkt geheizten Katoden. Die erforderliche Heizleistung wurde ausnahmslos von Batterien geliefert.

Bei Röhren, deren Heizleistung dem Lichtnetz entnommen werden soll, ist es erforderlich, die Heizung von der Katode zu trennen, denn die direkt geheizte Katode würde in diesem Falle dem Nutzsignal unerwünschte Brummspannungen überlagern (**Bild 5.2.2**).

Heizfaden und Katode sind also bei den *indirekt geheizten Röhren* galvanisch getrennt. Die Katode besteht aus einem Metallröhrchen mit Bariumoxid-Überzug. Im Metallröhrchen befindet sich der Heizfaden. Im Gegensatz zu direkt geheizten Röhren benötigen die indirekt geheizten eine größere Heizleistung sowie eine längere Anheizzeit.

In Wechselstromgeräten heizt man die Röhren meist aus einer besonderen Heizwicklung des Netztransformators; alle Röhrenheizfäden des Gerätes müssen demnach für die gleiche Heizspannung ausgelegt sein. Die Röhren der *E-Serie* sind für 6,3 V *Heizspannung* gebaut, sämtliche Heizfäden werden parallel geschaltet und erhalten die

Heizspannung U = 6,3 V. Röhren, die eine höhere Heizleistung brauchen, ziehen einen entsprechend höheren Heizstrom.
In Allstromgeräten liegen sämtliche Heizfäden in Reihe mit einem Vorwiderstand an der vollen Netzspannung. Alle Röhrenheizfäden müssen hier für den gleichen Heizstrom ausgelegt sein. Bei der *U-Serie* beträgt der *Heizstrom* 100 mA, bei der *P-Serie* 300 mA. Röhren, die eine höhere Heizleistung benötigen, bekommen hier eine entsprechend höhere Heizspannung.

Der *erste Buchstabe* der Röhrenbezeichnung gibt die *Heizungsart* an. E-Röhren (6,3 V), U-Röhren (100 mA) und P-Röhren (300 mA) sind die Verstärkerröhren, die heutzutage noch häufig verwendet werden.

Die durch die Heizung aus der Katode freigemachten Elektronen umgeben die Katode als Elektronenwolke (Raumladungswolke). Erst durch eine weitere Elektrode in der Röhre kann man die Elektronen aus der Umgebung der Katode absaugen, so daß durch das Vakuum der Röhre ein Strom fließt. Die zweite Elektrode muß zu diesem Zweck positives Potential gegenüber der Katode bekommen, man nennt diese Elektrode *Anode*.

5.2.2 Hochvakuumdiode

Eine Röhre mit Anode und geheizter Katode nennt man *Diode* oder *Zweipolröhre*. Die Eigenschaften der Diode erkennt man am besten anhand ihrer Kennlinie. Die Meßschaltung zur Aufnahme der Kennlinie zeigt **Bild 5.2.3**.

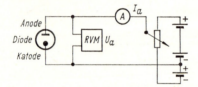

Bild 5.2.3. Schaltung zur Aufnahme der Diodenkennlinie

Die skizzierte Meßschaltung gestattet es, der Anode sogar eine geringe negative Spannung gegenüber der Katode zu geben. Der Versuch zeigt, daß einzelne Elektronen der Raumladungswolke, die sich ja in ständiger Bewegung befinden, trotz des negativen Potentials zur Anode gelangen und einen sehr geringen Anodenstrom hervorrufen (**Bild 5.2.4**). Bei der Anodenspannung $U_a = 0$ V ist der Anodenstrom schon wesentlich höher. Mit zunehmender positiver Anodenspannung steigt der Anodenstrom dann sehr stark an. In einem großen Bereich verläuft dieser Anstieg etwa linear mit der Anodenspannung.

Dann wird die Zunahme des Anodenstromes bei weiterer Erhöhung der Anodenspannung immer geringer; schließlich steigt der Anodenstrom fast gar nicht mehr, auch wenn man die Anodenspannung stark erhöht. Man befindet sich jetzt im *Sättigungsgebiet* des Kennlinienfeldes, d. h. alle Elektronen, die von der Katode emittiert werden, saugt die Anode sofort ab. Es ist keine Raumladungswolke mehr vorhanden. Die weitere Erhöhung der Anodenspannung bringt keine Erhöhung des Anodenstromes, denn die Anode kann nicht mehr Elektronen absaugen, als die Katode emittiert. Da-

5.2 Vakuum-Röhren

Rechts: Bild 5.2.4. Die Kennlinie einer Hochvakuumdiode

Unten: Bild 5.2.5. Der Einfluß der Katodentemperatur (Einfluß der Heizspannung) auf den Anodenstrom der Diode

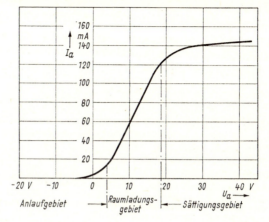

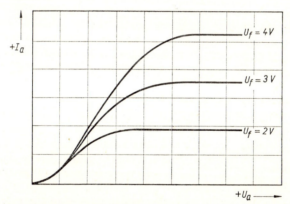

gegen führt eine Erhöhung der Katodentemperatur, z. B. durch Erhöhung des Heizstromes oder der Heizspannung, zu einer weiteren Erhöhung des Anodenstromes, da die Katode jetzt mehr Elektronen emittieren kann. Die Abhängigkeit des Anodenstromes von Anodenspannung und Katodentemperatur bzw. Heizspannung ist in **Bild 5.2.5** dargestellt.

Im Kennlinienfeld unterscheidet man drei Bereiche (Bild 5.2.4):
1. das Anlaufgebiet,
2. das Raumladungsgebiet,
3. das Sättigungsgebiet.

Wie Bild 5.2.4 zeigt, verlaufen die Kennlinien der Diode nicht symmetrisch zur Stromachse, d. h. es fließt nur dann ein wesentlicher Anodenstrom, wenn die Anode positiv gegenüber der Katode ist. Diese Eigenschaft macht die Diode geeignet zum

5 Röhren

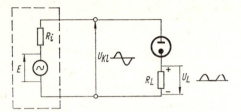

Bild 5.2.6. Einweg-Gleichrichterschaltung. Diode und Lastwiderstand sind in Reihe geschaltet

Gleichrichten von Wechselspannungen. Wegen dieser Ventileigenschaft kann nur dann ein Strom durch die Röhre fließen, wenn die *Anode* positiv gegenüber der *Katode* ist. Ist die Anode negativ gegen Katode, bleibt die Röhre gesperrt. Um Wechselspannungen gleichzurichten, kann man den Verbraucher mit der Diode in Reihe schalten (**Bild 5.2.6**). Innerhalb einer Periode kann der Verbraucherstrom nur während *einer* Halbwelle fließen. Man nennt diese Gleichrichterschaltung *Einweggleichrichtung*.

In Hochfrequenz-Gleichrichterschaltungen, in denen der Generatorinnenwiderstand R_i sehr groß ist, kann man die Diode auch parallel zum Lastwiderstand schalten.

Bei Hf-Gleichrichterschaltungen fließen nur sehr geringe Ströme durch die Diode. Deshalb hat man für diese Anwendung spezielle Dioden entwickelt, deren Anoden- und Katodenoberflächen klein sind.

Der *zweite Buchstabe* der Röhrenbezeichnung gibt die *Art der Röhre* an. Meist wird die Diode mit einem verstärkenden Röhrensystem zusammen in einem Glaskolben untergebracht wie bei der Röhre EAF 801:

1. Buchstabe E : 6,3 V Heizspannung,
2. Buchstabe A : Diodensystem,
3. Buchstabe F : Verstärkerröhre (Pentode).

In vielen Schaltungen benötigt man Doppeldioden (Duodioden). Es sind zwei Diodensysteme, die aber oft eine gemeinsame Katode besitzen. In der EBC 81 ist eine Duodiode mit einer Triode (Buchstabe C) kombiniert. Die EABC 80 enthält eine Diode, eine Duodiode und eine Triode.

Gleichrichterröhren im Stromversorgungsteil von Geräten müssen für höhere Anodenströme gebaut sein. Die Katoden- und Anodenoberflächen solcher Röhren müssen wesentlich größer sein als bei Dioden zur Hf-Gleichrichtung. Auch die Bezeichnung dieser Gleichrichterröhren ist anders. So dient die PY 82 zur Einweggleichrichtung in der Stromversorgung von Fernsehempfängern.

Bei der Zweiweggleichrichtung nutzt man auch die zweite Halbwelle aus, die bei Einweggleichrichtung unterdrückt wird.

Mit zwei Dioden kann man eine Zweiweg-Gleichrichterschaltung aufbauen. In speziellen Zweiweg-Gleichrichterröhren wie der EZ 80 hat man zwei Anoden über einer gemeinsamen Katode angeordnet. Bei der Zweiweggleichrichtung leitet während der ersten Halbwelle der Netzwechselspannung die eine Diodenstrecke der Doppelröhre, während der zweiten Halbwelle leitet dann die andere Strecke der Röhre. Der Verbraucherstrom ist ein pulsierender Gleichstrom. In **Bild 5.2.7** sind diese Vorgänge durch ausgezogene und gestrichelte Pfeile dargestellt.

5.2 Vakuum-Röhren

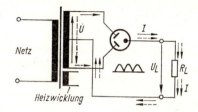

Bild 5.2.7. Zweiweg-Gleichrichterschaltung mit Doppeldiode (Die Pfeile zeigen die technische Stromrichtung)

Wichtige Daten von Gleichrichterröhren:
Eine Gleichrichterröhre kann nur während der einen Halbwelle leitend sein, bei der die Anode positiv ist. Während der anderen Halbwelle, während der sie sperrt, liegt die volle Spannung an der Röhre. In diesem Falle darf in der Röhre kein Durchschlag (Rückzündung) auftreten, denn dadurch würde die Röhre zerstört werden. Die *maximal zulässige Sperrspannung* der Röhre muß deshalb höher sein als die Spannung, die normalerweise an der gesperrten Röhre liegt.

Alle Röhren brauchen eine gewisse Zeit nach dem Einschalten des Gerätes, bis die Katode auf Betriebstemperatur aufgeheizt ist und genügend Elektronen emittiert. Würde man den Verbraucher schon zuschalten, bevor diese Temperatur auf der gesamten Katodenoberfläche erreicht ist, so könnten nur die heißesten Stellen dieser Katodenoberfläche die Emission übernehmen, und sie wären somit bis zur Sättigung beansprucht. Dadurch verlören diese Stellen schnell ihre Emissionsfähigkeit. Bei großen und teuren Röhren schaltet man aus diesem Grunde den Verbraucher erst nach einer vom Hersteller empfohlenen *Wartezeit* von Hand oder automatisch zu. Eine Schädigung der Katode tritt auch ein, wenn die Heizspannung zu gering ist. Die Heizspannung soll deshalb nicht mehr als $\pm 5\%$ vom angegebenen Wert abweichen.

Gasgefüllte Röhren müssen erst gezündet werden, damit ein Anodenstrom fließen kann. Die Gasatome werden in Gas-Ionen und Elektronen zerlegt. Nach dem Abschalten der Anodenspannung dauert es eine gewisse Zeit, bis alle Gas-Ionen durch Aufnahme von Elektronen wieder in neutrale Atome zurückverwandelt sind. Diese Zeit ist die *Entionisierungszeit*. Würde während dieser Zeit die Polarität von Anode und Katode wechseln, so könnte die Röhre in entgegengesetzter Richtung rückzünden, weil die Ladungsträger noch vorhanden sind. Dieses Rückzünden würde die Röhre zerstören. Da die Entionisierungszeit jedoch nur etwa 1 µs beträgt, besteht bei der Netzfrequenz $f = 50$ Hz keine Gefahr der Rückzündung.

Bei Impulsbelastung ist die *Integrationszeit* zu beachten. Die Bedeutung dieses Wertes läßt sich am besten an einem Beispiel erklären:

Die Integrationszeit sei $t_i = 10$ s, der mittlere Anodenstrom, der Wert, der dauernd fließen darf, betrage $I_m = 10$ A. Der Scheitelwert $I_s = 100$ A darf auch nicht kurzzeitig überschritten werden. Aus Integrationszeit und Anodenstrom-Mittelwert ergibt sich das Produkt $I_m \cdot t_i = 10 \text{ A} \cdot 10 \text{ s} = 100 \text{ A} \cdot \text{s}$. Die durch die Röhre transportierte Ladung darf diesen Wert während der Integrationszeit nicht übersteigen. Fließt 1 s lang ein Strom $I = 100$ A, so ist das Produkt 100 As bereits erreicht, es darf jetzt 9 s lang kein Strom fließen. Ebenso ist es, wenn 2 s lang ein Strom $I = 50$ A fließt. Es können aber auch zwei Stromimpulse von jeweils $I = 50$ A und $t = 1$ s Dauer während der Integrationszeit $t_i = 10$ s fließen.

Merke: **Die Hochvakuumdiode dient zur Gleichrichtung von Wechselspannungen. Zur Zweiweggleichrichtung benötigt man zwei Dioden oder eine Doppeldiode sowie einen Transformator mit Mittelanzapfung der Sekundärwicklung.**

5.2.3 Triode

Um den Elektronenstrom auf seinem Weg von der Katode zur Anode steuern zu können, baut man zwischen Katode und Anode eine weitere Elektrode ein, das sogenannte *Steuergitter*. Es besteht praktisch aus einer Drahtwendel, die das Katodenröhrchen in geringem Abstand umgibt. Eine solche Dreipolröhre (Katode-Gitter-Anode) nennt man *Triode*. Man hat nun die Möglichkeit, mit der Spannung zwischen Gitter und Katode den Anodenstrom zu steuern. Liegt keine Spannung zwischen Gitter und Katode, ist also $U_g = 0$ V, so fließt der Elektronenstrom wie bei der Diode ungehindert von der Katode zur Anode, die Abhängigkeit des Anodenstromes von der Anodenspannung ist die gleiche wie bei der Diode. Macht man das Gitter positiv gegenüber

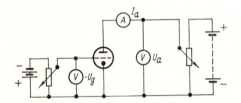

Bild 5.2.8. Schaltung zur Aufnahme der Triodenkennlinien

Katode, so werden die von der Katode emittierten Elektronen vom positiven Gitter angezogen, und es fließt ein Gitterstrom. Der Anodenstrom verringert sich dabei um den Betrag des Gitterstromes. Wie man später erkennen wird, ist dieser Betriebszustand unerwünscht. Es bleibt also nur noch eine weitere Möglichkeit zur Steuerung des Anodenstromes: Das Gitter erhält negatives Potential gegenüber der Katode. Dieses negative Gitterpotential stößt die ebenfalls negativen Elektronen zur Katode zurück. Geringes negatives Gitterpotential verursacht eine geringe Schwächung des Anodenstromes, denn es können immer noch viele Elektronen zwischen den Windungen der Gitterwendel hindurch zur positiven Anode gelangen. Erst bei stark negativem Gitter werden alle Elektronen von diesem zurückgestoßen, und der Anodenstrom wird Null. Mit negativem Gitterpotential läßt sich der Anodenstrom steuern, ohne daß ein Gitterstrom fließt. Somit ist nur eine *Steuerspannung* erforderlich, keine *Steuerleistung*! Der Eingangswiderstand der Röhre ist sehr hoch.

Da man den Anodenstrom I_a sowohl durch die Anodenspannung U_a als auch durch die Gitterspannung U_g steuern kann, gibt es für die Triode zwei Kennlinienfelder, in denen jeweils eine Größe in Abhängigkeit von der anderen dargestellt wird, während man die dritte Größe während einer Meßreihe konstant hält (Parameter). Untersucht

5.2 Vakuum-Röhren

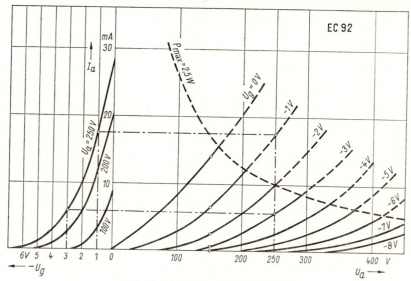

Bild 5.2.9. Kennlinien der Triode EC 92

man die Abhängigkeit des Anodenstromes I_a von der Anodenspannung U_a, so hält man jeweils die Gitterspannung U_g konstant und erhält so das *Ausgangskennlinienfeld* der Röhre. Ermittelt man I_a in Abhängigkeit von der Gitterspannung U_g und hält dabei U_a konstant, so bekommt man das *Steuerkennlinienfeld*.

Die Meßschaltung zur Aufnahme dieser Kennlinien ist in Bild **5.2.8** dargestellt. **Bild 5.2.9** zeigt die Kennlinien der Triode EC 92.

Hat man nur ein Kennlinienfeld, so kann man sich das andere daraus konstruieren. In Bild 5.2.9 ist angedeutet, wie man aus dem Ausgangskennlinienfeld für die Anodenspannung $U_a = 250$ V die Steuerkennlinie konstruiert.

Merke: Der Elektronenstrom in der Triode wird durch die Spannung zwischen Gitter und Katode gesteuert. Je stärker man das Gitter negativ macht, um so geringer wird der Anodenstrom.

Genauen Aufschluß über die Eigenschaften einer Röhre kann man nur aus ihren beiden Kennlinienfeldern, dem Steuerkennlinienfeld $I_a = f(U_g)$ und dem Ausgangskennlinienfeld $I_a = f(U_a)$ erlangen. Vergleicht man die Kennlinienfelder verschiedener Röhren miteinander, so stellt man fest, daß die Kennlinien sehr stark voneinander abweichen können. Um die Eigenschaften der verschiedenen Röhren schnell miteinander vergleichen zu können, drückt man die wichtigsten Eigenschaften, die anhand der Kennlinien erkennbar sind, durch sogenannte *Kenngrößen* der Röhre aus.

Wie **Bild 5.2.10** zeigt, steigen die Steuerkennlinien zweier Trioden trotz gleicher U_g- und I_a-Maßstäbe verschieden steil an. Das bedeutet: Der Einfluß der Gitterspannung

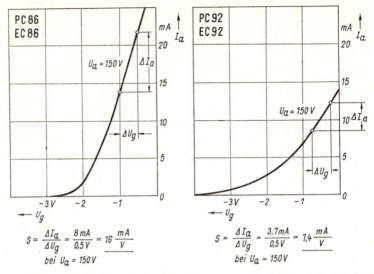

Bild 5.2.10. Aus dem Steuerkennlinienfeld kann man die Größen ΔU_g und ΔI_a entnehmen. Daraus läßt sich die Steilheit S errechnen

auf den Anodenstrom ist bei diesen beiden Röhren sehr verschieden. Die Kenngröße *Steilheit* gibt Aufschluß über den Einfluß des Gitters auf den Anodenstrom. Die Gitterspannungsänderung ΔU_g bewirkt die Anodenstromänderung ΔI_a bei gleichbleibender Anodenspannung. Die Steilheit ist:

$$S = \frac{\Delta I_a}{\Delta U_g} \text{ in } \frac{mA}{V} \quad \text{bei } U_a = \text{const.} \tag{5.2.1}$$

ΔI_a: Anodenstromänderung in mA

ΔU_g: Gitterspannungsänderung in V

Die Steilheit hängt außerdem davon ab, in welchem Bereich der Kennlinie man sie ermittelt. Die Steilheit einer Röhre ist also kein fester Wert, sie ist von der Gitterspannung U_g abhängig. Zur exakten Angabe der Steilheit gehören demnach folgende weitere Angaben: bei $U_g = \ldots$ V (bzw. $I_a = \ldots$ mA) und
$$U_a = \ldots \text{ V} = \text{const.}$$

Mit der Steilheit S allein sind noch nicht alle Eigenschaften einer Röhre beschrieben. Wie **Bild 5.2.11** zeigt, haben die Steuerkennlinien der beiden Röhren annähernd die gleiche Steilheit. Die gleiche Änderung der Anodenspannung U_a hat jedoch bei der Röhre EC 92 einen viel größeren Einfluß auf den Anodenstrom als bei der Röhre EF 86.

5.2 Vakuum-Röhren

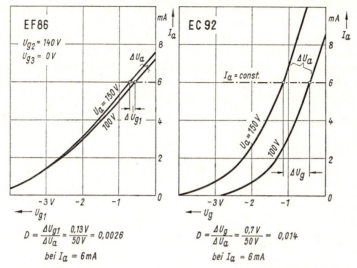

Bild 5.2.11. Aus dem Steuerkennlinienfeld kann man die Größen ΔU_g und ΔU_a entnehmen. Aus diesen Größen kann man den Durchgriff D errechnen

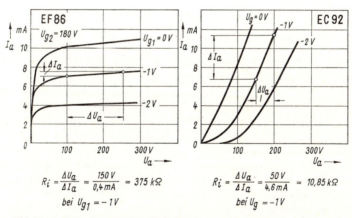

Bild 5.2.12. Dem Ausgangskennlinienfeld kann man die Größen ΔU_a und ΔI_a entnehmen und daraus den dynamischen Innenwiderstand R_i der Röhre berechnen

(Hier wurde bewußt die Triode EC 92 mit der Pentode EF 86 verglichen, damit der unterschiedliche Einfluß der Anodenspannung besonders deutlich zur Geltung kommt. Bei allen gebräuchlichen Trioden ist dieser Anodenspannungs-Einfluß annähernd gleich!)

5 Röhren

Die Wirkung des Anodenpotentials auf die von der Katode emittierten Elektronen (das Anodenpotential greift durch das Gitter hindurch nach den Elektronen: Durchgriff) stellt man fest, indem man eine andere Anodenspannung anlegt und dann die Gitterspannung so verändert, daß sich der gleiche Anodenstrom wie zuvor einstellt. Das Verhältnis dieser Gitterspannungsänderung ΔU_g, die man vornehmen muß, um nach der Anodenspannungsänderung ΔU_a wieder den ursprünglichen Anodenstrom I_a zu erhalten, nennt man den *Durchgriff D* der Röhre:

$$\boxed{D = \frac{\Delta U_g}{\Delta U_a} \text{ in } \frac{V}{V} = 1} \quad \text{für } I_a = \text{const.} \tag{5.2.2}$$

oder

$$\boxed{D = \frac{\Delta U_g}{\Delta U_a} \cdot 100 \text{ in } \%} \quad \text{für } I_a = \text{const.} \tag{5.2.3}$$

Der Kehrwert des Durchgriffs ist der *Verstärkungsfaktor* $\mu = \dfrac{\Delta U_a}{\Delta U_g}$. \hfill (5.2.4)

Mit Trioden läßt sich die Verstärkung $v = \mu$ allerdings nicht erreichen. Somit ist μ ein theoretischer Wert. Man erkennt aber, daß der Faktor $\mu = \dfrac{1}{D}$ bei der Pentode viel höher als bei der Triode wäre. Aus diesem Grunde ist bei der Pentode eine viel höhere Verstärkung als bei der Triode zu erwarten (Bild 5.2.11).

Im Ausgangskennlinienfeld ist die Abhängigkeit des Anodenstromes I_a von der Anodenspannung U_a dargestellt. Beides sind Ausgangsgrößen der Röhre. In einem U-I-Kennlinienfeld ist der Kehrwert des Anstiegs der Kennlinien gleich dem Innenwiderstand des betreffenden Bauelementes. Dieser Kehrwert ist demnach der *Innenwiderstand* der Röhre von deren Ausgangsseite her gesehen. In **Bild 5.2.12** ist der Triode wieder eine Pentode gegenübergestellt, um den sehr unterschiedlichen ausgangsseitigen Innenwiderstand beider Röhrenarten besonders hervorzuheben. Demnach ermittelt man den Innenwiderstand, indem man die Anodenspannung um einen bestimmten Betrag ΔU_a ändert und die daraus folgende Anodenstromänderung ΔI_a feststellt. Die Gitterspannung wird bei den Messungen konstant gehalten. Daraus ergibt sich der Innenwiderstand R_i (Bild 5.2.12):

$$\boxed{R_i = \frac{\Delta U_a}{\Delta I_a} \text{ in } \frac{V}{mA} = k\Omega} \quad \text{für } U_g = \text{const.} \tag{5.2.5}$$

5.2 Vakuum-Röhren

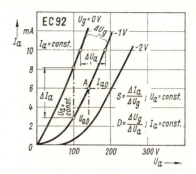

Bild 5.2.13. Die Werte ΔU_g, ΔI_a und ΔU_a zur Berechnung der Steilheit S und des Durchgriffs D kann man auch dem Ausgangskennlinienfeld entnehmen. Den Gleichstrom-Innenwiderstand R_{i0} der Röhre errechnet man aus U_{a0} und I_{a0}

Dieser Innenwiderstand ist eine dynamische Größe (Wechselgröße). Den Gleichstrominnenwiderstand R_{i0} der Röhre, beispielsweise im Punkt A (Bild 5.2.13), ermittelt man auf einfache Weise aus den Werten I_{a0} und U_{a0} dieses Punktes:

$$R_{i0} = \frac{U_{a0}}{I_{a0}} \qquad (5.2.6)$$

Wie Bild 5.2.13 weiter zeigt, kann man die Kenngrößen Durchgriff D und Steilheit S auch aus dem Ausgangskennlinienfeld bestimmen. Durchgriff und Steilheit sind statische Größen, da man zu ihrer Ermittlung U_a bzw. I_a konstant halten muß.

In der Verstärkerschaltung wird ein Arbeitswiderstand in Reihe mit der Röhre geschaltet, denn der gesteuerte, sich ändernde Anodenstrom soll am Arbeitswiderstand einen Wechselspannungsabfall hervorrufen. Das Verhältnis dieser Wechselspannung zur steuernden Gitterwechselspanunng der Röhre ist deren Verstärkungsfaktor v.

Wird jedoch bei einer Messung die Anodenspannung konstant gehalten, so bedeutet dies, daß der Arbeitswiderstand $R_a = 0$ ist. An diesem Arbeitswiderstand $R_a = 0$ kann keine Wechselspannung abfallen. Man sagt: Der Ausgang der Röhre ist (wechselspannungsmäßig) kurzgeschlossen. Die so ermittelten Kennlinien sind *statische Kennlinien*.

Die drei Kenngrößen einer Röhre sind durch die Barkhausen'sche Röhrengleichung miteinander verknüpft:

$$\boxed{R_i \cdot S \cdot D = 1} \qquad \text{Einheiten:} \ \frac{V}{mA} \cdot \frac{mA}{V} \cdot \frac{V}{V} = 1 \qquad (5.2.7)$$

Mit Hilfe dieser Röhrengleichung kann man aus zwei bekannten Kenngrößen der Röhre die dritte errechnen.

Merke: **Die Kenngrößen der Verstärkerröhre sind Steilheit, Durchgriff und Innenwiderstand. Das Produkt aus diesen drei Größen ist immer 1.**

Wie bereits erwähnt, schaltet man die Röhre in der Verstärkerschaltung mit einem Arbeitswiderstand R_a in Reihe. An R_a wird die verstärkte Wechselspannung abge-

5 Röhren

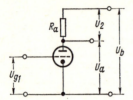

Bild 5.2.14. In Verstärkerschaltungen wird die Röhre mit dem Arbeitswiderstand R_a in Reihe geschaltet. An R_a fällt die verstärkte Spannung ab

griffen (**Bild 5.2.14**). Zu jedem Zeitpunkt ist die Summe aus Anoden-Katoden-Spannung der Röhre und Spannungsabfall am Arbeitswiderstand gleich der Betriebsspannung:

$$U_b = U_a + U_2 \tag{5.2.8}$$

U_a : Anoden-Katoden-Spannung
U_2 : Spannung an R_a
U_b : Betriebsspannung

Wird die Verstärkerstufe mit einer Wechselspannung angesteuert, so ändert sich der Anodenstrom I_a der Röhre im Rhythmus dieser Wechselspannung. Da $U_2 = I_a \cdot R_a$

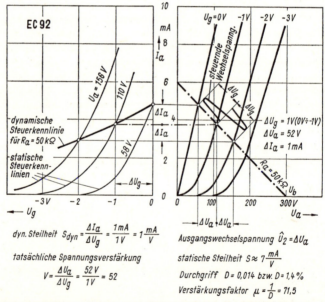

Bild 5.2.15. Die Röhre in Verstärkerschaltung, die durch eine Wechselspannung zwischen Gitter und Katode gesteuert wird, bekommt keine konstante Anodenspannung, da sich der Spannungsabfall an R_a ebenfalls im Rhythmus der Steuerspannung ändert. Aus den wechselnden Werten der Anodenspannung ergibt sich eine dynamische Steuerkennlinie, deren Steilheit geringer als die der statischen Steuerkennlinien ist

5.2 Vakuum-Röhren

ist, ändert sich U_2 ebenfalls. Hat nun die Betriebsspannung U_b einen konstanten Wert, so muß die Anodenspannung U_a größer werden, wenn sich U_2 infolge des Anodenstromes verringert, und U_a wird kleiner, wenn U_2 mit dem Anodenstrom steigt. Diese Erscheinung, daß U_a nicht mehr konstant ist, wirkt sich auf die Kenngrößen der Röhre aus. Anhand der Kennlinien (**Bild 5.2.15**) kann man den *dynamischen Betrieb* einer Triode untersuchen. In das Kennlinienfeld ist der Arbeitswiderstand R_a einzuzeichnen, der die U_a-Achse bei der angelegten Betriebsspannung U_b schneidet. Den Schnittpunkt mit der I_a-Achse errechnet man nach der Gleichung:

$$I_a' = \frac{U_b}{R_a}$$

Nach Bild 5.2.15 bekommt die Röhre eine Gittervorspannung von -1 V. Dieser Gleichspannung ist die steuernde Wechselspannung mit dem Spitzenspannungswert $\Delta U_g = 1$ V überlagert. Würde man nur die Wechselspannung zwischen Gitter und Katode anlegen, so würde die positive Halbwelle das Gitter positiv machen, es würde Gitterstrom fließen. Dieser Zustand ist unerwünscht. Das Gitter erhält deshalb immer eine negative Vorspannung. Diese negative Vorspannung muß so hoch sein, daß auch während der positiven Halbwelle der Steuerspannung das Gitterpotential im negativen Bereich bleibt. Die Wechselspannung steuert das Gitterpotential von -1 V nach 0 V, wieder nach -1 V und weiter nach -2 V. Der jeweilige Arbeitspunkt ist dabei der Schnittpunkt der Arbeitswiderstandsgeraden mit der Kennlinie der gerade wirksamen Gitterspannung (U_a-I_a-Kennlinien).

Damit ergeben sich folgende Werte:

bei $U_g = 0$ V : $I_a = 4{,}8$ mA ; $\quad U_a = 58$ V ; $\quad U_2 = 242$ V
$\phantom{\text{bei }}U_g = -1$ V : $I_a = 3{,}8$ mA ; $\quad U_a = 110$ V ; $\quad U_2 = 190$ V
$\phantom{\text{bei }}U_g = -2$ V : $I_a = 2{,}9$ mA ; $\quad U_a = 156$ V ; $\quad U_2 = 144$ V
$\phantom{\text{bei }U_g = -2 \text{ V} : I_a = 2{,}9 \text{ mA} ; \quad}U_a + U_2 = U_b = 300$ V

Je stärker das Gitter negativ ist, um so geringer ist der Anodenstrom und damit der Spannungsabfall am Arbeitswiderstand R_a. Demzufolge steigt die Anodenspannung. Bei der Aufnahme der statischen Steuerkennlinien wurde aber die Anodenspannung konstant gehalten. Für den dynamischen Betrieb bedeutet dies, daß bei $U_g = 0$ V der momentane Arbeitspunkt auf der Steuerkennlinie für $U_a = 58$ V liegt, bei $U_g = -1$ V auf der Kennlinie für $U_a = 110$ V und bei $U_g = -2$ V auf der Kennlinie für $U_a = 156$ V. Verbindet man diese Punkte, so bekommt man die *dynamische Steuerkennlinie* für den Arbeitswiderstand $R_a = 50$ kΩ. Man erkennt sofort, daß diese dynamische Kennlinie eine wesentlich geringere Steilheit hat als die statischen Kennlinien. Vergleicht man die vorhandene Spannungsverstärkung v mit dem Verstärkungsfaktor μ, so erkennt man, daß v klein gegen μ ist. Somit ist μ ein theoretischer Wert, denn er gilt nur für $R_a = 0$. Aber bei $R_a = 0$ kann keine Spannungsverstärkung stattfinden.

Die dynamische Steilheit S_{dyn} und die Verstärkung v kann man auch durch Rechnung ermitteln:

5 Röhren

$$S_{dyn} = S \cdot \frac{R_i}{R_i + R_a}$$

S : statische Steilheit in mA/V
R_i : Innenwiderstand der Röhre in Ω
R_a : Arbeitswiderstand in Ω
D : Durchgriff

(5.2.9)

$$v = \frac{1}{D} \cdot \frac{R_a}{R_i + R_a}$$

(5.2.10)

In der Verstärkerschaltung mit Triode macht man den Arbeitswiderstand R_a meist groß gegen den Innenwiderstand R_i, denn dieser Innenwiderstand ist bei der Triode klein (R_a etwa gleich $10 \cdot R_i$). Für das Widerstandsverhältnis ergeben sich dann etwa folgende Werte:

$$\frac{R_a}{R_i + R_a} \approx 0{,}8 \ldots 0{,}9$$

(5.2.11)

Nach Barkhausen ist $S \cdot D \cdot R_i = 1$ und $\frac{1}{D} = S \cdot R_i$.

Setzt man diese Gleichung in Gleichung (5.2.10) ein, so erhält man die Verstärkung der Triode:

$$v = S \cdot R_i \cdot \frac{R_a}{R_i + R_a} \approx S \cdot R_i \cdot (0{,}8 \ldots 0{,}9)$$

Demnach ist:

$$v \approx (0{,}8 \ldots 0{,}9) \cdot S \cdot R_i$$

(5.2.12)

Ist der Arbeitswiderstand R_a nicht groß gegenüber dem Innenwiderstand R_i, so muß man die Verstärkung nach der vollständigen Gleichung (5.2.10) berechnen.

Der Vergleich der dynamischen mit den statischen Werten zeigt, daß sich die Eigenschaften der Triode in der Verstärkerschaltung gegenüber der statischen Meßschaltung sehr stark verschlechtern. Der Grund dafür ist der große Einfluß der Anodenspannung auf die Beschleunigung der Elektronen (großer Durchgriff). Wegen des Spannungsabfalles am Arbeitswiderstand ist die Anodenspannung und damit die Beschleunigung der Elektronen bei der Triode in Verstärkerschaltung nicht konstant.

Merke: **Im Verstärkerbetrieb schaltet man in den Anodenstromkreis einen Arbeitswiderstand, an dem die verstärkte Wechselspannung abfällt. Dadurch bleibt die Anodenspannung nicht konstant, und die dynamische Steilheit verringert sich gegenüber der statischen Steilheit.**

5.2 Vakuum-Röhren

Wenn es gelänge, den Anodenstrom praktisch unabhängig von der Anodenspannung zu machen, so daß nur noch die Gitterspannung einen Einfluß auf den Anodenstrom hat, so müßten die dynamischen Werte praktisch gleich den statischen Daten der Röhre sein.

Durch den Einbau eines weiteren Gitters zwischen Steuergitter und Anode erreicht man eine gleichbleibende, von der Anodenspannung fast unabhängige Beschleunigung der von der Katode emittierten Elektronen, sofern man diesem Gitter eine konstante, positive Spannung gegen Katode gibt.

5.2.4 Tetrode

Die Tetrode enthält ein weiteres Gitter, das *Schirmgitter* (Gitter 2), dem man eine konstante, positive Spannung gegen Katode gibt. Für Wechselspannungen hat das Schirmgitter Katodenpotential, wenn man es über einen Kondensator mit der Katode verbindet. Das positive Schirmgitterpotential bewirkt, daß die von der Katode emittierten Elektronen immer mit annähernd konstanter Kraft zur Anode gezogen werden, unabhängig davon, wie hoch gerade die Anodenspannung ist.

Dadurch steigt schon bei geringen Anodenspannungen der Anodenstrom stark an und erreicht bald einen Wert, der sich auch bei starker Erhöhung der Anodenspannung nur noch sehr wenig vergrößert. In diesem Gebiet des Ausgangskennlinienfeldes, in dem die Anodenspannung kaum noch einen Einfluß auf den Anodenstrom hat, arbeitet man bei Mehrgitterröhren.

Selbstverständlich fließt wegen des positiven Schirmgitterpotentials ein Schirmgitterstrom. Dieser ist für den Fall $U_a = 0$ besonders hoch, da hier das Schirmgitter sämtliche Elektronen aufnehmen muß, die es von der Katode absaugt. Hierbei kann, besonders bei Leistungsröhren, die Stromdichte in den Schirmgitterdrähten so hoch werden, daß dieses Gitter glüht oder sogar schmilzt.

Sobald eine Anodenspannung anliegt, fließt ein Anodenstrom, der Schirmgitterstrom verringert sich, denn die Summe beider Ströme bleibt im Arbeitsbereich annähernd konstant.

$$I_k = I_a + I_{g2} \approx \text{const.} \quad \text{für } U_{g1} = \text{const.} \tag{5.2.13}$$

Bei der Aufnahme der Kennlinie stellt man fest, daß bei stetiger Erhöhung der Anodenspannung der Anodenstrom doch plötzlich wieder fällt: Er erreicht ein Minimum und steigt erst dann wieder an (**Bild 5.2.16**).

Dieser Effekt, den man *Sekundärelektronen-Effekt* nennt, tritt dann auf, wenn die Anodenspannung etwas geringer als die Schirmgitterspannung ist. Die Elektronen werden von einem gewissen Anodenspannungswert an so stark beschleunigt, daß sie beim Aufprall auf die Anode Sekundärelektronen aus dem Anodenmaterial herausschlagen (**Bild 5.2.17.1**). Diese Sekundärelektronen fliegen zum Schirmgitter, da dieses eben noch stärker positiv als die Anode ist. Dadurch verringert sich der Anodenstrom, und der Schirmgitterstrom steigt an. Hat man die Anodenspannung weiter erhöht, so daß sie höher als die Schirmgitterspannung ist, macht sich der Sekundärelektronen-

5 Röhren

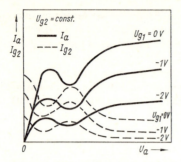
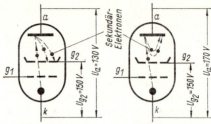

Bild 5.2.16. Die Ausgangskennlinien der Tetrode zeigen den typischen „Tetroden-Knick"

Bild 5.2.17.1. Die Sekundärelektronen werden vom Schirmgitter aufgenommen, da das Schirmgitterpotential positiv gegenüber dem Anodenpotential ist

Bild 5.2.17.2. Das Schirmgitterpotential ist negativ gegenüber dem Anodenpotential, deshalb fliegen die Sekundär-Elektronen zurück zur Anode

Effekt nicht mehr bemerkbar, denn alle Sekundärelektronen fliegen zur Anode zurück, weil diese jetzt das höchste positive Potential hat (**Bild 5.2.17.2**). Der infolge des Sekundärelektronen-Effektes abfallende Teil der U_a-I_a-Kennlinien stellt einen Bereich negativen differentiellen Widerstandes (Wechselstrom-Widerstandes) dar. Ein negativer Widerstand kann die Wirkung eines positiven Widerstandes ausgleichen. So kann man mit einem negativen Widerstand den positiven Verlustwiderstand eines Schwingkreises kompensieren. Man kann also einen Schwingkreis entdämpfen und somit die Schwingungen aufrechterhalten. Früher hat man den Bereich des negativen differentiellen Widerstandes von Tetroden zur Schwingungserzeugung verwendet.

Für die Röhren in Verstärkerschaltungen ist ein solcher Bereich in den Kennlinien unerwünscht, denn dadurch kann der Verstärker ins Schwingen geraten. Also muß man versuchen, den Sekundärelektronen-Effekt zum Verschwinden zu bringen.

Merke: Der Sekundärelektronen-Effekt bewirkt eine Einsattelung der U_a-I_a-Kennlinien. Der abfallende Teil der Kennlinie stellt einen Bereich negativen Wechselstromwiderstandes dar. Dieser negative Widerstand kann in einer Verstärkerstufe zu unerwünschten Schwingungen führen.

5.2.5 Pentode

Der Sekundärelektronen-Effekt kann nur verhindert werden, wenn es gelingt, den Sekundärelektronen den Weg von der Anode zum Schirmgitter zu versperren, auch wenn das Schirmgitter gegenüber der Anode positiv ist. Man erreicht das, indem man zwischen Anode und Schirmgitter ein weiteres Gitter einbaut, dem man Katodenpotential gibt. Dieses Gitter, das Gitter 3, wird *Bremsgitter* genannt. Wegen seines Katodenpotentials lenkt es sämtliche Sekundärelektronen zurück zur Anode (**Bild 5.2.18**). Oft ist das Bremsgitter innerhalb der Röhre schon mit der Katode verbunden.

Merke: Das Bremsgitter verhindert den Sekundärelektronen-Effekt.

5.2 Vakuum-Röhren

Rechts: **Bild 5.2.18.** Das Bremsgitter zwischen Schirmgitter und Anode bekommt meist Katodenpotential. Es lenkt dadurch die Sekundärelektronen immer zur Anode zurück

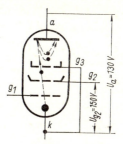

Unten: **Bild 5.2.19.** Pentodenkennlinien

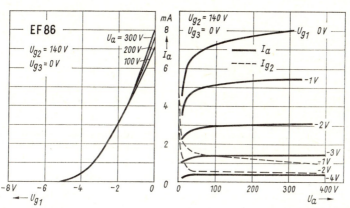

Eine solche Fünfpolröhre heißt *Pentode*. Ihre Kennlinien zeigt **Bild 5.2.19**. Das U_a-I_a-Kennlinienfeld zeigt den geringen Einfluß der Anodenspannung auf den Anodenstrom. Der geringe Anstieg der Kennlinien besagt, daß der Innenwiderstand der Pentode sehr hoch ist. Im U_{g1}-I_a-Kennlinienfeld liegen die Kennlinien für verschiedene Parameter U_a sehr eng beieinander, eben weil die Anodenspannung einen sehr geringen Einfluß hat. Das bedeutet aber andererseits, daß bei Pentoden der Durchgriff D sehr gering ist. Der Gesamt-Durchgriff D_{ges} setzt sich zusammen aus dem Einfluß der Anode auf die Elektronen, dem Anoden-Durchgriff D_a und dem Einfluß des Schirmgitters auf die Elektronen, dem Schirmgitter-Durchgriff D_{g2}.

$$\boxed{D_{ges} = D_a \cdot D_{g2}} \qquad (5.2.14)$$

Den Schirmgitterdurchgriff D_{g2} kann man ermitteln, indem man die Anodenspannung konstant hält und die Kennlinien mit veränderbarer Schirmgitterspannung aufnimmt **(Bild 5.2.20)**. Diese Kennlinien sehen aus wie Triodenkennlinien. Das Schirmgitter der Pentoden hat also den gleichen Einfluß auf die Elektronen wie die Anode bei Trioden.

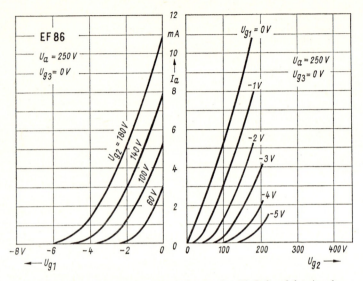

Bild 5.2.20. Die Schirmgitterspannung hat großen Einfluß auf den Anodenstrom. Diese Kennlinien sind den Triodenkennlinien sehr ähnlich

Den Schirmgitterdurchgriff ermittelt man nach der Gleichung

$$D_{g2} = \frac{\Delta U_{g1}}{\Delta U_{g2}} \qquad U_a = \text{const.}, \quad I_a = \text{const.} \qquad (5.2.15)$$

Dieser Schirmgitterdurchgriff ist etwa so groß wie der Durchgriff der Triode. Durch Multiplikation mit dem sehr kleinen Anodendurchgriff D_a ergibt sich dann der geringe Gesamtdurchgriff der Pentode.

$$D_a = \frac{\Delta U_{g1}}{\Delta U_a} \qquad U_{g2} = \text{const.}, \quad I_a = \text{const.} \qquad (5.2.16)$$

Wegen des geringen Anodendurchgriffs — geringer Abstand der Steuerkennlinien mit verschiedenem Parameter U_a — ergibt sich für Pentoden eine dynamische Kennlinie, die fast so steil verläuft wie die statischen Kennlinien (vergleiche Abschnitt 5.2.3, Bild 5.2.15). Also gilt:

$$S_{\text{dyn}} \approx S \qquad (5.2.17)$$

5.2 Vakuum-Röhren

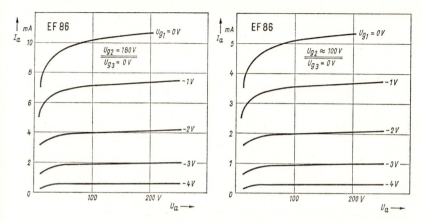

Bild 5.2.21. Zwei Ausgangskennlinienfelder einer Pentode bei verschiedener Schirmgitterspannung aufgenommen. Die Form der Kennlinien blieb erhalten, nur der Maßstab auf der Anodenstromachse hat sich geändert

In Bild 5.2.20 erkennt man den großen Einfluß der Schirmgitterspannung U_{g2} auf den Anodenstrom. In **Bild 5.2.21** sind zwei Ausgangskennlinienfelder der gleichen Pentode mit verschiedener Schirmgitterspannung U_{g2} dargestellt. Die Form der Kennlinien bei unterschiedlichen Schirmgitterspannungen bleibt gleich, lediglich die Teilung der Anodenstromachse ändert sich.

Bei Pentoden, die eine hohe Spannungsverstärkung erzielen sollen, und deren Arbeitswiderstand deshalb sehr hoch gewählt wird ($R_a = 200$ kΩ im Nf-Verstärker), ist es erforderlich, die Schirmgitterspannung U_{g2} niedrig zu halten (etwa $U_{g2} = 60$ V ... 80 V), damit der Anodenstrom gering wird. Eine hohe Schirmgitterspannung riefe einen hohen Anodenstrom hervor, so daß ein großer Teil der Betriebsspannung am Arbeitswiderstand R_a abfiele. Die Röhre bekäme dann eine zu geringe Anodenspannung.

Auch für Pentoden gilt die Gleichung

$$S_{\text{dyn}} = S \cdot \frac{R_i}{R_i + R_a} \quad (5.2.9)$$

Da man bei Pentoden zugunsten einer hinreichend hohen oberen Grenzfrequenz jedoch immer einen Arbeitswiderstand R_a verwendet, der klein gegen den Innenwiderstand dieser Röhre ist, also $R_a \ll R_i$, vereinfacht sich die Gleichung der dynamischen Steilheit

$$S_{\text{dyn}} \approx S \cdot \frac{R_i}{R_i} \quad \text{also} \quad \boxed{S_{\text{dyn}} \approx S} \quad (5.2.17)$$

5 Röhren

Aus der Bestimmungsgleichung für die Steilheit $S = \dfrac{\Delta I_a}{\Delta U_{g1}}$ folgt:

$\Delta I_a = S_{dyn} \cdot \Delta U_{g1} \approx S \cdot \Delta U_{g1}$.

Nach dem Ohmschen Gesetz ist $\Delta U_a = R_a \cdot \Delta I_a$.
Ersetzt man die Größe ΔI_a durch das gleichwertige Produkt $S \cdot \Delta U_{g1}$, so erhält man

$$\Delta U_a \approx R_a \cdot S \cdot \Delta U_{g1}; \quad \text{daraus} \quad \frac{\Delta U_a}{\Delta U_{g1}} = v \approx S \cdot R_a$$

oder

$$\boxed{v \approx S \cdot R_a} \qquad (5.2.18)$$

Die Verstärkung der Pentode hängt ab von ihrer Steilheit S und vom Arbeitswiderstand R_a (vergl. die Verstärkung der Triode: $v \approx S \cdot R_i$).

Merke: Pentoden haben einen wesentlich geringeren Durchgriff und einen viel höheren Innenwiderstand als Trioden. Die dynamische Steilheit der Pentode ist etwa gleich ihrer statischen Steilheit.

Durch besondere Formgebung des Steuergitters erzielt man bei Pentoden exponentiell verlaufende Steuerkennlinien. Die Gittervorspannung bestimmt die Lage des Arbeitspunktes und damit die Steilheit S. Durch Verändern der Gittervorspannung kann man die Steilheit der Röhre und damit ihre Verstärkung steuern. Mit solchen Pentoden lassen sich Regelschaltungen aufbauen, die z. B. Schwankungen der Empfangsfeldstärke durch Verändern der Verstärkung des Empfängers ausgleichen. Solche *Regelpentoden* lassen sich allerdings nur in Stufen einsetzen, in denen Steuersignale geringer Amplitude auftreten (Hf- und Zf-Stufen). Signale mit größeren Amplituden würden stark verzerrt werden, da die Steuerkennlinie an jeder Stelle gekrümmt ist.

Legt man die Schirmgitterspannung U_{g2} nicht durch einen Spannungsteiler fest sondern macht sie abhängig vom Schirmgitterstrom (gleitende Schirmgitterspannung), so erhält man eine resultierende Steuerkennlinie von noch stärkerer Krümmung. Man kann somit die Verstärkung dieser Röhren noch stärker verändern (**Bild 5.2.22 und Bild 5.2.23**).

Merke: Bei Regelpentoden wird die Steilheit und damit die Verstärkung von der Gittervorspannung bestimmt.

Während man in den Vorstufen eine möglichst hohe Spannungsverstärkung erzielen will, soll die Endstufe eines Verstärkers eine möglichst hohe Leistung an einen Verbraucher, z. B. einen Lautsprecher, abgeben. Für solche Leistungsstufen hat man spezielle Endröhren entwickelt; es sind heute meist Pentoden, vereinzelt auch noch Tetroden. Durch spezielle Formgebung der Anoden verhindert man bei Endtetroden den Sekundärelektronen-Effekt, so daß in ihren Kennlinien der typische „Tetroden-Sattel"

5.2 Vakuum-Röhren

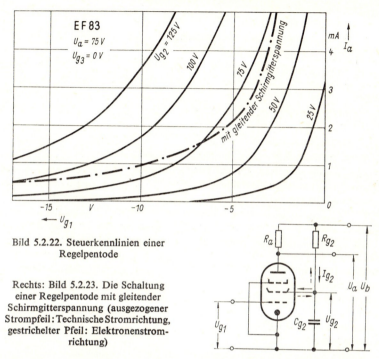

Bild 5.2.22. Steuerkennlinien einer Regelpentode

Rechts: Bild 5.2.23. Die Schaltung einer Regelpentode mit gleitender Schirmgitterspannung (ausgezogener Strompfeil: Technische Stromrichtung, gestrichelter Pfeil: Elektronenstromrichtung)

nicht mehr auftritt. Endtrioden verwendet man schon lange nicht mehr. In Fällen, in denen man eine Leistungs-Triode benötigt — z. B. als Stellglied in elektronisch stabilisierten (geregelten) Netzgeräten — verwendet man *Endpentoden*, die man durch Verbinden des Schirmgitters mit der Anode als Triode schaltet.

Endpentoden sind so konstruiert, daß entsprechend ihrer Verwendung als Leistungsröhren bei gleicher Anodenspannung wesentlich höhere Anodenströme als in normalen Verstärkerpentoden fließen können. Man erkennt dies sofort an der wesentlich größeren Katoden- und Anodenoberfläche. Es ergibt sich daraus ein viel geringerer Innenwiderstand R_i als bei normalen Verstärkerpentoden.

Die Lage des Arbeitspunktes einer Röhre ist durch die Werte U_{a0} und I_{a0} im Kennlinienfeld festgelegt. Aus diesen Werten läßt sich auch die Leistung berechnen, die die Röhre dem Stromversorgungsteil des Gerätes entnimmt. Da über das Schirmgitter auch ein Strom fließt, ist auch die Leistungsaufnahme des Schirmgitters mit zu berücksichtigen, so daß sich die gesamte Leistungsaufnahme der Endstufe zusammensetzt aus der Leistungsaufnahme der Anode

$$P_a = U_{a0} \cdot I_{a0}$$ in W (5.2.19)

5 Röhren

und

aus der Leistungsaufnahme des Schirmgitters

$$P_{g2} = U_{g2} \cdot I_{g2} \quad \text{in W} \tag{5.2.20}$$

also:

$$P_{ges} = P_a + P_{g2} \quad \text{in W} \tag{5.2.21}$$

Wenn man die Röhre nicht ansteuert, muß die gesamte aufgenommene Leistung P_{ges} in Wärme umgesetzt werden. Vom Schirmgitter und von der Anode wird diese Wärme durch Leitung und Strahlung auf den Glaskolben übertragen und von da an die Umgebung abgestrahlt. Der Glaskolben erwärmt sich dabei sehr stark (bis etwa 180 °C). Setzt die Röhre zuviel Leistung in Wärme um, so beginnen Schirmgitter und Anodenblech zu glühen, was zu einer Schädigung oder sogar zur Zerstörung der Röhre führen kann. Die Röhrenhersteller geben deshalb die *maximal zulässige Leistung* an, die von der Röhre in Wärme umgesetzt werden kann, ohne daß die Röhre dabei Schaden nimmt. Diese maximal zulässige Verlustleistung $P_{v\,max}$ darf niemals überschritten werden. Die Anodenverlustleistung trägt den größten Anteil an $P_{v\,max}$, deshalb verbindet man im Ausgangskennlinienfeld alle Punkte miteinander, deren Werte $U_a \cdot I_a$ gerade die maximal zulässige Anodenverlustleistung ergeben, und man erhält auf diese Weise die *Verlustleistungshyperbel*, die man beim Betrieb der Röhre nicht überschreiten darf (**Bild 5.2.24**).

Da die Endstufe die größtmögliche Wechselstrom-Leistung abgeben soll, muß sie auch die größtmögliche Leistung aus dem Stromversorgungsteil aufnehmen. Den Arbeitspunkt der Röhre legt man deshalb in der einfachen Endstufe meist auf die Verlustleistungshyperbel. Arbeitswiderstand einer solchen Endröhre ist meist die Primärwicklung eines Übertragers, mit dem der Verbraucher (Lautsprecher) an die Röhre angepaßt wird. Der Gleichstromwiderstand der Primärwicklung dieses Übertragers ist nicht besonders hoch, so daß an diesem Widerstand nur eine geringe Gleichspannung (etwa 10 V) abfällt. Somit muß der Arbeitspunkt bei einer Anodenspannung U_{a0} liegen, die um etwa 10 V geringer ist als die Betriebsspannung U_b. Mit diesen Angaben liegt der Arbeitspunkt fest, die Arbeitsgerade läßt sich einzeichnen und der Aussteuerbereich der Endstufe (max. Gitterwechselspannung ΔU_{g1}) festlegen. Wenn sich die Gitterspannung um den Betrag ΔU_{g1} ändert, ändert sich der Anodenstrom um den Wert ΔI_a und die Anodenspannung um den Wert ΔU_a. Aus den letzten beiden Größen läßt sich die Nutzleistung der Endstufe — auch Sprech- oder Ausgangsleistung genannt — berechnen:

$$P_{ab} = \frac{\Delta U_a \cdot \Delta I_a}{2} \quad \text{in W} \tag{5.2.22}$$

5.2 Vakuum-Röhren

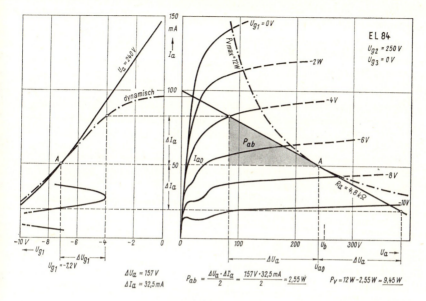

Bild 5.2.24. Kennlinien der Endpentode EL 84 mit eingetragenem Arbeitswiderstand R_a und Leistungsdreieck

Das Produkt $\Delta U_a \cdot \Delta I_a$ ist der Spitzenwert der Leistung, den Effektivwert erhält man, indem man das Produkt durch 2 teilt. Die Ausgangsleistung (abgegebene Leistung) erscheint im Kennlinienfeld als Fläche des Dreiecks mit den Katheten ΔU_a und ΔI_a.
Da die Endpentode, die durch eine Gitterwechselspannung gesteuert wird, eine Leistung abgibt, wird nun nicht mehr die gesamte aufgenommene Leistung in Wärme umgesetzt, sondern die Erwärmung erfolgt jetzt durch die Differenz zwischen aufgenommener und abgegebener Leistung. Somit ist nun die Verlustleistung:

$$P_v = P_{ges} - P_{ab}.$$

Das Verhältnis $P_{ab} : P_{ges}$ stellt den Wirkungsgrad der Röhre dar.

$$\boxed{\eta = \frac{P_{ab}}{P_{ges}}} \qquad (5.2.23)$$

Um den Gesamt-Wirkungsgrad der Röhre zu ermitteln, ist zu der zugeführten Leistung auch noch die Heizleistung zu addieren. Damit verringert sich der Wirkungsgrad noch mehr.
In dem Beispiel in Bild 5.2.24 beträgt die zugeführte Leistung $P_{zu} = 12$ W. Die Heizdaten der Röhre EL 84 sind: $U_f = 6,3$ V; $I_f = 0,76$ A. Das ergibt die Heiz-

leistung $P_f = 6{,}3 \text{ V} \cdot 0{,}76 \text{ A} = 4{,}8 \text{ W}$. Damit wird die gesamte zugeführte Leistung $P_{ges} = 12 \text{ W} + 4{,}8 \text{ W} = 16{,}8 \text{ W}$.
Der Wirkungsgrad wird:

$$\eta = \frac{P_{ab}}{P_{ges}} = \frac{2{,}55 \text{ W}}{16{,}8 \text{ W}} = 0{,}152 = 15{,}2\%.$$

Merke: Endpentoden setzen einen Teil der aufgenommenen elektrischen Leistung in Nutzleistung um. Sie liefern die Leistung, die zum Betrieb eines Verbrauchers (z. B. eines Lautsprechers) erforderlich ist.

Der Aufbau der Verstärkerröhren bringt es mit sich, daß zwischen den Elektroden der Röhre auch Kapazitäten wirken, denn diese Elektroden, deren gegenseitiger Abstand sehr gering ist, sind gut gegeneinander isoliert. Zu diesen inneren Röhrenkapazitäten kommen noch die Kapazitäten zwischen den Stiften des Röhrensockels und der

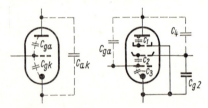

Bild 5.2.25. Röhrenkapazitäten bei Triode und Pentode

Röhrenfassung sowie Schaltkapazitäten (Kapazitäten der Röhrenanschlußleitungen). **Bild 5.2.25** zeigt die Kapazitätsverteilung bei Triode und Pentode. Bei der Triode wirken folgende Kapazitäten:

1. die Eingangskapazität C_e, die im wesentlichen aus der Gitter-Katodenkapazität C_{gk} besteht,
2. die Gitter-Anodenkapazität C_{ga},
3. die Ausgangskapazität C_a.

Bei der Pentode liegt das Bremsgitter meist direkt auf Katodenpotential, das Schirmgitter wird wechselstrommäßig über einen Kondensator auf Katodenpotential gelegt. Somit bilden die Kapazitäten C_2 und C_3 die Gitter-Katodenkapazität, die Kapazitäten C_1 und C_4 gehen mit in die Ausgangskapazität ein. Die Gitter-Anodenkapazität C_{ga} ist bei der Pentode viel geringer als bei der Triode, da die beiden anderen Gitter zwischen Steuergitter und Anode liegen.

In selektiven Verstärkern (Hf- und Zf-Verstärker) wirken Eingangskapazität C_e und Ausgangskapazität C_a mit als frequenzbestimmende Kapazität von Eingangs- bzw. Ausgangsschwingkreis. Sie addieren sich zur Kapazität des entsprechenden Schwingkreiskondensators. Die eigentlichen Schwingkreiskondensatoren sind um den Wert von C_e bzw. C_a zu verringern: Damit sind C_e und C_a im selektiven Verstärker nicht schädlich.

Die Gitter-Anodenkapazität C_{ga} bewirkt jedoch eine Spannungsgegenkopplung, wodurch die Verstärkung stark herabgesetzt wird. Mit zunehmender Frequenz nimmt

5.2 Vakuum-Röhren

die Gegenkopplung zu, da der kapazitive Blindwiderstand geringer wird. Dadurch verringert sich die Verstärkung der Röhre. In RC-gekoppelten Verstärkern bestimmen C_a und C_e zusammen mit der Parallelschaltung von Innenwiderstand R_i, Arbeitswiderstand R_a und Gitterableitwiderstand R_g der darauffolgenden Röhre die obere Grenzfrequenz der Verstärkerstufe. Bei Pentoden, bei denen die Kapazität C_a wesentlich höher ist als bei Trioden, verwendet man einen Arbeitswiderstand R_a, der klein gegen den Innenwiderstand der Röhre ist, um eine genügend hohe obere Grenzfrequenz zu erreichen (z. B. Pentodenstufe; obere Grenzfrequenz $f_{go} \approx 18$ kHz → $R_a \approx 200$ kΩ, $R_i \approx 2$ MΩ; Meßverstärker im Oszilloskop: $f_{go} \approx 3$ MHz, $R_a \approx 10$ kΩ). Mit der Verringerung des Arbeitswiderstandes R_a verringert sich aber auch die Verstärkung der Röhrenstufe. Dennoch ist es günstiger, Breitbandverstärker mit Pentoden aufzubauen, da der Durchgriff hier wesentlich geringer als bei Trioden ist. Dies führt zu einer größeren Verstärkung, obwohl die größere Ausgangskapazität der Pentode einen kleineren Arbeitswiderstand erfordert, damit die gewünschte obere Grenzfrequenz erreicht wird.

Merke: **Röhrenkapazitäten sind – bedingt durch den Aufbau der Röhre – unvermeidlich. Je nach Art des Verstärkers kann man sie entweder in erforderliche Kondensatoren der Schaltung mit einbeziehen oder ihre schädliche Wirkung durch Schaltmaßnahmen herabsetzen.**

In der folgenden Gegenüberstellung sind noch einmal die Vorteile von Pentode und Triode aufgeführt:

Triode	Pentode
geringere Verzerrungen bei großer Aussteuerung (vergl. dynamische Kennlinie der Triode Bild 5.2.15 mit dynamischer Kennlinie der Pentode Bild 5.2.24) geringere Kapazitäten C_{ak} und C_{gk} geringeres Rauschen	Unabhängigkeit des Anodenstromes von der Anodenspannung, die dynamischen Werte sind den statischen ungefähr gleich, große Verstärkung, höherer Wirkungsgrad in Endstufen, größerer Innenwiderstand, in Hf-Stufen ist die Bedämpfung der Schwingkreise geringer, kleinere Gitter-Anodenkapazität C_{ga}

5.2.6 Mehrgitter-Röhren

In Mischschaltungen verwendet man heute noch oft Hexoden (Sechspolröhren). Sie besitzen zwei Steuergitter und zwei Schirmgitter in der Anordnung: Katode — Steuergitter 1 — Schirmgitter 1 — Steuergitter 2 — Schirmgitter 2 — Anode. Den Steuergittern werden die Signale zugeführt, die man miteinander mischen will.

Die Heptode (Siebenpolröhre) enthält vor der Anode noch ein Bremsgitter zur Vermeidung des Sekundärelektronen-Effektes. Dieses Bremsgitter ist meist innerhalb der Röhre schon mit der Katode verbunden, so daß man meist nicht erkennen kann, ob es sich bei der betreffenden Röhre um eine Hexode oder eine Heptode handelt. Die Heptode wird ebenfalls in Mischstufen eingesetzt.

Früher hat man sogar Röhren mit noch einem weiteren Gitter gebaut, die sog. Oktoden (Achtpolröhren). Sie dienten gleichzeitig als Mischer und als Oszillator. Heute setzt man an deren Stelle Verbundröhren — Triode-Hexode — ein.

5.2.7 Verbundröhren

In Kapitel 5.2.2 wurden bereits Verbundröhren erwähnt, ebenso im letzten Kapitel. Durch die Zusammenfassung mehrerer Röhrensysteme in einem gemeinsamen Glaskolben versuchte man, den Schaltungsaufbau zu verkleinern. Durch die Anordnung der verschiedenen Systeme über einer gemeinsamen Katode verringert sich auch die aufgenommene Heizleistung.

Einige Beispiele sollen zeigen, welche Verbundröhren heute noch gebaut werden:

EAA	91	Doppeldiode mit zwei Katoden
EABC	80	Diode-Doppeldiode-Triode
EAF	801	Diode-Pentode
EBC	81	Doppeldiode-Triode
EBF	89	Doppeldiode-Pentode
ECC	85	Doppeltriode
ECF	80	Triode-Pentode
ECH	81	Triode-Hexode
ECL	80	Triode-Endpentode
ELL	80	Doppel-Endpentode
PFL	200	Pentode-Endpentode

5.2.8 Vakuumröhren für Sonderzwecke

5.2.8.1 Lichtgesteuerte Röhren

Bei den *Fotozellen* wird die Fotoemission ausgenutzt (Kapitel 5.1.1.2). Die Fotozelle besteht aus einer Fotokatode und einer Anode. Um eine genügend große Elektronenausbeute zu bekommen, ist die Katode sehr großflächig ausgeführt. Die Anode wird meist nur aus einem Draht geformt, damit der Schatten klein bleibt, den sie auf die Katode wirft. **Bild 5.2.26** zeigt den grundsätzlichen Aufbau einer Fotozelle für seitlichen Lichteinfall.

Die Fotoemission reiner Metalle ist so gering, daß sie für den praktischen Gebrauch nicht ausgewertet werden kann. Man benutzt vielmehr Fotokatoden, die aus mehreren Schichten verschiedener Metalle bestehen. Diese Metalle werden durch Aufdampfen, Oxydieren und Erhitzen aufgebracht. Zu den Bestandteilen solcher Schichten gehören z. B. Caesium, Antimon, Wismut und Silber.

Bei den *Hochvakuum-Fotozellen* sind Katode und Anode in einem luftleer gepumpten Glaskörper untergebracht.

5.2 Vakuum-Röhren

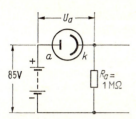

Oben: Bild 5.2.27. Grundschaltung zum Betrieb einer Fotozelle

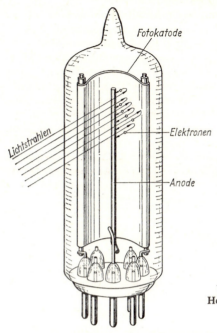

Links: Bild 5.2.26. Aufbau und Wirkungsweise einer Hochvakuum-Fotozelle. Die Elektronen sind stark vergrößert dargestellt

Unten: Bild 5.2.28. Kennlinienfeld einer Hochvakuum-Fotozelle mit eingezeichneten Arbeitswiderständen

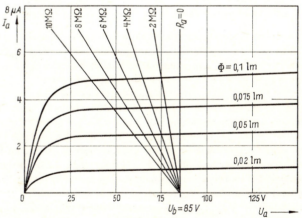

Fotozellen betreibt man in einer Schaltung, wie sie **Bild 5.2.27** zeigt. Dabei ist vor allem darauf zu achten, daß die für die betreffende Type angegebenen Grenzdaten nicht überschritten werden. Auch eine kurzzeitige Überlastung kann die Fotokatode zerstören. Bei den Hochvakuum-Fotozellen ist es vor allem der maximal zulässige

Strom, der nicht überschritten werden darf. Da der Katodenstrom von dem einfallenden Lichtstrom abhängt, dürfen Fotozellen im Betrieb nicht zuviel Licht bekommen. Betrachtet man das Kennlinienfeld einer Hochvakuum-Fotozelle, wie es **Bild 5.2.**28 zeigt, so sieht man, daß die Kennlinienschar der einer Pentode ähnelt mit dem Unterschied, daß die Steuerung nicht durch eine Gitterspannung, sondern durch den Lichtstrom Φ erfolgt. Die Einheit des Lichtstromes ist das Lumen (lm). Auch hier kann man die entsprechende Arbeitswiderstandsgerade eintragen. Man kann alle im Betrieb auftretenden Werte (z. B.: Anodenstrom- und Anodenspannungsänderung bei einer bestimmten Lichtstromänderung) wie bei normalen Verstärkerröhren aus den Kennlinien entnehmen.

Eine Kenngröße der Fotozelle ist die Empfindlichkeit s. Sie läßt sich mit der Steilheit bei der Verstärkerröhre vergleichen und gibt das Verhältnis der Anodenstromänderung ΔI_a zur Lichtstromänderung $\Delta \Phi$ an.

$$s = \frac{\Delta I_a}{\Delta \Phi} \qquad \begin{array}{l} s \text{ in } \mu\text{A/lm} \\ U_a = \text{const.} \end{array} \qquad (5.2.24)$$

Hochvakuum-Fotozellen arbeiten bis zu sehr hohen Frequenzen fast trägheitslos. Die obere Grenzfrequenz wird durch die Röhren- und Schaltkapazitäten und durch die Laufzeit der Elektronen bestimmt. Sie liegt aber so hoch, daß man sie in der Praxis kaum erreicht.

Merke: In Hochvakuum-Fotozellen wird der Anodenstrom durch den Lichtstrom gesteuert. Die Empfindlichkeit dieser Fotozellen ist sehr gering.

Obwohl *gasgefüllte Fotozellen* als gasgefüllte Röhren in das Kapitel 5.3 einzuordnen wären, sollen sie doch an dieser Stelle behandelt werden, da sie in ihrem Aufbau und in ihrer Wirkungsweise den Hochvakuum-Fotozellen sehr ähnlich sind. In bezug auf die Vorgänge in gasgefüllten Röhren sei auf das Kapitel 5.1 verwiesen.

Reicht die Empfindlichkeit der Hochvakuum-Fotozellen nicht aus, so benutzt man gasgefüllte Fotozellen. Bei diesen werden die in der Röhre befindlichen Ladungsträger infolge Ionisation der Gasmoleküle durch die von der Katode kommenden Elektronen vervielfacht. Die Empfindlichkeit dieser gasgefüllten Fotozellen ist durch diese „Gasverstärkung" etwa 3...10mal größer als die gleichwertiger Hochvakuum-Fotozellen.

Die Kennlinienschar einer gasgefüllten Fotozelle zeigt **Bild 5.2.29**. Man sieht daraus, daß die Kennlinien bei kleinen Anodenspannungen etwa so verlaufen wie die der Hochvakuum-Fotozelle. Bei größeren Anodenspannungen nimmt der Einfluß der Ionisation zu, und die Kennlinien nehmen den von der Triode her bekannten Verlauf. Die Nachteile der gasgefüllten Fotozellen sind die Abhängigkeit des Anodenstroms von der Anodenspannung im interessierenden Arbeitsbereich, eine geringe Konstanz der Betriebswerte und ein begrenzter Frequenzbereich, der bedingt ist durch die Entionisierungszeit der Gasfüllung. Der Frequenzbereich geht maximal bis etwa 10...15 kHz, so daß diese Fotozellen für die Wiedergabe von Tonfilmen sowie für lichtgesteuerte

5.2 Vakuum-Röhren

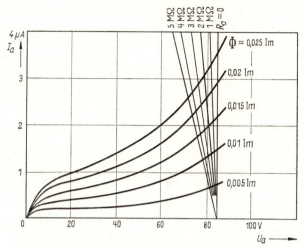

Bild 5.2.29. Kennlinienfeld einer gasgefüllten Fotozelle mit eingezeichneten Arbeitswiderständen

Schalter, nicht aber für Meßzwecke geeignet sind. Gegen die Verwendung in Meßgeräten spricht auch die Nichtlinearität der Kennlinien.

Bei den gasgefüllten Fotozellen muß man besonders beachten, daß die maximal zulässige Spannung nicht überschritten wird, weil es sonst zu Glimmentladungen in der Röhre kommen kann.

Merke: **Die Empfindlichkeit gasgefüllter Fotozellen ist höher als die von Hochvakuum-Fotozellen.**

Oftmals sind die zu messenden Lichtwerte derart klein, daß der Anodenstrom normaler Fotozellen nicht mehr oder nur noch mit größtem Aufwande meßbar ist. Diese

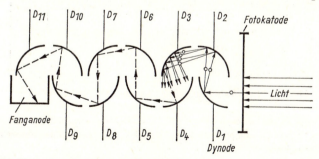

Bild 5.2.30. Grundsätzlicher Aufbau und Wirkungsweise eines Fotovervielfachers

Fälle kommen z.B. in der Strahlungsmeßtechnik vor, wo man in Szintillatoren — das sind Kristalle oder Flüssigkeiten, in denen durch radioaktive Strahlung schwache Lichtblitze ausgelöst werden — die Strahlung in proportionale Lichtwerte umformt.

Um diese geringe Elektronenausbeute zu verstärken, benutzt man *Fotovervielfacher* (auch *Sekundärelektronen-Vervielfacher* genannt). Bei diesen prallen die von der Katode durch Lichteinfall emittierten Primärelektronen auf eine Vervielfachungselektrode, die sogenannte Dynode, aus der sie das Mehrfache an Sekundärelektronen herausschlagen (**Bild 5.2.30**).

Die Sekundärelektronen gelangen auf eine weitere Dynode, an der sie sich um den gleichen Faktor vermehren. In einer Reihe weiterer Stufen findet stets der gleiche Vorgang statt, so daß man schließlich einen großen Anodenstrom erhält. Wenn das Verhältnis der Sekundärelektronenzahl zu der Anzahl der sie verursachenden Primärelektronen bekannt ist, kann man diese Verstärkung v wie folgt errechnen:

$$v = d^n \qquad d = \frac{S}{P}$$

Darin ist:
S : die Anzahl der Sekundärelektronen
P : die Anzahl der Primärelektronen
d : der Sekundäremissionsfaktor
n : die Anzahl der Stufen.

(5.2.25)
(5.2.26)

Die Hersteller liefern Fotovervielfacher mit 10 bis 14 Dynoden. Damit erreicht man Verstärkungen von $v \approx 10^8$. In den Herstellerlisten wird aber meist die Empfindlich-

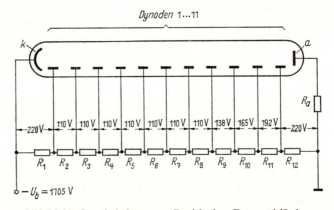

Bild 5.2.31. Grundschaltung zum Betrieb eines Fotovervielfachers

keit s angegeben, die zwischen 1500 A/lm und 6000 A/lm liegt, während Hochvakuum-Fotozellen etwa die Empfindlichkeit 25 µA/lm und gasgefüllte Fotozellen etwa 150 µA/lm besitzen.

Bild 5.2.30 zeigt einen Fotovervielfacher mit Schaufeldynoden, und **Bild 5.2.31** zeigt die Schaltung, in der diese Röhren betrieben werden.

5.2 Vakuum-Röhren

Merke: Durch die Elektronen-Vervielfachung ergibt sich beim Fotovervielfacher eine sehr viel größere Empfindlichkeit als bei anderen Fotozellen.

Zum Schluß dieses Abschnitts soll noch einiges über die Abhängigkeit der Spektralempfindlichkeit von dem verwendeten Glaskolben gesagt werden. Bild 5.1.5 zeigte die Empfindlichkeit einer normalen und einer rot- bzw. infrarotempfindlichen Fotozelle. Man sieht, daß Fotokatoden zwei Empfindlichkeits-Maxima haben können. Fotozellen für infrarotes Licht haben dann einen rotgefärbten Glaskolben, damit die Fotokatode nicht durch blaues Licht überlastet wird. Fotozellen, die den Bereich ultravioletter Strahlen mit erfassen sollen, sind in einem Quarzkolben untergebracht, da normales Glas ultraviolette Strahlen nur in geringem Maße durchläßt.

5.2.8.2 Bild-Bild-Wandlerröhren

Die *Infrarot-Bildwandlerröhre* wird dann eingesetzt, wenn eine direkte Beobachtung eines Vorganges nicht möglich ist, weil das menschliche Auge die Wellenlänge der ausgesandten Strahlung nicht empfangen kann, da sie im Infrarot-Bereich (700...1200 nm) liegt. Oft bietet auch die Betrachtung eines Gegenstandes mit Hilfe des Infrarot-Bildwandlers bessere Kontraste. Von besonderer Bedeutung in der Schiffahrt und der Luftfahrt sind Infrarot-Nachtsichtgeräte in Verbindung mit einem Infrarot-Scheinwerfer.

Die Bildwandlerröhre besteht aus einem hochevakuierten Glaskolben, der an der einen Stirnseite eine Fotokatode enthält, auf der man mit Hilfe einer Optik einen Gegenstand abbilden kann. Die Fotokatode emittiert Elektronen beim Auftreffen von infraroten Strahlen. Gegenüber der Fotokatode befindet sich ein Anoden-Zylinder und auf der Glaswand ein Leuchtschirm. Zwischen Katode und Anode liegt eine hohe Spannung (etwa 12 kV). Dadurch werden die von der Fotokatode emittierten Elektronen zur Anode hin beschleunigt und gleichzeitig durch die besondere Form der Anode fokussiert (gebündelt). Die Elektronen treffen mit hoher Geschwindigkeit auf dem Leuchtschirm auf und regen diesen zum Leuchten im sichtbaren Bereich an. Eine solche Bildwandlerröhre, wie sie **Bild 5.2.32** zeigt, nennt man Bildwandlerdiode, da sie nur Anode und Katode besitzt. Außerdem gibt es auch Bildwandler-Trioden, die zwischen Katode

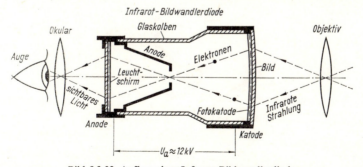

Bild 5.2.32. Aufbau einer Infrarot-Bildwandlerdiode

und Anode eine Fokussierelektrode besitzen. Mit Hilfe der Spannung zwischen Katode und Fokussierelektrode kann man die optimale Auflösung des Bildes einstellen.

Merke: Infrarot-Bildwandlerröhren setzen unsichtbare Strahlung in sichtbare Strahlung um.

5.2.8.3 Bild-Signal-Wandlerröhren

Hierbei handelt es sich um Fernseh-Aufnahmeröhren, die ein Bild in einzelne Bildpunkte zerlegen und ein elektrisches Signal liefern, das der Helligkeit des gerade abgetasteten Bildpunktes entspricht. Man unterscheidet vier verschiedene Arten: Die Fernsehgesellschaften verwenden im Studio noch häufig das *Superikonoskop* wegen seiner guten Bildqualität. Bei Außenaufnahmen wird das *Superorthikon* wegen seiner hohen Empfindlichkeit verwendet. In Industrie-Fernsehanlagen hat sich das *Vidikon* bewährt, denn es ist sehr klein, und der Schaltungsaufwand einer Vidikonkamera ist gegenüber dem der anderen Kameras gering. Die Nachteile des Vidikons treten beim *Plumbicon* nicht auf. Da diese Röhre genauso klein wie das Vidikon ist, wird sie in Farbfernsehkameras verwendet, denn dort benötigt man drei Aufnahmeröhren für die drei Farbauszüge. Eine Farbfernsehkamera mit anderen Aufnahmeröhren (z. B. Superikonoskop) wäre viel zu groß.

Merke: Bild-Signal-Wandlerröhren liefern elektrische Signale, deren Momentanwerte der Helligkeit der gerade abgetasteten Bildpunkte entsprechen.

Beim *Superikonoskop* wird das optische Bild mit Hilfe eines Linsensystems auf einer Fotokatode abgebildet. Entsprechend der Helligkeit der einzelnen Bildpunkte sendet die Fotokatode Elektronen aus, die von einer Speicherelektrode aufgefangen werden (**Bild 5.2.33**). Die Speicherelektrode besteht aus einer Metallplatte mit einer Schicht von vielen voneinander isolierten Speicherelementen (Mosaik), die wie viele kleine Einzelkondensatoren wirken.

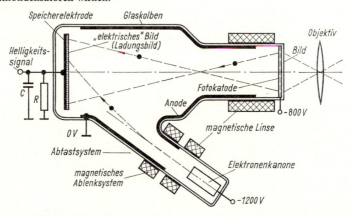

Bild 5.2.33. Aufbau und Wirkungsweise des Superikonoskops

5.2 Vakuum-Röhren

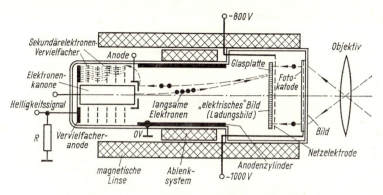

Bild 5.2.34. Aufbau und Wirkungsweise des Superorthikons

Die von der Fotokatode kommenden Elektronen werden durch eine magnetische Linse gebündelt und schlagen beim Aufprall auf die Speicherelektrode dort Sekundärelektronen heraus. Die Anode fängt diese Sekundärelektronen auf. Die einzelnen Speicherelemente der Speicherelektrode sind nun je nach dem, wie viele Sekundärelektronen jeweils herausgeschlagen wurden, mehr oder weniger positiv. So entsteht auf der Speicherelektrode ein „elektrisches Bild" — ein Ladungsbild —, das ein fein gebündelter Strahl schneller Elektronen abtastet. Ein Teil der Elektronen aus dem Elektronenstrahl löscht dabei die Ladung des Bildpunktes. Die restlichen Elektronen fließen über den Anschluß der Speicherplatte und durch den Widerstand R. So entsteht am Widerstand ein Spannungsabfall, das Helligkeitssignal. Nach jeder Abtastung wird das Ladungsbild neu erzeugt. Die Empfindlichkeit des Superikonoskops ist gering, die aufgenommene Szene muß sehr gut ausgeleuchtet sein, was meist nur im Studio möglich ist. Dafür ist die Auflösung in Bildpunkte bei dieser Aufnahmeröhre sehr gut.

Das *Superorthikon* arbeitet ähnlich wie das Superikonoskop. Auch hier wird das optische Bild durch ein Linsensystem auf eine flache Fotokatode abgebildet. **Bild 5.2.34** zeigt den prinzipiellen Aufbau einer solchen Bildaufnahmeröhre. Die Elektronenemission in jedem Punkt der Fotokatode entspricht der jeweiligen Bildhelligkeit. Die emittierten Elektronen werden von einer sehr dünnen, schwach leitenden Glasplatte angezogen, aus der sie Sekundärelektronen herausschlagen. Diese Sekundärelektronen fängt eine hauchdünne, netzförmige Elektrode auf, die zwischen der Fotokatode und der Glasplatte liegt. Auf der Glasplatte erscheint folglich ein positives Ladungsbild, d. h. die Ladung in jedem Punkt der Glasplatte entspricht der Helligkeit des betreffenden Bildpunktes. Ein Elektronenstrahl tastet das Ladungsbild auf der Glasplatte nun von der Rückseite her ab, wobei ein Teil der Elektronen dieses Strahles das Ladungsbild löscht. Die restlichen Elektronen kehren in die Gegend des Elektronenstrahlerzeugers zurück und werden dort von einem Sekundärelektronen-Vervielfacher (siehe Abschnitt 5.2.8.1, Bild 5.2.30) vermehrt. Bei den Bildpunkten mit großer Helligkeit sind viele Elektronen erforderlich, um das Ladungsbild zu löschen. Die Anzahl der zurück-

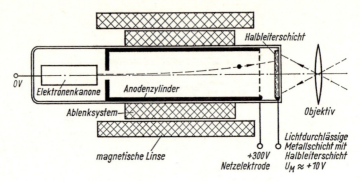

Bild 5.2.35. Aufbau und Wirkungsweise des Vidikons

kehrenden Elektronen ist folglich gering. Bei dunklen Bildstellen kehren viele Elektronen zurück. Ein heller Bildpunkt ergibt demnach einen niedrigen und ein dunkler Bildpunkt einen hohen Anodenstrom des Vervielfachers. Das Ladungsbild auf der Glasplatte wird nach jeder Abtastung sofort neu erzeugt. Auf Grund der Sekundärelektronen-Vervielfachung hat das Superorthikon eine etwa 100mal höhere Empfindlichkeit als das Superikonoskop, seine Auflösung ist jedoch nicht so gut.

Das *Vidikon* wird vorwiegend in industriellen und privaten Fernsehanlagen benutzt. Das Bild projiziert man hier mit einem Objektiv auf eine hauchdünne, noch schwach durchsichtige Metallschicht (**Bild 5.2.35**). Auf der Rückseite der Metallschicht ist eine fotoempfindliche Halbleiterschicht (Selen oder Antimontrisulfid) aufgetragen. An den stark belichteten Stellen der Halbleiterschicht werden im Innern der Schicht viele zusätzliche Ladungsträger frei, die den Widerstand der Halbleiterschicht an diesen Stellen herabsetzen (innerer Fotoeffekt). Die Halbleiterschicht tastet man nun von der Rückseite her mit einem Elektronenstrahl ab. An den Stellen, an denen eine Belichtung stattgefunden hat, fließt infolge der Verringerung des Widerstandes ein größerer Strom durch die Halbleiterschicht als an den Stellen mit geringerer Belichtung. Der Strom durch die Halbleiterschicht ist der jeweiligen Bildpunkthelligkeit proportional.

Das Vidikon hat eine große Empfindlichkeit, sie ist fast so hoch wie die des Superorthikons. Sein Durchmesser beträgt nur ca. 3 cm und seine Länge ca. 12 cm. Der Nachteil des Vidikons ist die Trägheit der Halbleiterschicht. Diese Schicht benötigt nämlich eine gewisse Zeit, bis ihr Widerstand nach dem Abschalten des Lichtes wieder hochohmig geworden ist. Deshalb bekommt man bei der Aufnahme schnellbewegter Vorgänge ein Nachbild, man sagt auch: Das bewegte Bild zieht nach! Wegen dieses Effektes ist das Vidikon für das professionelle Fernsehen nicht geeignet.

Das *Plumbicon* ist ähnlich aufgebaut wie das Vidikon, jedoch besteht seine Halbleiterschicht aus Bleioxid, daher der Name [Plumbum (latein.) = Blei]. Dieses Halbleitermaterial beseitigt die Nachteile des Vidikons, Nachzieh-Erscheinungen treten auch bei geringen Beleuchtungsstärken nicht auf. Selbst wenn helle Objekte längere

5.2 Vakuum-Röhren

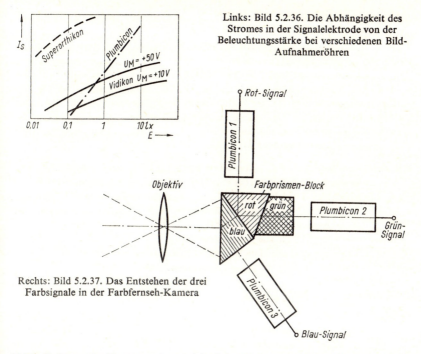

Links: Bild 5.2.36. Die Abhängigkeit des Stromes in der Signalelektrode von der Beleuchtungsstärke bei verschiedenen Bild-Aufnahmeröhren

Rechts: Bild 5.2.37. Das Entstehen der drei Farbsignale in der Farbfernseh-Kamera

Zeit in Ruhe vor der Kamera stehen, erfolgt kein „Einbrennen" des Bildes in die Halbleiterelektrode.

In **Bild 5.2.36** ist der Strom in der Signalelektrode I_s in Abhängigkeit von der Beleuchtungsstärke E für verschiedene Aufnahmeröhren dargestellt. Die Kennlinien zeigen, daß die Spannung der Signalelektrode beim Vidikon als Parameter erscheint. Die Kennlinie des Plumbicons ist sehr linear und unabhängig von der Spannung der Signalelektrode. Ebenso haben Temperaturschwankungen bis etwa 50 °C keinen Einfluß auf die Daten dieser Röhre.

Die Empfindlichkeit s des Plumbicons ist höher als die des Vidikons:

$$s = \frac{\Delta I_s}{\Delta E}$$

I_s ... Strom in der Signalelektrode
E ... Beleuchtungsstärke (5.2.27)

Beim Plumbicon hat der Elektronenstrahl nicht genügend Elektronen, um das Ladungsbild auch an seinen hellsten Stellen zu löschen. Dieser Effekt kann auch beim Superorthikon auftreten, denn beide Röhrenarten tasten das gespeicherte Bild mit einem Elektronenstrahl ab, der aus langsamen Elektronen besteht. Aus diesem Grunde ist es erforderlich, genau die Werte der Studiobeleuchtung einzuhalten. Im Freien ist es oft notwendig, die Beleuchtung der Halbleiterschicht durch Vorsatz von Graufiltern zu verringern.

Da das Plumbicon die geringen Abmessungen des Vidikons, aber nicht dessen Nachteile besitzt, wird es in Farbfernsehkameras eingesetzt. Jede Farbfernsehkamera muß drei Aufnahmeröhren enthalten, da das Farbbild mit Hilfe eines Farbprismen-Blocks in die drei Farbauszüge ROT, GRÜN und BLAU zerlegt wird. Jeder Farbauszug wird von einer eigenen Aufnahmeröhre in ein elektrisches Signal umgewandelt. Erst in der Farbbildröhre werden die drei elektrischen Farb-Signale wieder in optische Signale verwandelt und zu einem Farbbild zusammengesetzt. **Bild 5.2.37** zeigt das Prinzip der Farbzerlegung in einer Farbfernseh-Kamera.

Merke: **Das Superikonoskop liefert sehr scharfe und kontrastreiche Bilder, es ist jedoch sehr unempfindlich. Die Empfindlichkeit des Superorthikons ist infolge der Elektronen-Vervielfachung viel höher, seine Bildqualität ist jedoch weniger gut.**
Das Vidikon hat geringe Abmessungen, es ist besonders empfindlich, aber seine fotoempfindliche Schicht ist sehr träge. Deshalb ergeben schnelle Bewegungsabläufe nur verwaschene Bilder.
Das Plumbicon besitzt die positiven Eigenschaften des Vidikons, außerdem ist seine fotoempfindliche Schicht nicht träge.

5.2.8.4 Signal-Bild-Wandlerröhren

Erhält die Anode einer Röhre eine Öffnung, so können einige der Elektronen, die von der Katode zur Anode hin beschleunigt werden, durch diese Öffnung hindurchgelangen und hinter der Anode geradlinig weiterfliegen. Die Geschwindigkeit, mit der sich diese Elektronen bewegen, wird durch die Ladung des Elektrons $e = 1{,}6 \cdot 10^{-19}$ C, die Masse des Elektrons $m = 9{,}107 \cdot 10^{-28}$ g und die Anodenspannung U_a bestimmt (Abschnitt 5.1.2.1).

Solche Elektronenstrahlen haben nun ähnliche Eigenschaften wie Lichtstrahlen, d. h. sie pflanzen sich geradlinig fort, lassen sich bündeln, zerstreuen, reflektieren, absorbieren und ablenken. Das, was man bei den Lichtstrahlen mit optischen Linsen und Spiegeln macht, wird bei den Elektronenstrahlen mit elektrischen und magnetischen Feldern erreicht.

Bei der *Elektronenstrahl-Sichtröhre*, wie man sie z. B. in Oszillografen und Fernsehgeräten verwendet, muß der durch die Anode hindurchfliegende Elektronenstrahl scharf gebündelt auf einen Leuchtschirm auftreffen. Zum Bündeln benutzt man ein elektronisches Linsensystem gemäß **Bild 5.2.38**. Es besteht aus mehreren zylinderförmigen Anoden, an die verschieden hohe Spannungen angelegt werden. Die Katode hat hier eine ebene Oberfläche, die der Anode zugewandt ist. Um die Katode herum ist eine topfförmige Elektrode angebracht, die an ihrer Stirnseite eine kreisrunde Öffnung hat. Durch diese Öffnung treten die von der Katode emittierten Elektronen aus. Solange diese Elektrode, der Wehnelt-Zylinder — heute meist nur noch Gitter genannt — dasselbe Potential hat wie die Katode, können die meisten der von der Katode emittierten Elektronen durch die Öffnung hindurchgelangen. Gibt man dem Gitter hingegen ein

5.2 Vakuum-Röhren

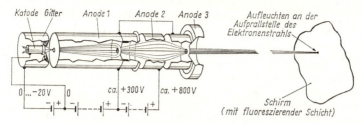

Bild 5.2.38. Schnitt durch einen Elektronenstrahlerzeuger mit elektronischem Linsensystem (Elektronenkanone; nach Valvo)

gegenüber der Katode negatives Potential, so drängt es die aus der Katode austretenden Elektronen mehr oder weniger stark zurück; nur wenige gelangen noch durch die Öffnung des Gitters hindurch. Dadurch verringert sich der Strahlstrom und damit auch die Schirmhelligkeit. Bei genügend großer negativer Spannung des Gitters wird der Strahlstrom überhaupt unterdrückt; der Schirm ist damit dunkel geworden. Mit der Spannung zwischen der Katode und dem Gitter (Wehnelt-Zylinder) kann man also die Schirmhelligkeit solcher Röhren steuern. Der Wehnelt-Zylinder erfüllt demnach die gleiche Aufgabe wie bei Verstärkerröhren das Steuergitter. Deshalb bezeichnet man den Wehnelt-Zylinder heute meist als Gitter 1 (G_1).

Der aus dem Gitter austretende Elektronenstrahl durchläuft nun das elektronische Linsensystem. Dabei laufen die in der Mitte austretenden Elektronen geradlinig durch dieses hindurch und treffen genau in der Mitte auf den Schirm der Röhre auf. Die weiter seitlich austretenden Elektronen haben dagegen einen Verlauf, wie er aus Bild 5.2.38 hervorgeht. Dieses gesamte Strahlerzeugungssystem nennt man oft Elektronenkanone. Man sieht auch hier, wie ähnlich sich Elektronenstrahl und Lichtstrahl verhalten. Dort, wo der Brennpunkt der „elektronischen Linse" liegt (er kann mit der Spannung an der Anode 2 verändert werden), erhält man die schärfste Bündelung des Elektronenstrahls. An dieser Stelle muß sich der Schirm befinden. Auf diesem Schirm ist eine fluoreszierende Schicht aufgebracht, die dort, wo sie von dem Elektronenstrahl getroffen wird, für die Dauer dieses Elektronenbeschusses aufleuchtet. Man kann also mit dem bloßen Auge betrachten, auf welche Stelle des Schirmes der Elektronenstrahl zeigt. Dieser Leuchteffekt ist um so heller, je größer die Anodenspannung U_{a3} und damit die Elektronengeschwindigkeit und je stärker der von der Katode ausgehende Elektronenstrom sind.

Die innen auf dem Schirm aufgebrachte fluoreszierende Schicht gibt es in verschiedenen Farben und mit verschiedenen Nachleuchtzeiten.

Merke: Die Elektronenkanone besteht aus einer Katode, dem Wehnelt-Zylinder – auch Steuergitter genannt – und mehreren Anoden, die als elektronische Linsen den Elektronenstrahl bündeln.

Nach der älteren Typenbezeichnung von Elektronenstrahlröhren gab der zweite Buchstabe die Art des Leuchtschirmes an, z. B. DG 7 – 32. Nach der neuen Bezeichnung

5 Röhren

werden die Buchstaben, die die Schirmart angeben, an das Ende der Röhrenbezeichnung gestellt, z. B. D 7 — 19 GH (Schirmdurchmesser 7 cm).

Gebräuchliche Schirme für Elektronenstrahlröhren und ihre Eigenschaften

neue Bezeichnung	alte Bezeichnung	Schirmfarbe	Nachleuchtdauer	Anwendung
BE	B	blau	mittelkurz 10 µs bis 1 ms	fotografische Registrierung
BA	C	violett	sehr kurz, 1 µs	Radar
GJ/GK	G	grün	mittel 1 ms bis 100 ms	oszill. Betrachtung
GH	H	grün	mittelkurz 10 µs bis 1 ms	oszill. Betrachtung
GE	K	grün	kurz, 1 µs bis 10 µs	Radar
GM	P	blau	lang, 100 ms bis 1 s	oszill. Betrachtung
BF	U	blau	mittelkurz 10 µs bis 1 ms	Fernsehprojektion
W	W	weiß	mittel 1 ms bis 100 ms	Fernsehbetrachtung
YA	Y	gelb	mittel 1 ms bis 100 ms	Fernsehprojektion

Während man zum Betrachten von Oszillogrammen nach Möglichkeit einen augenschonenden, grünleuchtenden Schirm verwendet, benutzt man zum Fotografieren von Oszillogrammen vorzugsweise blauleuchtende Schirme, weil Fotopapiere und Filme blauempfindlich sind. Auch muß beim fotografischen Registrieren von Oszillogrammen die Nachleuchtdauer des Schirmes klein sein.

Die Röhren mit lange nachleuchtenden Schirmschichten werden dort verwendet, wo einmalige Vorgänge beobachtet werden sollen. In abgedunkelten Räumen ist dann das Oszillogramm noch bis zu einer halben Minute auf dem Schirm zu erkennen. Bei Speicherröhren bleibt das Oszillogramm unbegrenzte Zeit erhalten.

Bei der Betrachtung von Fernsehbildern ist eine Färbung des Schirmes unerwünscht. Wie beim Schwarz-Weiß-Kinofilm soll das Bild auch hier die Werte „schwarz" und „weiß" mit sämtlichen Zwischenstufen kontrastreich wiedergeben. Man verwendet hier weiße Schirme.

Die Erzeugung des Elektronenstrahls erfolgt sowohl bei Fernseh-Bildröhren als auch bei Oszillografenröhren auf die gleiche Weise. Die Strahlablenkung wird jedoch bei Fernseh-Bildröhren durch magnetische Felder hervorgerufen, die außerhalb der Röhre in einem ringförmigen Ablenkspulenpaar erzeugt werden, das auf den Röhrenhals aufgeschoben ist.

5.2 Vakuum-Röhren

Genau wie jeder stromdurchflossene Leiter erzeugt auch der Elektronenstrahl ein magnetisches Kraftfeld um sich herum. Schickt man nun solch einen Elektronenstrahl durch ein magnetisches Feld, so erfolgt eine Kraftwirkung zwischen beiden Magnetfeldern wie bei einem stromdurchflossenen Leiter im Magnetfeld. Der Elektronenstrahl wird durch diese Kraft aus seiner Richtung abgelenkt (Abschnitt 5.1.2.1). Die Elektronen laufen innerhalb des magnetischen Feldes auf einer Kreisbahn und fliegen nach dem Verlassen des Magnetfeldes geradlinig weiter, um dann in einem bestimmten Abstand von der Bildmitte auf den Schirm aufzutreffen. Die Auslenkung a_m des Elektronenstrahls hängt von folgenden Größen ab:

von der Flußdichte B des ablenkenden Magnetfeldes in Vs cm^{-2},
von der wirksamen Länge l der Ablenkspulen in cm,
von dem Abstand b des Ablenksystems vom Schirm in cm,
von der Ladung e eines Elektrons in A · s und dessen Masse m in g,
sowie von der Elektronengeschwindigkeit v in cm s^{-1}.

Die Auslenkung ist:

$$a_m = \frac{e}{m} \cdot \frac{B}{v} \cdot l \cdot b \quad \text{in cm} \quad (5.2.28)$$

Die magnetische Flußdichte B, die in dieser Gleichung erscheint, wird durch den

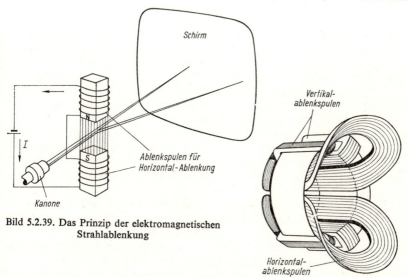

Bild 5.2.39. Das Prinzip der elektromagnetischen Strahlablenkung

Bild 5.2.40. Praktische Ausführung einer Spuleneinheit zur magnetischen Strahlablenkung bei einer Fernseh-Bildröhre

Strom I hervorgerufen, der durch die Ablenkspulen fließt, denn

$$\boxed{B = \mu \cdot H} \quad \text{in } \frac{Vs}{cm^2} \quad \text{und} \quad \boxed{H = \frac{I \cdot N}{l'}} \quad \text{in } \frac{A}{cm} \qquad \begin{array}{l}(5.2.29)\\(5.2.30)\end{array}$$

wobei I in A die Stromstärke, N die Windungszahl der Spule und l' die mittlere Feldlinienlänge in cm sind. Die Auslenkung des Elektronenstrahls ist demnach proportional der Stromstärke in den Ablenkspulen.

In **Bild 5.2.39** ist die magnetische Strahlablenkung vereinfacht dargestellt, **Bild 5.2.40** zeigt eine Ablenkeinheit, wie sie im Fernsehempfänger verwendet wird.

In der Gleichung für die magnetische Strahlablenkung steht auch die Masse der abgelenkten Teilchen. Je größer ihre Masse m ist, um so geringer ist die Ablenkung. In der Fernseh-Bildröhre treten nun außer den Elektronen, welche die Katode der Elektronenkanone emittiert, auch noch Ionen auf. Gasatome, die in jeder Bildröhre vorhanden sind, weil das Evakuieren solcher Röhren mit großem Volumen sehr schwierig ist, werden ionisiert. Diese positiven Ionen fliegen zur Katode und sind nicht weiter gefährlich.

Mit dem Elektronenstrahl fliegen aber negative Teilchen (Ionen), die vermutlich aus der Katode herausgerissen werden. Ihre Masse ist viel größer als die der Elektronen. Deshalb lenkt sie das Magnetfeld weniger ab, und sie prallen an anderen Stellen als die Elektronen auf den Schirm. Die Leuchtschicht wird dadurch an diesen Stellen beschädigt und leuchtet mit der Zeit immer weniger. Diese sogenannten „Ionenflecke" verhindert man bei modernen Bildröhren, indem man auf die Leuchtschicht eine dünne Aluminiumschicht aufdampft. Der Elektronenstrahl kann diese Aluminiumschicht ungehindert durchdringen, aber die Ionen bleiben im Aluminium stecken und können auf diese Weise nicht die Leuchtschicht beschädigen. Gleichzeitig erzielt man durch die Aluminiumschicht eine viel höhere Bildhelligkeit, da sie das Licht, das sonst nach hinten abgestrahlt würde, nun nach vorn reflektiert.

Ältere Bildröhren für magnetische Ablenkung, die den Aluminiumschirm noch nicht hatten, waren mit einer „Ionenfalle" ausgestattet. Durch einen Knick im Strahlsystem wurden die Ionen abgefangen und trafen auf irgendwelche Metallteile auf. Auf diese Weise konnten sie keinen Schaden anrichten. Der Elektronenstrahl mußte von außen durch einen kleinen Dauermagneten in diesem Knick abgelenkt und in die richtige Richtung gebracht werden.

Die Fernseh-Bildröhren sind wegen der magnetischen Ablenkung des Elektronenstrahls einfacher gebaut, sie enthalten einige Elektroden weniger als die Oszillografenröhren mit elektrostatischer Ablenkung. Trotz kurzer Baulängen sind große Ablenkwinkel möglich (bis 110°). Die Schirmdiagonale beträgt bei normalen Bildröhren maximal 75 cm. Die normalen Bildröhren betreibt man mit Anodenspannungen von ca. 14...18 kV. Diese hohen Anodenspannungen bringen eine große Unfallgefahr mit sich! Deshalb ist bei Arbeiten am eingeschalteten Gerät *ganz besondere Vorsicht* geboten. Die Gefahr besteht auch noch, wenn das Gerät abgeschaltet ist, da viele Kondensatoren

5.2 Vakuum-Röhren

dann noch aufgeladen sind. Zwischen den Anschlüssen der aufgeladenen Kondensatoren können noch hohe Spannungen bestehen.

Projektionsröhren mit Schirmdurchmessern zwischen 6 cm und 20 cm benötigen sogar Anodenspannungen bis zu 80 kV.

Weiterhin ist beim Umgang mit Fernseh-Bildröhren zu beachten, daß der Luftdruck, der auf der Oberfläche des Kolbens lastet, sehr groß ist. Jede mechanische Beanspruchung der Röhrenoberfläche, wie z. B. durch Schläge, Kratzer oder einseitige Belastungen, ist deshalb unter allen Umständen zu vermeiden!

Beim Umgang mit Fernseh-Bildröhren sollte auf jeden Fall eine dafür geeignete Schutzbrille aus unzerbrechlichem Material getragen werden, da sich trotz aller Vorsichtsmaßnahmen immer wieder Implosionen von Fernseh-Bildröhren ereignen. Im übrigen sind die Schutzmaßnahmen, die in einem besonderen *Merkblatt* der *Berufsgenossenschaft der Feinmechanik und Elektrotechnik* niedergelegt sind, zu beachten.

Merke: Bei Fernseh-Bildröhren wird der Elektronenstrahl magnetisch abgelenkt. Das Ablenkspulenpaar befindet sich außerhalb der Röhre.

Das Farbfernsehen erfordert besondere Empfänger zur Wiedergabe des farbigen Fernsehbildes. Das farbige Bild wird in einer besonderen *Farbbildröhre* aus den drei Farbsignalen ROT, GRÜN und BLAU zusammengesetzt (vergl. Kap. 5.2.8.3). Unter mehreren verschiedenen Arten von Farbbildröhren hat sich die Lochmasken-Farbbildröhre durchgesetzt, mit der sämtliche Farbfernseh-Empfänger ausgerüstet sind.

Entsprechend ihrer Aufgabe, die drei verschiedenen Farbsignale zu einem Farbbild zusammenzusetzen, enthält die Lochmasken-Farbbildröhre drei Elektronenkanonen, deren Achsen zur Röhrenachse hin geneigt sind, so daß sich die drei Elektronenstrahlen immer in einem Punkt vor dem Bildschirm schneiden (**Bild 5.2.41**). In der Ebene dieser Schnittpunkte befindet sich die *Lochmaske*. Das ist ein Blech mit etwa 400 000 Löchern von 0,25 mm Durchmesser. Der Leuchtschirm enthält etwa 400 000 sogenannte *Farb-*

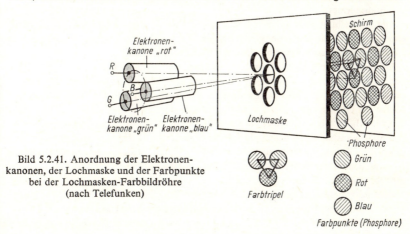

Bild 5.2.41. Anordnung der Elektronenkanonen, der Lochmaske und der Farbpunkte bei der Lochmasken-Farbbildröhre (nach Telefunken)

5 Röhren

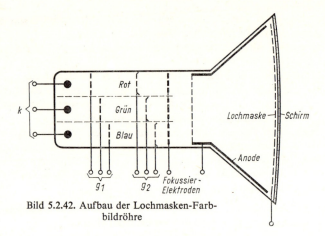

Bild 5.2.42. Aufbau der Lochmasken-Farbbildröhre

tripel, von denen jedes einen *roten*, einen *blauen* und einen *grünen* Phosphorpunkt besitzt. Trifft ein Elektronenstrahl auf einen dieser Phosphorpunkte, so leuchtet dieser in der entsprechenden Farbe.

Durch die leichte Schrägstellung der drei Elektronenkanonen und die vor dem Schirm angeordnete Lochmaske erreicht man, daß der Elektronenstrahl aus der Kanone, der das Rotsignal zugeführt wurde, nur einen roten Phosphorpunkt trifft. Der Strahl der Grün-Kanone trifft nur einen grünen und der Strahl der Blau-Kanone nur einen blauen Phosphorpunkt. So wird jeder Punkt des Farbbildes gleichzeitig (simultan) aus den drei Farbanteilen zusammengesetzt und geschrieben. Wie bei der Schwarz-Weiß-Bildröhre entsteht das gesamte Bild durch gemeinsame vertikale und horizontale magnetische Ablenkung aller drei Elektronenstrahlen über die gesamte Fläche des Bildschirmes.

Die Herstellung einer solchen Lochmaskenröhre ist sehr kompliziert. Es ist leicht einzusehen, daß die Lagen der verschiedenen Farbpunkte, der Lochmaske und der drei Elektronenkanonen genau einander zugeordnet sein müssen.

Die verschiedenfarbigen Phosphore werden nacheinander auf den Schirm aufgebracht. So bringt man z. B. zuerst eine dünne Schicht auf, die nur grüne Phosphore enthält. Danach paßt man die Lochmaske genau ein, und von der Stelle aus, an der später die Grün-Kanone sitzt, wird die Schicht durch die Lochmaske hindurch mit einer UV-Lampe belichtet. Der aufgebrachten Schicht ist ein Lack beigemischt, der an den Stellen aushärtet, an denen die Schicht belichtet ist. Dort bleiben die grünen Phosphore also haften, während sie sich von allen anderen, nicht belichteten Stellen durch Auswaschen wieder entfernen lassen. Danach wird eine Schicht mit roten Phosphoren aufgebracht und von der Stelle aus belichtet, an der später die Rot-Kanone sitzen wird. Das gleiche wiederholt sich noch einmal mit der Schicht, welche die blauen Phosphore enthält. Erst dann baut man die Röhre endgültig zusammen. Um eine hohe Genauigkeit zu erzielen, erfolgt die Belichtung immer durch dieselbe Maske, die man auch

5.2 Vakuum-Röhren

endgültig in die Röhre einbaut. Obgleich dieser Fertigungsprozeß mit größter Sorgfalt durchgeführt wird, ergeben sich doch noch geringe Abweichungen, z. B. beim Einschmelzen der drei Elektronenkanonen, weshalb man die Richtung der drei Elektronenstrahlen außerdem noch von außen durch zusätzliche Magnetfelder korrigieren muß.
Bild 5.2.42 zeigt den prinzipiellen Aufbau der Farbbildröhre. Man sieht, daß sie praktisch drei Schwarz-Weiß-Bildröhren in einem Kolben vereinigt. Die drei Spannungen U_{kg1} steuern die Helligkeit, mit der die entsprechenden Farbpunkte eines Farbtripels leuchten. Das Auge des Betrachters addiert die drei Farbanteile zu einer resultierenden Farbe.

Merke: Die Farbbildröhre ist eine Lochmaskenröhre mit drei Elektronenkanonen. Die Leuchtschicht enthält eine große Anzahl von Farbtripeln, bestehend aus grünen, roten und blauen Farbpunkten.

Die *Oszillografenröhre* ist eine Signal-Bild-Wandlerröhre, die zum Aufzeichnen von Diagrammen, vor allem in der Meßtechnik bestimmt ist.

Das System zur Erzeugung des gebündelten Elektronenstrahls, die Elektronenkanone, ist genauso aufgebaut wie bei der Fernseh-Bildröhre. Während man bei dieser das Bild-Helligkeitssignal als Steuerspannung U_{g1} zwischen Gitter und Katode zuführt, womit man die Helligkeit des gerade wiedergegebenen Bildpunktes bestimmt, wird bei der Oszillografenröhre mit der Gleichspannung U_{g1} die Intensität des Elektronenstrahls, also die Bild-Helligkeit eingestellt. Die Scharfeinstellung des Strahles geschieht durch Verändern der Spannung U_{g3} (Fokussierspannung). Somit ergibt sich für die Oszillografenröhre eine Steuerkennlinie, die den Steuerkennlinien von Verstärkerröhren sehr ähnlich ist (**Bild 5.2.43**).

Die Leuchtdichte B eines Bildschirm-Punktes hängt von der Stärke des Strahlstromes I_s ab. In **Bild 5.2.44** ist die Abhängigkeit des Stromes I_s vom Katodenstrom I_k dar-

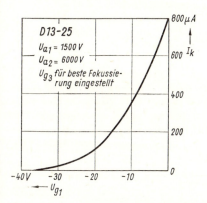

Bild 5.2.43. Steuerkennlinie einer Oszillografenröhre

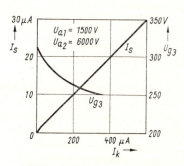

Bild 5.2.44. Die Abhängigkeit des Strahlstromes I_s vom Katodenstrom I_k der Oszillografenröhre

5 Röhren

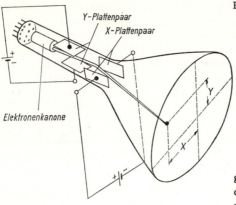

Bild 5.2.45. Grundsätzlicher Aufbau einer Elektronenstrahlröhre mit elektrostatischer Ablenkung (Oszillografenröhre)

gestellt. Parameter sind auch hier die Anodenspannungen U_{a1}; U_{a2} und die Gitterspannung U_{g3}.

Bei der Elektronenstrahlröhre, wie sie in Oszillografen Verwendung findet, wird der Strahl in der Regel mit elektrischen Feldern abgelenkt. Für die horizontale und die vertikale Ablenkrichtung ist je ein Ablenkplattenpaar in der Röhre zwischen Elektronenkanone und Schirm eingebaut, wie es **Bild 5.2.45** zeigt. An jedem Plattenpaar liegt eine Ablenkspannung.

Die Auslenkung des Elektronenstrahles hängt von folgenden Größen ab:

1. von der Anodenspannung U_a in V,
2. von der Ablenkspannung U_d in V, die zwischen den Platten liegt,
3. von der Länge l der Ablenkplatten in cm,
4. von dem Abstand d zwischen den Platten in cm,
5. von dem Abstand b zwischen den Platten und dem Schirm in cm.

Man kann die Auslenkung nach folgender Gleichung errechnen:

$$\boxed{a = \frac{U_d}{U_a} \cdot \frac{l \cdot b}{2 \cdot d}} \quad \text{in cm} \tag{5.2.31}$$

Bild 5.2.46 zeigt diese Größen nochmals für nur *ein* Ablenkplattenpaar. Da sich gleichnamige Ladungen abstoßen, wird der Strahl, der ja aus (negativ geladenen) Elektronen besteht, nach der Platte hin abgelenkt, an welcher der Pluspol der Ablenkspannung liegt. Die konstanten Größen der Gl. (5.2.31) faßt man zum *Ablenkkoeffizienten Ak* zusammen. Dieser Ablenkkoeffizient wird von den Röhrenherstellern für eine bestimmte Anodenspannung angegeben:

$$\boxed{Ak_y = \frac{U_d}{a_y}} \quad \text{in } \frac{\text{V}}{\text{cm}} \qquad \boxed{Ak_x = \frac{U_d}{a_x}} \quad \text{in } \frac{\text{V}}{\text{cm}} \qquad \begin{matrix}(5.2.32)\\(5.2.33)\end{matrix}$$

5.2 Vakuum-Röhren

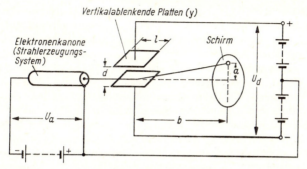

Bild 5.2.46. Das Prinzip der elektrostatischen Ablenkung und die Größen, von denen die Auslenkung des Strahles beeinflußt wird

Darin sind:

Ak_y: der Ablenkkoeffizient für die vertikale Richtung,
Ak_x: der Ablenkkoeffizient für die horizontale Richtung (beide in V/cm),
U_d: die Ablenkspannung in V,
a_y: die Auslenkung in vertikaler Richtung in cm,
a_x: die Auslenkung in horizontaler Richtung in cm.

Der Ablenkkoeffizient gibt somit die Spannung an, die man an die Ablenkplatten anlegen muß, um den Punkt auf dem Schirm einen Zentimeter auszulenken.

Wird die Anodenspannung vergrößert, so steigt der Ablenkkoeffizient im gleichen Verhältnis mit an.

In der Praxis befindet sich das Ablenkplattenpaar für die horizontale Auslenkung näher am Schirm als das Plattenpaar für die vertikale Auslenkung (siehe Bild 5.2.45). Deshalb ist auch der Ablenkkoeffizient für die horizontale Auslenkung größer als der für die vertikale Auslenkung, d. h. man muß an die horizontalen Ablenkplatten eine höhere Spannung anlegen, um den Strahl genauso weit auszulenken wie in vertikaler Richtung.

Um die Helligkeit des Schirmbildes noch zu erhöhen, wird der Elektronenstrahl bei modernen Elektronenstrahlröhren noch einmal beschleunigt, nachdem er das Ablenksystem durchlaufen hat. Zu diesem Zweck wurde der Kolben der Elektronenstrahlröhre ursprünglich innen mit einer leitenden Schicht versehen, an die man eine hohe positive Spannung anlegen konnte. Sobald der Elektronenstrahl aus dem Ablenksystem heraustritt, gelangt er in das elektrische Feld dieser *Nachbeschleunigungsanode* und wird nochmals derart beschleunigt, daß er mit großer Geschwindigkeit auf dem Schirm auftrifft. Der Ablenkkoeffizient wird durch die Nachbeschleunigungsspannung praktisch nicht beeinflußt, die Helligkeit aber beträchtlich erhöht.

Leider konnte man die Spannung dieser Nachbeschleunigungsanode nicht viel höher machen als die Spannung der letzten Anode vor dem Ablenksystem, ohne Gefahr zu laufen, daß der Strahl unerwünscht zusätzlich abgelenkt und dadurch verzerrt wurde. Bei neuen Röhren bildet man die Nachbeschleunigungsanode deshalb als Widerstandswendel aus, deren schirmfernes Ende an eine Spannung gelegt wird, die etwa der Spannung der letzten Anode der Elektronenkanone entspricht, während das schirmnahe Ende der Wendel eine sehr hohe Spannung erhält. So kann man z. B. bei der D 13−45 GH/01 eine Nachbeschleunigungsspannung von etwa 15000 V anlegen.

Bei der Verwendung von Elektronenstrahlröhren für oszillografische Zwecke ist besonders zu beachten, daß das mittlere Potential zwischen den Ablenkplatten gleich dem Potential der letzten Anode der Elektronenkanone sein muß. Beträgt z. B. die Anodenspannung $U_a = 400$ V und die erforderliche Ablenkspannung zwischen den Platten $U_d = 100$ V, so muß die Spannung an der einen Platte 400 V + 50 V = 450 V und an der anderen Platte 400 V − 50 V = 350 V betragen. Da diese Forderung für die Meßpraxis unbequem ist, legt man die letzte Anode auf Massepotential und gibt dafür der Katode eine gegen Masse negative Spannung, wie das in der Schaltung Bild 5.2.46 dargestellt ist.

Bei Reparaturarbeiten am eingeschalteten Oszillografen ist besondere *Vorsicht* geboten, da die spannungführende Katode eine *erhöhte Unfallgefahr* mit sich bringt! Weil bei normalen Verstärkerröhren die Katode gewöhnlich auf Massepotential liegt, denkt man oft nicht daran, daß bei Oszillografenröhren meist eine hohe Spannung zwischen Katode und Masse liegt.

Merke: In Oszillografenröhren erfolgt die Ablenkung des Elektronenstrahls durch elektrische Felder.
Die Ablenkspannungen werden einem horizontalen und einem vertikalen Ablenkplattenpaar in der Röhre zugeführt.

Auch die *Anzeigeröhren* gehören zu der Gruppe der Elektronenstrahlröhren. Sie werden in elektronischen Meßgeräten mit Röhrenbestückung als Nullanzeiger, bei Tonbandgeräten als Aussteuerungsanzeiger und in Rundfunkgeräten als Abstimmanzeiger verwendet. Auch bei diesen Röhren gibt es wieder einen Elektronenstrahlerzeuger, bestehend aus einer Katode und einer Anode. Der Elektronenstrahl wird aber nicht gebündelt, sondern so zerstreut, daß er den Leuchtschirm über seine gesamte Fläche aufleuchten läßt. Zwischen der Anode und der Katode ist bei diesen Röhren eine Elektrode angeordnet, die man *Steuersteg* nennt. Solange zwischen der Anode und dieser Elektrode keine Spannung liegt, wird der Elektronenstrahl nicht beeinflußt. Macht man dagegen diesen Steuersteg gegenüber der Anode negativ, so drängt dieses Potential die Elektronen von dem Steuersteg zurück. Auf dem Leuchtschirm bildet sich ein Schatten, der um so größer ist, je stärker der Steuersteg negativ ist. **Bild 5.2.47** zeigt eine solche Indikatorröhre, die man in dieser Ausführung auch *Magisches Band* nennt.

Daneben gibt es noch „Magische Augen", „Magische Fächer" oder „Magische Striche". **Bild 5.2.48** zeigt den grundsätzlichen Aufbau solcher Röhren. Bei den „Magischen Augen" und den „Magischen Fächern" ist die Anode mit der fluoreszierenden Schicht versehen und wirkt als Leuchtschirm.

5.2 Vakuum-Röhren

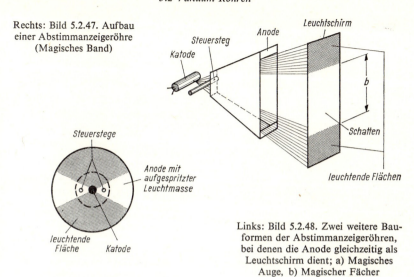

Rechts: Bild 5.2.47. Aufbau einer Abstimmanzeigeröhre (Magisches Band)

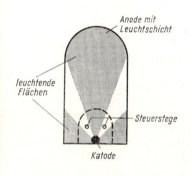

Links: Bild 5.2.48. Zwei weitere Bauformen der Abstimmanzeigeröhren, bei denen die Anode gleichzeitig als Leuchtschirm dient; a) Magisches Auge, b) Magischer Fächer

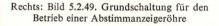

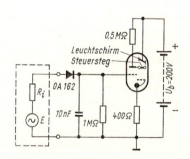

Rechts: Bild 5.2.49. Grundschaltung für den Betrieb einer Abstimmanzeigeröhre

Zum vollen Abdunkeln des Leuchtschirmes wird eine negative Spannung von etwa 60 ... 80 V benötigt. Da diese Spannung nur selten zur Verfügung steht, baut man in der Regel in Abstimmanzeigeröhren ein zusätzliches Triodensystem als Verstärker ein. Die Anode des Triodensystems ist mit dem Steuersteg verbunden. Solche Röhren werden dann in einer Schaltung nach Bild **Bild 5.2.49** betrieben.

Bild 5.2.50 zeigt die Abhängigkeit der Schattenlänge von der negativen Gitterspannung bei einem „Magischen Band".

5 Röhren

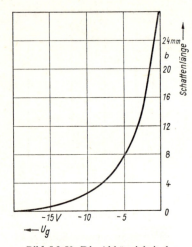

Bild 5.2.50. Die Abhängigkeit der Schattenlänge von der Gitterspannung beim Magischen Band

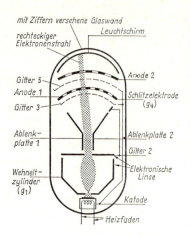

Bild 5.2.51. Der Aufbau einer Elektronenstrahl-Zählröhre (schematische Darstellung)

Elektronenstrahl-Zählröhren kann man zum Zählen rasch aufeinanderfolgender Impulse verwenden. Ein rechteckig geformter Elektronenstrahl, der auf die fluoreszierende Wand der Röhre fällt, wird mit Hilfe eines Ablenkplattenpaares durch jeden Zählimpuls um einen bestimmten Betrag weitergeschoben. Jeder Stellung auf der Glaswand ist eine bestimmte Ziffer zugeordnet.

Zwischen dem Ablenksystem und dem Schirm befindet sich ein geschlitztes Blech, durch das der Strahl hindurchfällt. Dieses Blech ist mit der einen Ablenkplatte verbunden. Solange der Strahl durch eine solchen Schlitz hindurchfällt, hat die mit der Schlitzelektrode verbundene Ablenkplatte positives Potential. Will aber der Strahl nach einer Seite ausweichen, so wird die Platte negativ und führt den Strahl zurück in den Schlitz. Erst ein genügend großer Impuls an der anderen Ablenkplatte ist in der Lage, den Elektronenstrahl zum nächsten Schlitz zu ziehen. **Bild 5.2.51** zeigt Aufbau und Wirkungsweise einer solchen Röhre in vereinfachter Darstellung.

Diese Zählröhren werden in modernen Geräten kaum noch verwendet, da das Ablesen des angezeigten Wertes recht unbequem ist. Außerdem ist der Schaltungsaufwand für die Röhren gegenüber modernen Zähl- und Anzeigeröhren (Abschnitt 5.3.1.5) sehr groß, und die höchste Zählfrequenz ist mit ca. 100 kHz auch nicht besonders hoch.

5.2.8.5 Röntgenröhren

Eine Sonderstellung unter den Elektronenstrahlröhren nehmen die Röntgenröhren ein. Röntgenröhren dienen zur Erzeugung von Röntgenstrahlen, die man heute nicht nur für elektromedizinische Zwecke, sondern auch zur zerstörungsfreien Werkstoff- und Werkstückuntersuchung, also zur Materialprüfung verwendet.

5.2 Vakuum-Röhren

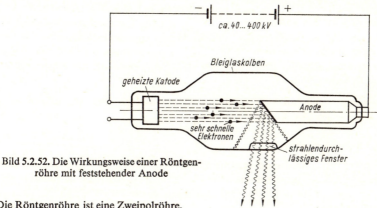

Bild 5.2.52. Die Wirkungsweise einer Röntgenröhre mit feststehender Anode

Die Röntgenröhre ist eine Zweipolröhre, bei der eine direkt geheizte Katode Elektronen emittiert, die mit großer Geschwindigkeit auf eine Anode aufprallen. Die Anodenspannung beträgt hier etwa 40...400 kV. Die hohe Energie der mit großer Geschwindigkeit auf die Anode aufprallenden Elektronen verwandelt sich zum Teil in Wärme, zum großen Teil aber in elektromagnetische Wellen — die Röntgenstrahlen. Da diese Strahlung durch abruptes Abbremsen schnellbewegter Teilchen zustande kommt, nennt man sie auch Bremsstrahlung.

In **Bild 5.2.52** ist eine Röntgenröhre, wie sie in Durchleuchtungsanlagen verwendet wird, im Prinzip dargestellt. Um die beim Elektronenaufprall freiwerdende Wärme abzuführen, befinden sich diese Röhren in einem Ölbehälter. Dieser Behälter besteht aus Blei und ist mit einem Stahlmantel versehen. Dadurch werden die Streustrahlen zurückgehalten.

Die Energie der Röntgenstrahlen und damit ihre Durchdringungsfähigkeit (Härte) steigt mit der angelegten Spannung. Bei hohen Anodenspannungen ist aber auch die freiwerdende Wärmemenge so groß, daß man sie nicht mehr einwandfrei abführen

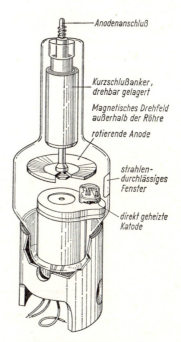

Bild 5.2.53. Schnitt durch eine Röntgenröhre mit Drehanode, wie sie für höhere Leistungen verwendet wird

kann. Deshalb verwendet man Röntgenröhren mit rotierenden Anoden. Der Elektronenstrahl trifft auf den Rand der rotierenden Anode auf und belastet dadurch jeden Punkt der Anode nur kurzzeitig. **Bild 5.2.53** zeigt eine solche Röntgenröhre mit rotierender Anode. Der Antrieb erfolgt durch den Kurzschlußanker eines Elektromotors, der mit im Röhreninnern untergebracht ist; die Motorwicklung befindet sich außerhalb des Röhrenkolbens.

Merke: Röntgenstrahlen entstehen durch den Beschuß einer Metallanode mit sehr schnellen Elektronen.

5.2.9 Laufzeitröhren

In vielen Elektronenröhren steuern elektrische Felder die Dichte des Elektronenstromes. Die von den Elektronen zum Durchlaufen der Steuerstrecke benötigte Zeit ist sehr klein. In einem großen Frequenzbereich ist die Periodendauer der steuernden Wechselspannung daher viel größer als die Laufzeit der Elektronen **(Bild 5.2.54)**. Das Steuerfeld hat in diesem Fall für die Elektronen die Eigenschaft eines Gleichfeldes. Die während der Durchlaufzeit auftretende Feldstärkeänderung ist bei diesem *quasistationären Feld* vernachlässigbar klein.

Beim Übertragen von Nachrichten mit Richtfunkstrecken, in der Radartechnik und in vielen anderen Bereichen der Elektronik benötigt man elektromagnetische Wellen sehr hoher Frequenz. Der zugehörige Frequenzbereich beginnt etwa bei einem Gigahertz. Die Laufzeit der Elektronen erreicht jetzt die Größenordnung einer Periode der steuernden Höchstfrequenzwechselspannung. Ein Verringern der Elektronenlaufzeit

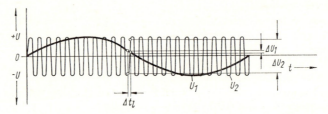

5.2.54.1. Gesamtdarstellung

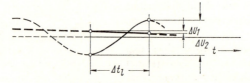

5.2.54.2. Zeitachse gedehnt

Bild 5.2.54. Spannungsänderung ΔU während der Elektronenlaufzeit Δt_l bei Steuerspannungen verschiedener Frequenz

5.2 Vakuum-Röhren

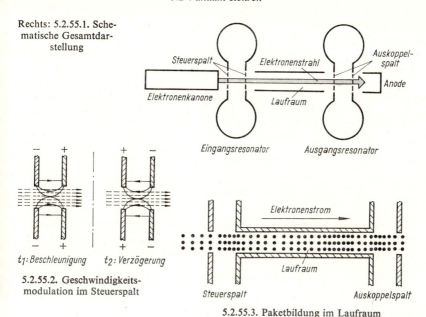

Rechts: 5.2.55.1. Schematische Gesamtdarstellung

5.2.55.2. Geschwindigkeitsmodulation im Steuerspalt

5.2.55.3. Paketbildung im Laufraum

Bild 5.2.55. Laufzeitröhre Klystron

durch Erhöhen der Spannung oder durch Verkürzen der Elektrodenabstände ist jedoch nur bis zu einer bestimmten Grenze möglich. Die Dichte des Elektronenstromes läßt sich nicht mehr mit herkömmlichen Mitteln steuern. Da sich die Feldstärke während der Durchlaufzeit erheblich ändert, erfährt ein Elektron auf dem Weg von der Anode zur Katode Beschleunigungen wechselnder Größe und Richtung.

Das *Klystron* nutzt die Laufzeit der Elektronen zu Steuerzwecken. Eine Elektronenkanone erzeugt eine dünnen Strahl aus Elektronen gleicher Geschwindigkeit. Das im Steuerspalt wirksame elektrische Wechselfeld hoher Frequenz verzögert oder beschleunigt diesen Elektronenstrahl **(Bild 5.2.55)**. Während beispielsweise die zum Zeitpunkt t_1 beschleunigten Elektronen in den Laufraum hineinfliegen, ändert sich die Richtung des Steuerfeldes. Die zum Zeitpunkt t_2 verzögerten Elektronen erreichen den Eingang des Laufraumes daher mit einer kleineren Geschwindigkeit. Im Laufraum können die schnelleren Elektronen die langsameren einholen und überholen. Es bilden sich Elektronenpakete. Die Dichte der im Auskoppelspalt gruppenweise eintreffenden Elektronen schwankt im Rhythmus der Steuerspannung. Das Einkoppeln und das Auskoppeln erfolgt meist über Schwingkreise (Hohlraumresonatoren). Wenn man das dichtemodulierte und verstärkte Signal in der richtigen Phasenlage vom Ausgang auf den Eingang zurückkoppelt, entsteht ein Schwingungserzeuger. Im *Reflexklystron* er-

5 Röhren

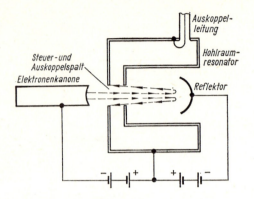

Bild 5.2.56. Reflexklystron, schematisch

reicht man diesen Effekt durch Richtungsumkehr der dichtegesteuerten Elektronen im gegengerichteten Gleichfeld eines Reflektors (**Bild 5.2.56**). Steuerstege und Ausgang erhalten ihre Energie aus einem gemeinsamen Resonatorraum.

Merke: In Laufzeitröhren ändert sich das Steuerfeld erheblich innerhalb der Laufzeit eines Elektrons.

5.2.10 Wiederholung, Abschnitt 5.2

1. Weshalb baut man Röhren für netzbetriebene Geräte mit indirekt geheizter Katode?
2. Was bedeuten die Buchstaben E, U und P, wenn sie am Anfang der Röhrenbezeichnung stehen?
3. In welchem Gebiet der Diodenkennlinie arbeitet man bei einer Gleichrichterschaltung?
4. Wovon hängt die Anzahl der emittierten Elektronen ab?
5. Skizziere eine Diode, die mit ihrem Lastwiderstand in Reihe geschaltet ist! An welchem Anschluß des Lastwiderstandes liegt der positive Pol der Verbraucherspannung?
6. Skizziere eine Diode, die parallel zum Lastwiderstand geschaltet ist! Wo liegt jetzt der positive Pol der Verbraucherspannung? Begründe die Antwort!
7. Wie hoch muß die Sperrspannung einer Gleichrichterröhre mindestens sein?
8. Weshalb ist bei manchen Gleichrichterröhren für das Anlegen der Anodenspannung eine Wartezeit vorgeschrieben?
9. a) Wie ist die Triode aufgebaut?
   b) Wodurch läßt sich der Elektronenstrom in der Röhre steuern?
10. a) Wie heißen die elektrischen Größen der Triode, die sich gegenseitig beeinflussen?
    b) Welche Kennlinienfelder muß man kennen, um den Einfluß dieser elektrischen Größen beurteilen zu können?

5.2 Vakuum-Röhren

11. Was besagen folgende Kenngrößen der Röhre:
    a) die Steilheit,
    b) der Durchgriff,
    c) der Innenwiderstand?
12. a) Wie lautet die Barkhausen'sche Röhrengleichung?
    b) Wozu verwendet man diese Gleichung?
13. Weshalb ist die dynamische Steilheit der Triode viel geringer als ihre statische Steilheit?
14. Wovon hängt die tatsächliche Verstärkung der Triode ab?
15. Wodurch kann man den Einfluß der Anodenspannung auf die emittierten Elektronen stark herabsetzen?
16. Erkläre den Sekundärelektronen-Effekt in der Tetrode!
17. Wodurch kann man den Sekundärelektronen-Effekt verhindern?
18. Weshalb ist bei einer Pentode
    a) der Durchgriff so gering,
    b) die dynamische Steilheit ungefähr gleich der statischen?
19. Was ändert sich an den Pentoden-Kennlinien, wenn man den Parameter „Schirmgitterspannung" vergrößert?
20. Wovon hängt die tatsächliche Verstärkung der Pentode ab?
21. a) Welche Aufgabe haben Regelpentoden?
    b) Wie unterscheiden sich ihre Kennlinien von denen normaler Pentoden?
22. a) Welche Aufgaben haben Endpentoden?
    b) Wodurch unterscheiden sie sich im Aufbau von normalen Pentoden?
23. Wie ermittelt man bei einer Röhre
    a) die aufgenommene Leistung,
    b) die Nutzleistung,
    c) den Wirkungsgrad?
24. Vergleiche die Röhrenkapazitäten von Triode und Pentode!
25. Was bedeuten folgende Buchstaben, wenn sie an zweiter oder höherer Stelle in den Röhrenbezeichnungen stehen: F; L; C; B; H; A; Y; Z; CC; CF; CL; CH; BC; LL; FL?
26. Beschreibe Aufbau und Wirkungsweise einer Hochvakuum-Fotozelle!
27. a) Wie unterscheidet sich die gasgefüllte Fotozelle von der Hochvakuum-Fotozelle in der Wirkungsweise?
    b) Worin unterscheiden sich die Kennlinien dieser Fotozellen?
28. Beschreibe Aufbau und Wirkungsweise eines Foto-Vervielfachers?
29. a) Wie ist eine Infrarot-Bildwandlerdiode aufgebaut?
    b) Wozu verwendet man solche Röhren?
30. Das Prinzip der Umwandlung von optischen Bildern in elektrische Signale ist bei allen Fernseh-Aufnahmeröhren gleich.
    a) Wie erfolgt die Umwandlung der Bilder in elektrische Signale prinzipiell?
    b) Welche Teile sind demzufolge in allen Fernseh-Aufnahmeröhren zu finden?
31. Wie ist eine Farbfernseh-Kamera aufgebaut?

32. Wie wird der scharf gebündelte Elektronenstrahl in einer Signal-Bild-Wandlerröhre erzeugt?
33. a) Wie wird der Elektronenstrahl in Fernseh-Bildröhren abgelenkt?
    b) Von welchen Faktoren hängt die Auslenkung des Elektronenstrahles ab?
34. Weshalb wird bei modernen Bildröhren der Schirm mit einer dünnen Aluminiumfolie hinterlegt?
35. Weshalb ist bei Arbeiten am eingeschalteten Fernseh-Empfänger besondere Vorsicht geboten?
36. Beschreibe den Aufbau und die Wirkungsweise der Farbbildröhre!
37. Weshalb sind bei der Farbbildröhre außer dem normalen Ablenkspulenpaar zur Strahlablenkung noch weitere Magnete und Spulen erforderlich?
38. a) Wie wird der Elektronenstrahl bei Oszillografenröhren abgelenkt?
    b) Von welchen Faktoren hängt die Auslenkung des Elektronenstrahles ab?
39. Wie wird die Helligkeit des Schirmbildes bei modernen Oszillografenröhren noch weiter erhöht?
40. a) Beschreibe die Wirkungsweise einer Anzeigeröhre (magisches Band)!
    b) Warum findet man in modernen Geräten anstelle der Anzeigeröhren immer häufiger Drehspulinstrumente?
41. a) Wodurch unterscheiden sich Röntgenstrahlen von anderen Strahlen (Lichtstrahlen, UV-Strahlen, Wärmestrahlen)?
    b) Wie erzeugt man Röntgenstrahlen?
42. Warum bilden sich im Laufraum des Klystrons Elektronengruppen?
43. Worin unterscheidet sich das Reflexklystron vom einfachen Klystron?

5.3 Gasentladungsröhren (Ionenröhren)

5.3.1 Glimmröhren

5.3.1.1 Glimmanzeigeröhren

Glimmlampen nutzen das an der Katode durch Anregen der Gasatome entstehende Glimmlicht zu Signalzwecken. Mit geeigneten Gassorten und kleinen Elektrodenflächen erhält man auch bei sehr kleinen Strömen eine hell leuchtende Anzeige. Der strombegrenzende Vorwiderstand ist meist im Sockel der Glimmlampe eingebaut. Beim Anschluß an Wechselspannung überziehen sich die beiden Elektroden abwechselnd mit Glimmlicht. Bei der Netzfrequenz $f = 50$ Hz folgen die Halbwellen mit umgekehrtem Vorzeichen so rasch aufeinander, daß scheinbar Katode und Anode dauernd mit Glimmlicht überzogen sind. Das übliche Typenprogramm der Hersteller umfaßt Leistungen von einigen zehntel Watt bis etwa 5 Watt.

In *Anzeigeröhren* sind mehrere Katoden aus Draht als Ziffern oder Zeichen geformt (**Bild 5.3.1**). Die einzelnen Drahtkatoden sind senkrecht oder parallel zur Röhrenachse hintereinander gestaffelt. Die gemeinsame netz- oder topfförmige Anode läßt, je nach Röhrentyp frontal oder seitlich, die Sicht auf alle Katoden frei. Die Glimmhaut der

5.3 Gasentladungsröhren

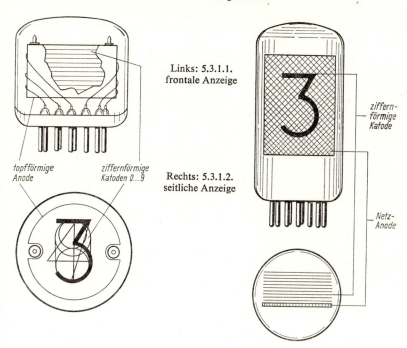

Links: 5.3.1.1. frontale Anzeige

Rechts: 5.3.1.2. seitliche Anzeige

Bild 5.3.1. Glimm-Ziffernanzeigeröhren, schematisch

Bild 5.3.2. Grundschaltung einer Anzeigeröhre mit npn-Steuertransistoren

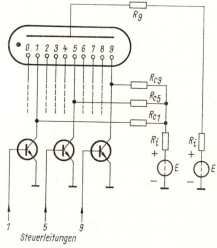

angesteuerten Katode hat einen im Vergleich zur Drahtdicke großen Durchmesser. Aus einiger Entfernung ist daher nur das leuchtende Zeichen zu erkennen (Bild 5.3.1).
Zum Ansteuern von Anzeigeröhren verwendet man elektronische Schalter, z. B. Transistoren **(Bild 5.3.2)**. Erhält beispielsweise der zur Ziffer 1 gehörende npn-Transistor über die Basis eine Steuerspannung, so verringert die Strecke Emitter — Kollektor ihren Widerstand. Der vom Kollektorstrom in R_{c1} hervorgerufene Spannungsabfall verringert die positive Vorspannung der Katode 1 so weit, daß die betreffende Glimmstrecke zünden kann. Die positive Vorspannung vermeidet an den nicht benutzten Katoden ein unerwünschtes Nebenglimmen. Die Glimmentladung über die nicht vollständig sperrenden Transistoren würde den Kontrast der Anzeige erheblich verschlechtern.

Heute benutzt man die beschriebenen Bauelemente in großem Umfang zum digitalen Anzeigen von Meß-, Zähl- und Rechenergebnissen.

Merke: Glimmlampen und Anzeigeröhren nutzen das Licht der durch Gasentladung angeregten Atome.

5.3.1.2 Glimmstabilisatorröhren

Die Brennspannung von Glimmröhren ist in einem größeren Strombereich nahezu konstant (Bild 5.1.11). Diese Eigenschaft nutzt man zum Stabilisieren von Spannungen.

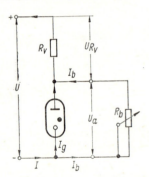

Bild 5.3.3. Grundschaltung einer Glimmstabilisatorröhre

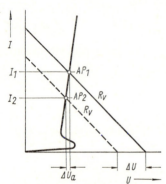

Bild 5.3.4. Spannungsstabilisierung, Ausgang unbelastet

Der durch den Vorwiderstand R_v fließende Strom I verzweigt sich am Ausgang der Grundschaltung in die Teilströme I_g und I_b **(Bild 5.3.3)**. Die Stabilisatorröhre reagiert auf eine Schwankung der Eingangsspannung U oder des Laststromes I_b innerhalb ihres Arbeitsbereiches mit einer großen Stromänderung.

Verringert sich beispielsweise die Eingangsspannung, so geht auch die Brennspannung geringfügig zurück. Der Teilstrom I_g nimmt stark ab. Der nun kleinere Gesamtstrom verursacht am Vorwiderstand einen kleineren Spannungsabfall, der den

5.3 Gasentladungsröhren

Rückgang der Eingangsspannung weitgehend ausgleicht. Der beschriebene Vorgang läßt sich grafisch darstellen (**Bild 5.3.4**). In der unbelasteten Stabilisierungsschaltung fließt der Strom I_1 durch den Vorwiderstand und durch die Stabilisatorröhre. Die Kennlinien der beiden Bauelemente schneiden sich im Arbeitspunkt AP_1. Verringert sich die Eingangsspannung, so rückt der Fußpunkt der Widerstandsgeraden um den Betrag ΔU nach links. Der zugehörige Arbeitspunkt AP_2 kennzeichnet den neuen Strom I_2 und die zugehörigen Spannungsabfälle. Zu einem großen Spannungsrückgang ΔU gehört nur eine kleine Abnahme der Ausgangsspannung um den Betrag ΔU_a.

Erhöht man den Laststrom, so ändert sich die Stromteilung zwischen Lastwiderstand und Stabilisatorröhre. Die Brennspannung geht geringfügig zurück, der Strom I_g verringert sich stark. Der Gesamtstrom und damit auch der Spannungsabfall am Widerstand R_v behalten etwa den ursprünglichen Wert bei. Die Ausgangsspannung vermindert sich nur wenig.

Die Ausgangsspannung einer Stabilisator-Grundschaltung ist gleich der Brennspannung und liegt in der Größenordnung von 100 Volt. Beim Stabilisieren von höheren Spannungen verteilt man diese auf mehrere Glimmstrecken. Dies ist beispielsweise durch Hintereinanderschalten mehrerer Einzelröhren möglich.

In der Meß- und Regeltechnik benötigt man zu Vergleichszwecken oft Spannungen mit hoher zeitlicher Konstanz. Diese Vergleichsspannungen erzeugt man mit geeigneten Halbleiter-Bauelementen (Abschnitt 6.2.3.2) oder mit *Vergleichsspannungsröhren*. Es handelt sich hierbei um Stabilisatorröhren, deren elektrische Eigenschaften durch besonders reines Katodenmaterial und Füllgas über lange Zeit hinweg gleichbleiben.

Merke: **Glimmstabilisatorröhren reagieren im Betriebsbereich auf eine kleine Spannungsänderung mit einer großen Stromänderung.**

5.3.1.3 Glimmrelaisröhren (Relaisröhren)

Relaisröhren sind steuerbare elektronische Schalter. Sie besitzen im einfachsten Fall eine „kalte" Katode, eine Anode und eine Starterelektrode in unmittelbarer Nachbarschaft der Katode (**Bild 5.3.5**). Grundsätzlich können zwischen beliebigen Elektroden Glimmentladungen zünden. Die für das Zünden der Strecken Katode — Anode und Katode — Steuerelektrode notwendigen Mindestspannungen liegen auf der Zündkennlinie (**Bild 5.3.6**). Für alle Spannungen *innerhalb* der Zündschleife sperrt die Relaisröhre. Meist ist der Betrieb nur mit positiven Werten für U_{ak} und U_{stk} erlaubt.

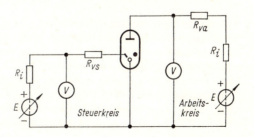

Bild 5.3.5. Relaisröhre, Grundschaltung zur Aufnahme der Zündkennlinie

5 Röhren

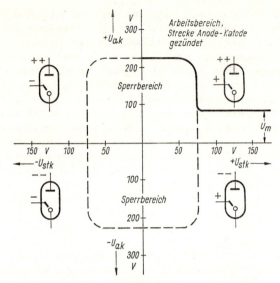

Bild 5.3.6. Zündkennlinie einer Relaisröhre, prinzipieller Verlauf

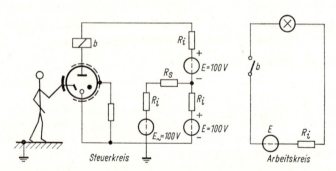

Bild 5.3.7. Elektronischer Druckschalter, Grundschaltung

Ein Steuerimpuls mit sehr kleinem Strom genügt, um die Hilfsentladung zwischen Katode und Starter zu zünden. Hierdurch erhöht sich die Zahl der Ladungsträger im Röhrengefäß so stark, daß die Hauptentladungsstrecke Katode — Anode zünden kann. Hierzu ist allerdings eine bestimmte Mindestspannung U_m erforderlich (Bild 5.3.6). Der nach dem Zünden sprunghaft ansteigende Anodenstrom entspricht der Schalterstellung „EIN". Die Glimmentladung läßt sich nicht mehr durch die Hilfselektrode steuern; sie erlischt wie bei allen Glimmstrecken erst, wenn man die Anodenspannung kurzzeitig unter den Wert der Löschspannung absenkt.

5.3 Gasentladungsröhren

Beim *elektronischen Druckschalter* ist der Starter mit einer außen angebrachten Berührungselektrode verbunden **(Bild 5.3.7)**. Diese Außenelektrode erhält beim Berühren Erdpotential. Die Wechselspannung treibt jetzt einen sehr kleinen Strom durch den Steuerkreis, der die Röhre zündet. Der Schutzwiderstand R_s begrenzt den Steuerstrom auf einen ungefährlichen Wert. Der Widerstand R_s ist sehr groß gegenüber dem Körperwiderstand des Menschen. Deshalb bleibt der zwischen Erde und Starter wirksame Widerstand praktisch ohne Einfluß auf den Steuerstrom. Die Röhre zündet sicher beim Berühren der Taste. Das Glimmlicht an der Katode des gezündeten Schalters liefert die Betriebsanzeige. Der Schirm um die Röhre liegt auf Katodenpotential; er verhindert unerwünschte Steuereinflüsse, z. B. durch Streufelder. Elektronische Druckschalter verwendet man zum kontaktlosen Steuern von Aufzügen und Maschinen.

Die beschriebenen Relaisröhren lassen sich praktisch leistungslos steuern. Die für das Zünden erforderliche Steuerspannung ist vergleichsweise hoch (Bild 5.3.6). Das Glimmthyratron vermeidet diesen Nachteil.

5.3.1.4 Glimmthyratrons

Eine ständig brennende Hilfsentladung erzeugt Ladungsträger und erleichtert damit das Zünden der Hauptstrecke **(Bild 5.3.8)**. Das elektrische Feld zwischen Katode K und Steuergitter G wirkt dem Beschleunigungsfeld zwischen Katode und Anode ent-

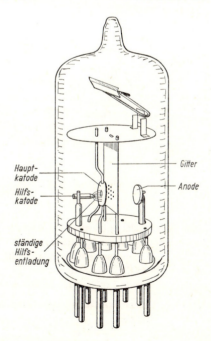

Bild 5.3.8. Aufbau eines Glimmthyratrons

5 Röhren

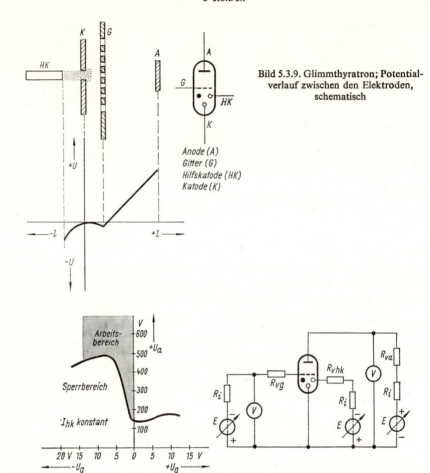

Bild 5.3.9. Glimmthyratron; Potentialverlauf zwischen den Elektroden, schematisch

Anode (A)
Gitter (G)
Hilfskatode (HK)
Katode (K)

Bild 5.3.10. Zündkennlinie eines Thyratrons mit Grundschaltung zur Kennlinienaufnahme

gegen. Die mit der Hilfsentladung erzeugten Elektronen fliegen auf die Katode zu, da diese positiv gegenüber der Hilfskatode ist **(Bild 5.3.9)**. Sie können die Öffnung in der Katode jedoch nur dann passieren, wenn die Saugwirkung der Anode stärker ist als die gegengerichtete Kraft des Steuerfeldes. Die zum Zünden notwendige Anodenspannung wächst daher beim Erhöhen der negativen Gitterspannung **(Bild 5.3.10)**.

Merke: Glimmrelaisröhren und Glimmthyratrons sind steuerbare elektronische Schalter.

5.3.1.5 Glimmzählröhren

Die Katoden gruppieren sich kreisförmig um eine konzentrische Anode (**Bild 5.3.11**): Zehn Hauptkatoden für die Ziffern Null bis Neun und zehn Hilfskatoden zum Weiterschalten der Zählimpulse. Beim Anlegen der Betriebsspannung zündet zunächst die Strecke $\overline{K_0A}$ (**Bild 5.3.12**). Hierbei verringert sich die Anodenspannung durch den

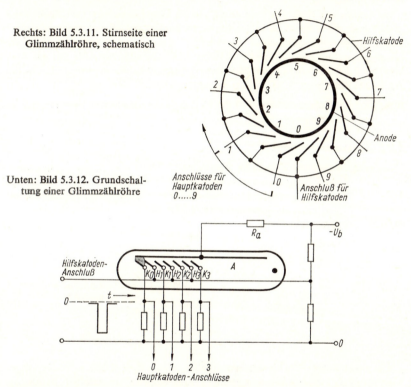

Rechts: Bild 5.3.11. Stirnseite einer Glimmzählröhre, schematisch

Unten: Bild 5.3.12. Grundschaltung einer Glimmzählröhre

Spannungsabfall am Widerstand R_a so stark, daß die übrigen Glimmstrecken nicht zünden können. Das Glimmlicht der Katode K_0 zeigt jetzt den Zählerstand „Null" an. Ein Spannungsteiler verringert die Betriebsspannung für alle Hilfskatoden so stark, daß diese unter normalen Bedingungen ebenfalls nicht zünden können.

Der negative Impuls mit genügend großer Amplitude am gemeinsamen Anschluß der Hilfskatoden drückt deren Potential unter das Potential der Hauptkatoden. Die zwischen K_0 und K_1 liegende Hilfsanode H_1 zündet, weil ihre Entladungsstrecke durch die in der Nachbarschaft brennende Glimmentladung vorionisiert ist. Da nun der Anodenstrom ansteigt, verringert sich die Anodenspannung so lange, bis die Entladung der Strecke $\overline{H_1A}$ erlischt. Beim Impulsende sinkt die Spannung zwischen den

Hilfskatoden und der Anode unter die Löschspannung ab. Wenn die Strecke $\overline{H_1A}$ erlischt, verringert sich der Anodenstrom. Die Anodenspannung erhöht sich in dem Maße, wie der Spannungsabfall an R_a abnimmt. Sie erreicht schließlich den zum Zünden einer Hauptstrecke erforderlichen Wert. Jetzt zündet die Strecke $\overline{K_1A}$, weil ihr Entladungsraum durch die Nachbarschaft der vorher brennenden Glimmstrecke $\overline{H_1A}$ vorionisiert ist.

Ein Impuls am Hilfskatodenanschluß hat die Glimmentladung vom Zählerstand „Null" über die Hilfskatode H_1 in den neuen Zählerstand „Eins" übergeführt. Der Katodenstrom einer gezündeten Hauptstrecke verursacht einen Spannungsabfall am betreffenden Katodenwiderstand und liefert damit ein elektrisches Signal, das Auskunft über den Zählerstand gibt. Mit diesem Lesesignal könnte man beispielsweise die zugehörige Ziffer einer Anzeigeröhre ansteuern.

Merke : Mit Glimmzählröhren läßt sich die Anzahl der eintreffenden Impulse speichern und anzeigen.

5.3.2 Edelgassicherungen

Sicherungen schützen Leitungen, Bauelemente, Geräte und Anlagen gegen unzulässig hohe Ströme oder Spannungen. *Überstromsicherungen* unterbrechen den Stromkreis, wenn die Stromstärke den Nennwert der Sicherung einige Zeit übersteigt. Diese Bauelemente sind meist als Schmelzsicherung oder als thermo-magnetisch gesteuerter Sicherungsautomat ausgeführt.

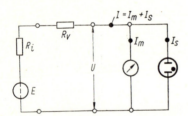

Bild 5.3.13. Edelgassicherung als Überspannungsschutz

Gasentladungsstrecken verwendet man neben anderen Bauelementen als Schutz gegen Überspannung. *Überspannungssicherungen* sind dem zu schützenden Bauelement *parallel geschaltet* (Bild 5.3.13). Die Edelgassicherung zündet, wenn die Spannung U den höchstzulässigen Wert überschreitet. Der Gesamtstrom I erhöht sich um den Anteil I_s. Der anwachsende Spannungsabfall an R_i und R_v verringert die Klemmenspannung U.

Merke : Edelgassicherungen schützen Bauelemente vor unzulässig hohen Spannungen.

5.3.3 Elektronische Blitzröhren

Der rohrförmige Röhrenkolben aus Hartglas oder Quarzglas ist mit Edelgas (z. B. Xenon) gefüllt. Anode und Katode sind an den Rohrenden eingeschmolzen. Die Zünd-

5.3 Gasentladungsröhren

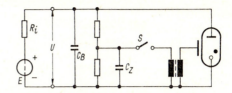

Bild 5.3.14. Grundschaltung einer elektronischen Blitzröhre

elektrode ist als Draht wendelförmig um die Röhre gewickelt, als Silberstrich eingebrannt oder als durchsichtige, leitende Schicht aufgebracht.

Ein Hochspannungsimpuls an der Zündelektrode löst für den Bruchteil einer Sekunde eine Bogenentladung zwischen Anode und Katode aus. Hierbei entsteht ein intensiver Lichtblitz, dessen Lichtanteile wie das Tageslicht einen großen Wellenbereich überstreichen. Die zum Zünden notwendige Hochspannung gewinnt man mit einem Transformator (**Bild 5.3.14**). Der Blitzkondensator (C_B) liefert die zur Bogenentladung notwendige Energie. Seine Spannung unterschreitet schon nach sehr kurzer Zeit den Wert der Löschspannung, weil ein hoher Strom fließt.

Elektronische Blitzröhren dienen heute in großem Umfang als künstliche Lichtquelle beim Fotografieren. — Im Lichtblitzstroboskop schaltet ein elektronisches Stromtor (Thyratron oder Thyristor) den Zündimpuls mit einer Frequenz bis zu 2000 Hz. Die Blitzröhre zündet periodisch in schneller Folge. Ein rotierender Flügel steht scheinbar still, wenn die Blitzfrequenz ganze Vielfache oder Teile der Umdrehungsfrequenz erreicht. In Wirklichkeit beleuchtet der Elektronenblitz den Flügel nur jeweils in der gleichen Umlaufstellung. Dieser *stroboskopische Effekt* ermöglicht das Messen von Drehzahlen und das Beobachten periodisch schnell bewegter Teile.

Merke: Elektronische Blitzröhren liefern beim Zünden intensive Lichtblitze mit tageslichtähnlichem Spektrum.

5.3.4 Strahlungszählröhren (Geiger-Müller-Zählrohre)

Ein abgeschlossenes Metallrohr enthält Edelgas unter niedrigem Druck (**Bild 5.3.15**). Dieses Röhrengefäß dient gleichzeitig als Katode. Die drahtförmige Anode ist zentrisch eingebaut und vom Metallrohr isoliert. Die radioaktive Strahlung gelangt durch ein Glimmerfenster oder durch den Röhrenkolben in den Entladungsraum. Zwischen Anode und Katode liegt eine Gleichspannung in der Größenordnung von 1000 Volt.

Die Entladungsstrecke zündet, wenn die Energie der eintreffenden Wellen- oder Teilchen-Strahlung einen Teil der Gasatome ionisiert. Mit einem geeigneten Halogenzusatz (z. B. Chlor) erreicht man, daß die beginnende Gasentladung schon nach Bruchteilen einer Sekunde selbsttätig erlischt. Der kurzzeitig lawinenartig ansteigende Strom erzeugt am Widerstand R_a einen Spannungsimpuls. Das Zählrohr kann schon kurze Zeit nach Abgabe eines Impulses wieder von neuem ein Teilchen oder ein Energiequant aufnehmen. Die Zahl der je Zeiteinheit erzeugten Zählimpulse ist ein

5 Röhren

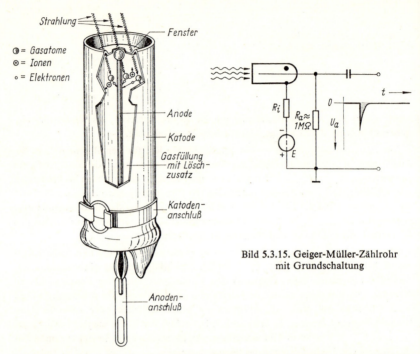

Bild 5.3.15. Geiger-Müller-Zählrohr mit Grundschaltung

Maß für die Intensität der eintreffenden Strahlung. Das Auswerten der verstärkten Meßsignale geschieht im einfachsten Fall akustisch mit einem Lautsprecher.

Merke: Strahlungszählröhren liefern unter dem Einfluß radioaktiver Strahlen elektrische Impulse.

5.3.5 Gasentladungsröhren mit heißer Katode

Die Leistungselektronik verwendet diese Bauelemente zum gesteuerten oder ungesteuerten Gleichrichten von Wechselströmen. Im Gleichrichter fließt nur dann ein Strom, wenn die Anode positiv gegenüber der Katode ist. Bei umgekehrter Polarität sperrt das Bauelement. Die in Sperrichtung höchstzulässige Spannung ist um so kleiner, je mehr der geforderte Arbeitsstrom anwächst. Diese Eigenschaft ist allen Stromrichtertypen gemeinsam.

5.3.5.1 Quecksilberdampf-Stromrichter

Positive Ionen prallen auf den Quecksilberteich der Katode. Die in Wärme umgesetzte Bewegungsenergie erhitzt die Katode so stark, daß sie Elektronen emittieren kann. Gleichzeitig verdampft etwas Quecksilber. Aus neutralen Quecksilberatomen und beschleunigten Elektronen entstehen neue Ladungsträger durch Stoßionisation.

5.3 Gasentladungsröhren

Bild 5.3.16. Ignitron im Schnitt

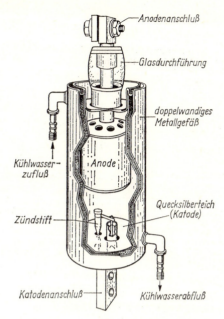

Quecksilberdampf-Stromrichteranlagen erreichen Arbeitsströme bis etwa 5 kA und Spannungen bis etwa 100 kV.

Für das ungesteuerte Gleichrichten von Wechselströmen verwendet man seit einigen Jahren vorzugsweise Halbleiter-Leistungsgleichrichter aus Silizium (Abschnitt 6.2.3.1).

Im *Ignitron*[1]) taucht ein Zündstift aus Borkarbid einige Millimeter in den Quecksilberteich hinein **(Bild 5.3.16)**. Liegt zwischen Katode und Zündelektrode eine Spannung, so entsteht an der Berührungsstelle ein kleiner Lichtbogen. Das Ignitron zündet jetzt, wenn die Anode gegenüber der Katode positiv ist. Der beschriebene Vorgang wiederholt sich in jeder positiven Halbwelle, weil die Gasentladung in der Nähe des Nulldurchgangs erlischt. In Widerstandsschweißmaschinen schalten Ignitrons sehr hohe Ströme für kurze Zeiten und erreichen dabei Schaltleistungen bis zu 5 MVA.

Die flüssige Katode erfordert bei allen Quecksilberdampfröhren senkrechten Einbau.

Merke: Das Ignitron ist ein steuerbarer elektronischer Schalter mit Quecksilberkatode.

5.3.5.2 Thyratrons (Stromtore)

Ein Röhrengefäß aus Glas ist mit Edelgas, Quecksilberdampf oder einem Gemisch aus beiden gefüllt **(Bild 5.3.17)**. Die indirekt beheizte Katode emittiert Elektronen. Mit einem oder mit mehreren Gittern läßt sich die für das Zünden der Gasentladung zwischen Anode und Katode notwendige Spannung steuern. Wenn am Steuergitter eine

---

[1]) ignitor (engl.) = Zündstift

Rechts: Bild 5.3.17. Schnitt durch ein Hochleistungsthyratron

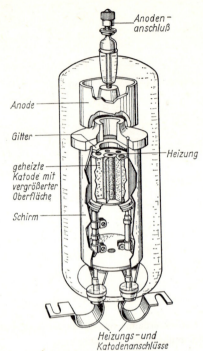

Unten: Bild 5.3.18. Kleinthyratron. Zündkennlinie, Konstruktion der Steuerkennlinie und zeitlicher Verlauf der Anodenspannung beim Zünden

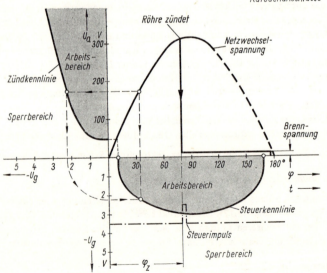

5.3 Gasentladungsröhren

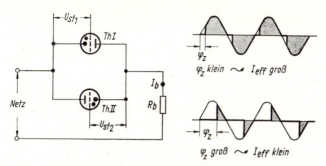

Bild 5.3.19. Gegenparallelschaltung mit Thyratrons. Zeitlicher Verlauf des Stromes bei verschiedenen Zündwinkeln

negative Spannung liegt, wirkt das Feld zwischen Gitter und Katode dem Beschleunigen der Elektronen entgegen. Die für das Zünden erforderliche positive Anodenspannung wächst daher mit der negativen Gitterspannung an (**Bild 5.3.18**). Zu jedem Punkt einer Halbwelle der positiven Netzwechselspannung $U = 220$ V gehört eine bestimmte negative Gitterspannung zum Sperren der Röhre. Schon ein kurzzeitiges Durchbrechen der Steuerkennlinie von außen nach innen genügt zum Zünden. Der Anodenstrom steigt dabei sprunghaft an und verläuft im restlichen Teil der Halbperiode sinusförmig, wenn der Widerstand des Thyratrons klein gegenüber dem konstanten Verbraucherwiderstand ist. Die Anodenspannung verringert sich ruckartig auf den Wert der Brennspannung.

Der Effektivwert des Stromes wächst mit der von Strom und Zeitachse umschlossenen Fläche. Die mittlere Stromstärke läßt sich durch Verändern des Zündwinkels φ_z steuern (**Bild 5.3.19**). Mit gegenparallel geschalteten Röhren nutzt man *beide* Halbwellen des Wechselstromes.

Merke: Das Thyratron ist ein steuerbarer elektronischer Schalter mit indirekt beheizter Oxydkatode.

5.3.6 Wiederholung, Abschnitt 5.3

1. Auf welche Weise unterscheidet eine gezündete Glimmlampe Wechselspannung von Gleichspannung?
2. Erkläre Aufbau und Wirkungsweise der Ziffernanzeigeröhre!
3. Wie reagiert die gezündete Glimmstabilisatorröhre auf eine geringfügige Verringerung der Brennspannung?
4. Welche charakteristische Eigenschaft besitzen Vergleichsspannungsröhren?
5. Welche Bedingungen gehören bei Relaisröhren zum „Einschalten"?
6. Beschreibe den Steuervorgang beim elektronischen Druckschalter!
7. Vergleiche die Eigenschaften von Relaisröhren mit denen von Glimmthyratrons!
8. Welche Aufgabe erfüllen die Hilfskatoden in Glimmzählröhren?

5 Röhren

9. Wodurch gewinnt man an Glimmzählröhren eine elektrische Information über den Zählerstand?
10. Vergleiche die Wirkungsweise einer Überstrom-Schmelzsicherung mit der einer Überspannungs-Edelgassicherung!
11. Wozu dienen elektronische Blitzröhren?
12. Beschreibe eine Grundschaltung zum Betrieb elektronischer Blitzröhren!
13. Wie reagiert ein Geiger-Müller-Zählrohr im Betrieb auf eintreffende radioaktive Strahlen?
14. Erkläre den Zündvorgang beim Ignitron!
15. Warum sind Ignitrons stets senkrecht einzubauen?
16. Unter welcher Bedingung zündet ein Thyratron bei Netzbetrieb?
17. Wovon ist der vom Thyratron gesteuerte Effektivwert des Stromes abhängig?
18. Auf welche Weise lassen sich mit zwei Thyratrons beide Halbwellen des Wechselstromes steuern?

6 Halbleiter

6.1 Leitungsvorgänge in Halbleitern

6.1.1 Geschichtliches

Als im Jahre 1948 die Amerikaner Bardeen und Brattain die Verstärkerwirkung eines Halbleiter-Bauelementes entdeckten und damit den Transistor erfanden, war damit die erste Stufe einer Entwicklung erreicht, die im Jahre 1874 begann, als der Leipziger Oberlehrer Ferdinand Braun den Gleichrichter-Effekt von Metallsulfiden und -Oxyden entdeckte. Er selbst sowie Popoff bauten schon brauchbare Kristalldetektoren. Seit 1915 hatte Prof. Benediks in Schweden grundlegende Untersuchungen an Germanium und Silizium durchgeführt, doch die Weiterentwicklung der verschiedenen Röhrentypen ließ die Halbleitergleichrichter fast in Vergessenheit geraten. Trotzdem führten Hilsch und Pohl im Jahre 1938 schon Untersuchungen der Verstärkereigenschaften einiger Halbleiterkristalle durch, deren Ergebnisse jedoch nicht befriedigten. Während des Zweiten Weltkrieges wurden alle weiteren Forschungen auf diesem Gebiet zunächst zurückgestellt, und erst in den letzten Kriegsjahren, als Höchstfrequenz-Nachrichtentechnik und Radartechnik große Bedeutung erlangten, förderte man die Halbleiterforschung wieder stark. Auf diese Forschungen bauten die Wissenschaftler der Bell-Laboratorien in den USA unter Leitung des Physikers Shockley ihre Arbeiten nach Beendigung des Krieges auf. Zu der Forschergruppe Shockley's gehörten auch Bardeen und Brattain, die 1948 den ersten Spitzentransistor bauten und dafür 1956 den Nobelpreis erhielten. Kurz darauf entstand auch der erste Flächentransistor. Seitdem nahm die Halbleiterforschung und -entwicklung einen ungeahnten Aufschwung, aber erst im Jahre 1953 begann in Deutschland die erste Serienfertigung von Transistoren.

6.1.2 Aufbau des Halbleiterkristalls

Im Abschnitt 1.1 des „Leitfaden der Elektronik", Teil 1, wurden bereits die Grundbegriffe des Atomaufbaues behandelt.

Das Atom besteht aus *Atomkern* und *Elektronenhülle* bzw. Elektronenschalen.
Der Atomkern besteht aus positiven *Protonen* und elektrisch neutralen *Neutronen*.
Bei der Elektronenhülle haben die Elektronen der äußeren Elektronenschale eine besondere Bedeutung. Man nennt sie *Valenzelektronen*. Somit besteht ein Atom aus den Valenzelektronen und dem Rumpfatom (Atomkern und übrige Elektronen). Die Valenz (= Wertigkeit) eines Grundstoffes hat einerseits eine besondere Bedeutung bei der Entstehung von chemischen Verbindungen zwischen zwei oder mehreren Atomen; andererseits liefert sie die Begründung dafür, daß die meisten festen Stoffe Kristalle bilden.

6 Halbleiter

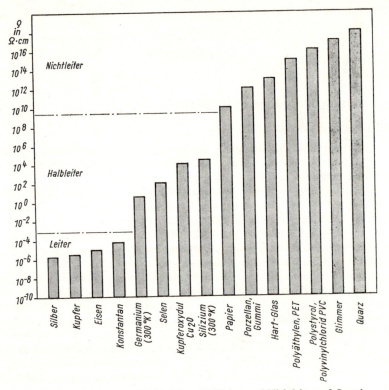

Bild 6.1.1. Einteilung der Stoffe in Leiter, Halbleiter und Nichtleiter auf Grund ihres spezifischen elektrischen Widerstandes

Das besagt, daß in diesen festen Stoffen die Atome nicht regellos angeordnet sind, sondern sich in ganz bestimmten geometrischen Formen gruppieren.

Die Bezeichnung „Halbleiter" für eine Reihe von Grundstoffen und chemischen Verbindungen bezieht sich auf deren spezifischen elektrischen Widerstand, der zwischen dem der Leiter und dem der Isolatoren liegt **(Bild 6.1.1)**.

Betrachtet man das *Periodische System der Elemente* **(Bild 6.1.2)**, so stellt man fest, daß alle Halbleiterwerkstoffe die Wertigkeit 4 haben (vier Valenzelektronen). Demzufolge müssen diese Stoffe auch alle die gleiche Kristallstruktur haben. An erster Stelle der Spalte IVb im Periodischen System steht der Kohlenstoff C, dessen kristalline Form der Diamant ist. Unter dem Kohlenstoff stehen Silizium Si und Germanium Ge, die alle die gleiche Gitterstruktur wie der Diamantkristall besitzen. Man spricht deshalb immer vom „Diamantgitter". Ein solches vierwertiges Atom kann sich mit seinen Valenzelektronen nach vier Seiten hin binden. Damit ergibt sich die charakteristische Form des Diamantgitters **(Bild 6.1.3)**.

6.1 Leitungsvorgänge in Halbleitern

Ausschnitt aus dem periodischen System der chemischen Elemente

	3 Valenzelektronen		4 Valenzelektronen		5 Valenzelektronen	
Gruppe:	IIIa	IIIb	IVa	IVb	Va	Vb
Element:		Bor		Kohlenstoff		Stickstoff
Symbol:		B		C		N
Ordnungszahl:		5		6		7
Element:		Aluminium		Silizium		Phosphor
Symbol:		Al		Si		P
Ordnungszahl:		13		14		15
Element:	Skandium		Titan		Vanadium	
Symbol:	Sc		Ti		V	
Ordnungszahl:	21		22		23	
Element:		Gallium		Germanium		Arsen
Symbol:		Ga		Ge		As
Ordnungszahl:		31		32		33
Element:	Yttrium		Zirkonium		Niob	
Symbol:	Y		Zr		Nb	
Ordnungszahl:	39		40		41	
Element:		Indium		Zinn		Antimon
Symbol:		In		Sn		Sb
Ordnungszahl:		49		50		51

Bild 6.1.2. Ausschnitt aus dem periodischen System der Elemente

Der besseren Übersicht wegen vereinfacht man diese perspektivische Darstellung und kann so besser erkennen, was unter dem Begriff „Kristall-Bildung der Atome" zu verstehen ist (**Bild 6.1.4**). Jedes Valenzelektron umkreist nicht nur sein eigenes Rumpfatom, sondern auch noch das Nachbar-Rumpfatom. So umkreist jedes Valenz-

6 Halbleiter

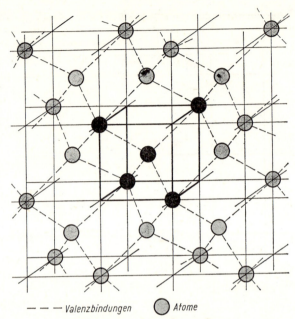

— — — Valenzbindungen   ◯ Atome

Bild 6.1.3. Aufbau eines Kristallgitters aus 4wertigen Atomen (Diamantgitter)

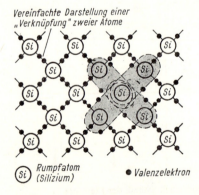

Bild 6.1.4. Vereinfachte Darstellung des Diamantgitters

elektron also zwei Rumpfatome. Bei der skizzierten Kristallstruktur werden alle Valenzen zum Aufbau des Kristallgitters benötigt. Da kein Valenzelektron übrig ist, müßten diese Stoffe theoretisch Nichtleiter sein.

Bei Metallen werden nicht alle Valenzen zum Kristallgitteraufbau benötigt. Im Kupferkristall bleibt ein Elektron pro Atom übrig (Leitfaden der Elektronik, Teil 1

6.1 Leitungsvorgänge in Halbleitern

Kapitel 1). Es wird nicht zur Verknüpfung benötigt. Schon eine geringe Energiezufuhr (z. B. die Energie der Raumtemperatur) genügt, um dieses Elektron vom Atom zu lösen, so daß es nunmehr als Leitungselektron frei im Kristallgitter beweglich ist. Je größer die Anzahl dieser frei beweglichen Ladungsträger in einem Kristallgitter ist, um so geringer ist der spezifische Widerstand des betreffenden Stoffes. Sobald das Leitungselektron von seinem Atom abgespalten ist, wird aus dem Atom ein positives Ion, denn nun überwiegt die positive Ladung der Protonen im Atomkern die negative Ladung der noch vorhandenen Elektronen. Allerdings sind diese Metallionen fest in das Kristallgitter eingebunden, sie können sich nicht wie die Ionen in Flüssigkeiten und Gasen von ihrem Platz fortbewegen.

Merke: Die elektrische Leitfähigkeit der Halbleiterwerkstoffe ist größer als die der Nichtleiter, aber kleiner als die der elektrischen Leiter.

6.1.3 Eigenleitung

Wie aus dem vorigen Kapitel hervorgeht, müßte der reine Ge- oder Si-Kristall ein Isolator sein, denn es können theoretisch keine *quasifreien Elektronen* (Leitungselektronen) im Kristall vorhanden sein. Das gilt jedoch nur bei sehr tiefen Temperaturen (in der Nähe des absoluten Nullpunktes). Bei höheren Temperaturen veranlaßt die zugeführte Wärmeenergie die einzelnen Atome zu Wärmeschwingungen. Mit zunehmender Temperatur verstärken sich diese Schwingungen der Atome. Die Wärmeschwingungen können so stark werden, daß einige Valenzbindungen zwischen den Atomen aufbrechen. Dabei werden Elektronen als Ladungsträger frei, und der spezifische Widerstand des Materials sinkt. Dort, wo ein Elektron durch Aufbrechen der Valenzbindung frei geworden ist, entsteht ein Loch. In dieses Loch kann nun das Valenzelektron einer anderen Bindung hineinschlüpfen. Dann ist diese zuvor aufgebrochene Bindung wieder vollständig, aber das Loch befindet sich jetzt an einer anderen Stelle. Dieses Loch stellt eine positive Ladung dar (da ein Elektron an dieser Stelle fehlt), die genauso frei im Kristallgitter beweglich ist wie das negative Elektron. Man nennt das Loch auch *Defektelektron*. Somit besitzt auch der Ge- bzw. Si-Kristall eine gewisse elektrische Leitfähigkeit. Diese Leitfähigkeit als Folge des Aufbrechens von Valenzbindungen nennt man „*Eigenleitung*" der Halbleiter. Das eigenleitende Material heißt *Intrinsic-Material*.

Mit zunehmender Temperatur erhöht sich die Eigenleitung, weil immer mehr Bindungen aufbrechen. Auf diese Weise entstehen immer Ladungsträgerpaare. Die Löcher und Elektronen bewegen sich unabhängig voneinander durch das Kristallgitter, bis zufällig ein Elektron wieder auf ein Loch trifft und mit diesem *rekombiniert* (sich wieder vereinigt). Damit ist eine zuvor aufgebrochene Bindung wieder zustande gekommen, andere Bindungen sind jedoch währenddessen schon wieder aufgebrochen.

Diese Eigenleitung der Halbleiter wird bei NTC-Widerständen nutzbringend angewendet. Bei Halbleiterdioden und Transistoren ist die Eigenleitung jedoch unerwünscht, weil sie die Daten der Bauelemente stark temperaturabhängig macht und sogar zur

6 Halbleiter

Zerstörung dieser Bauelemente führen kann. Durch Kühlung und durch geeignete Schaltmaßnahmen muß man in der Praxis den Temperatureinfluß kompensieren.

Merke: In Halbleitern treten neben den negativen Elektronen auch positive Defektelektronen (Löcher) als Ladungsträger auf.
Mit zunehmender Temperatur erhöht sich die Eigenleitung, da immer mehr Valenzbindungen aufbrechen. Weil hierbei weitere Ladungsträgerpaare entstehen, ist im eigenleitenden Halbleiter (Intrinsic-Halbleiter) die Anzahl der Elektronen immer gleich der Anzahl der Defektelektronen.

6.1.4 Störstellenleitung

Um dem Hableitermaterial besondere elektrische Eigenschaften zu geben, wird das hochreine Ge bzw. Si gezielt verunreinigt; man nennt das auch „dotiert" oder „gedopt". Dieses Dotieren kann nur mit ganz bestimmten Elementen erfolgen, nämlich mit dreiwertigen oder mit fünfwertigen. Dabei setzt man 10^8 oder mehr Ge- bzw. Si-Atomen *ein* Fremdatom zu. Während infolge Eigenleitung bei Raumtemperatur etwa 10^{13} Ladungsträgerpaare pro cm^3 des Halbleitermaterials vorhanden sind, erhöht sich die Zahl der Ladungsträger durch die Dotierung auf 10^{15} bis 10^{19} je cm^3. Durch die Dotierung erhöht sich die Zahl der Ladungsträger pro cm^3 demnach um den Faktor 10^2 bis 10^6. Diejenigen Ladungsträger, die in der Überzahl vorhanden sind, nennt man *Majoritätsträger* (Majorität = Mehrheit); diejenigen, die in der Minderzahl sind, heißen *Minoritätsträger*. (Zahl der Atome: 10^{23} pro cm^3).

6.1.4.1 n-Leitung

Verunreinigt man den reinen Silizium- oder Germaniumkristall mit einem fünfwertigen chemischen Element, wie z. B. Antimon Sb, so wird das Sb-Atom anstelle eines Si- bzw. Ge-Atoms in das Kristallgitter eingebaut. Dazu sind vier Valenzelektronen erforderlich, das fünfte Valenzelektron des Antimons wird also nicht zur Verknüpfung dieses Atoms mit den umliegenden Si-Atomen gebraucht; es kreist nur um das Sb-Atom. Geringe Energiezufuhr (z. B. Wärmeinhalt bei Raumtemperatur) genügt, um dem Sb-Atom dieses fünfte Valenzelektron zu entreißen. Damit steht nun ein negativer Ladungsträger zur Verfügung, der frei im Kristallgefüge beweglich ist **(Bild 6.1.5).** Da das Halbleitermaterial mit etwa 10^{15} bis 10^{19} Sb-Atomen pro cm^3 gedopt wird, stehen jetzt pro cm^3 etwa genau so viele zusätzliche negative bewegliche Ladungen zur Verfügung. Dazu kommen noch je cm^3 die etwa 10^{13} Elektronen der infolge Eigenleitung entstandenen Ladungsträgerpaare, die zusammen dem Halbleitermaterial seine elektrische Leitfähigkeit geben. Diese *Elektronen* sind *Majoritätsträger*, während die 10^{13} Defektelektronen pro cm^3 (Löcher), die ebenfalls von den Ladungsträgerpaaren herkommen (Eigenleitung), Minoritätsträger sind.

Aus dem reinen Halbleitermaterial wurde durch diese Dotierung *n-leitendes* Germanium bzw. Silizium (*n*-leitend = *n*egativ leitend). Das Antimon, das durch das fünfte Valenzelektron eines jeden Sb-Atoms diese n-Leitung herbeigeführt hat, wird Donator genannt [donare (latein.) = schenken]. Außer Antimon gibt es auch noch andere Donatoren (siehe Bild 6.1.2).

6.1 Leitungsvorgänge in Halbleitern

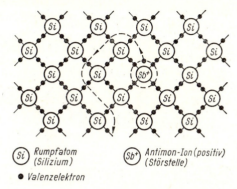

Bild 6.1.5. n-leitendes Silizium. Durch das eingebaute fünfwertige Antimon-Atom entsteht eine Störstelle im Kristallgitter. Das fünfte Valenzelektron dieses Sb-Atoms läßt sich leicht aus dem Atomverband lösen

(Si) Rumpfatom (Silizium)
(Sb⁺) Antimon-Ion (positiv) (Störstelle)
• Valenzelektron

Sobald sich das fünfte Elektron des Sb-Atoms losgelöst hat und frei im Kristallgitter beweglich ist, wird aus dem elektrisch neutralen Sb-Atom ein *positives Sb-Ion*, denn es besitzt jetzt *eine* positive Kernladung mehr als Elektronen. Diese Sb-Ionen sind aber fest in das Kristallgitter eingebaut, sie treten also nicht wie Gas- oder Flüssigkeitsionen als bewegliche Ladungsträger in Erscheinung. Die Stelle, an der das fremde Atom in das Kristallgitter eingebaut ist, nennt man *Störstelle*. Wegen dieser Störstellen erhöht sich die Leitfähigkeit des Halbleitermaterials.

Merke: Dotiert man den Halbleiter mit einem fünfwertigen Stoff, so überwiegt die Zahl der Elektronen. Das Halbleitermaterial ist jetzt n-leitend.

6.1.4.2 p-Leitung

Man kann den reinen Si- oder Ge-Kristall auch mit einem Element aus der Wertigkeitsspalte III des Periodischen Systems (Bild 6.1.2) dotieren, z. B. mit Indium In. Das Indium-Atom wird ebenfalls anstelle eines Ge- oder Si-Atoms in das Kristallgitter eingebaut und bindet sich mit seinen Valenzelektronen an die benachbarten Ge- bzw. Si-Atome. Da das In-Atom aber nur drei Valenzelektronen besitzt, kann es nur zu drei benachbarten Atomen eine Bindung herstellen, die vierte Bindung kann nicht zustande kommen, weil das vierte Valenzelektron fehlt. An dieser Stelle bleibt ein Loch. Von einem benachbarten Si-Atom kann sich allerdings ein Valenzelektron lösen und in dieses Loch springen. Dann ist für das In-Atom zwar die vierte Valenzbindung zustande gekommen, aber das Loch befindet sich jetzt an einer anderen Stelle. Das Loch oder Defektelektron stellt, wie bereits bekannt, eine positive Ladung dar, die ebenso wie ein quasifreies Elektron frei im Kristallgitter beweglich ist **(Bild 6.1.6)**. Da das reine Halbleitermaterial mit etwa 10^{15} bis 10^{19} In-Atomen pro cm³ gedopt wird, kommen zu den etwa 10^{13} Defektelektronen aus den Ladungsträgerpaaren die 10^{15} bis 10^{19} Defektelektronen infolge der In-Dotierung.. Die *Defektelektronen* sind hier die *Majoritätsträger*, während die 10^{13} Elektronen, die von den Ladungsträgerpaaren der Eigenleitung herrühren, die Minoritätsträger darstellen. Aus dem reinen Halbleitermaterial ist durch diese Dotierung *p-leitendes* Halbleitermaterial geworden (*p*-leitend = positiv

6 Halbleiter

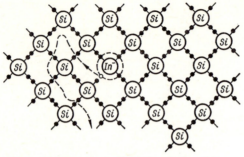

Bild 6.1.6. p-leitendes Silizium. Durch das dreiwertige Indium-Atom entsteht eine Störstelle im Kristallgitter. Das fehlende vierte Valenzelektron stellt eine positive Ladungseinheit dar

(Si) *Rumpfatom (Silizium)*
(In⁻) *Indium-Ion (negativ) (Störstelle)*
○ *Defektelektron (Loch)*
● *Valenzelektron*

leitend). Der spezifische Widerstand des dotierten Materials ist wesentlich geringer als der des reinen Halbleitermaterials. Alle Stoffe, die infolge ihrer Wertigkeit 3 das reine Halbleitermaterial zu p-leitendem Material machen, nennt man *Akzeptoren* (Bild 6.1.2).

Sobald sich das Loch von dem In-Atom, durch das es entstanden ist, entfernt hat, ist aus dem elektrisch neutralen In-Atom ein negatives *In-Ion* geworden, denn es hat jetzt eine Elektronenladung mehr, als es positive Kernladungen besitzt. Im Gegensatz zu Flüssigkeits- und Gasionen sind diese In-Ionen ebenfalls nicht beweglich, da sie anstelle eines Si- oder Ge-Atoms fest in das Kristallgitter eingebaut sind. Trotzdem besitzen sie eine Bedeutung beim Entstehen der Sperrschicht. Auch hier erhöht sich die Leitfähigkeit des Si-Kristalls infolge der In-Störstellen.

Merke: Dotiert man den Halbleiter mit einem dreiwertigen Stoff, so überwiegt die Zahl der Defektelektronen (Löcher). Das Halbleitermaterial ist jetzt p-leitend geworden.

6.1.5 pn-Übergang (Grenzschicht)

Der p-leitende Halbleiter oder der n-leitende Halbleiter wirken für sich allein nur wie ein ohmscher Widerstand. Besondere elektrische Eigenschaften ergeben sich erst dort, wo eine Zone p-leitenden Halbleitermaterials an eine Zone des n-leitenden Materials grenzt. Meist wird ein hochreiner Ge- oder Si-Kristall erst nachträglich so dotiert, daß eine Hälfte p-leitend, die andere n-leitend wird, so wie es **Bild 6.1.7** zeigt. In der vereinfachten Darstellung nach **Bild 6.1.8** sind nur die Majoritätsträger gezeichnet. Von besonderer Bedeutung ist die Grenzschicht zwischen diesen beiden Zonen. Die beweglichen Ladungsträger beider Zonen können an dieser Grenzschicht jeweils in die Nachbar-Zone diffundieren. Infolge ihrer Eigenbewegung können also Löcher in die n-Schicht eindringen. Treffen sie dort mit Elektronen zusammen, so kombinieren beide. Ebenso können Elektronen in die p-Schicht eindringen und dort mit Löchern kombinieren. Dadurch wird diese Grenzschicht immer ärmer an beweglichen Ladungsträgern.

6.1 Leitungsvorgänge in Halbleitern

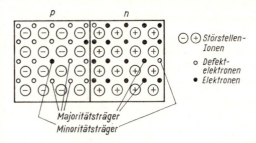

⊖ ⊕ *Störstellen-Ionen*
o *Defektelektronen*
• *Elektronen*

Bild 6.1.8. Vereinfachte Darstellung des Si-Kristalls mit zweierlei Dotierung. Nur die Majoritätsträger sind gezeichnet

Bild 6.1.7. Siliziumkristall – halb p-dotiert, halb n-dotiert

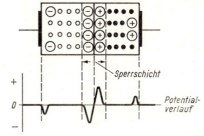

Rechts: Bild 6.1.9. Das Entstehen der Potentialschwelle und der Sperrschicht am pn-Übergang

Wenn alle beweglichen Ladungsträger durch Kombination verschwunden sind, wirken in der Grenzschicht nur noch die Ladungen der Störstellen-Ionen (**Bild 6.1.9**). In der p-Schicht sind an der Grenze zwischen beiden Zonen dann nur noch negative Ionen vorhanden, in der n-Schicht nur positive Ionen. Wenn diese Ionen auch nicht beweglich sind, so verhindern doch die negativen Ionen in der p-Schicht, daß weitere Elektronen aus der n-Schicht herüberdiffundieren. Die positiven Ionen in der n-Schicht stoßen die Löcher zurück, die noch aus der p-Schicht herüberdiffundieren wollen. So stellt sich ein Gleichgewichtszustand ein, die Grenzschicht wird zu einer *Sperrschicht*, da sie mangels beweglicher Ladungsträger nicht mehr elektrisch leitfähig ist. Zwischen beiden Zonen ist eine *Potentialschwelle* entstanden, die eine weitere Diffusion von Ladungsträgern verhindert (Bild 6.1.9).

Zwischen jeder Schicht und ihrer Kontaktierung spielen sich die gleichen Vorgänge ab, so daß zwischen den Anschlüssen des Halbleiter-Bauelementes keine Spannung meßbar ist, denn die Spannungen der nunmehr drei Potentialschwellen heben sich gegenseitig auf.

Merke: In der Grenzschicht zwischen p-leitendem und n-leitendem Material erfolgt ein Austausch von Ladungsträgern. Löcher diffundieren in die n-Schicht und kombinieren dort mit Elektronen, Elektronen diffundieren in die p-Schicht und kombinieren dort mit Löchern. So entsteht eine fast ladungsträgerfreie Sperrschicht, in der die fest ins Kristallgitter eingebauten Störstellen-Ionen eine weitere Diffusion von Ladungsträgern verhindern.

6 Halbleiter

6.1.6 pn-Übergang bei angelegten Spannungen

An den pn-dotierten Kristall kann man eine Spannung anlegen, wie es **Bild 6.1.10** zeigt. MINUS der Spannungsquelle liegt am Anschluß der p-Schicht, PLUS der Spannungsquelle am Anschluß der n-Schicht. Dadurch werden in beiden Schichten die

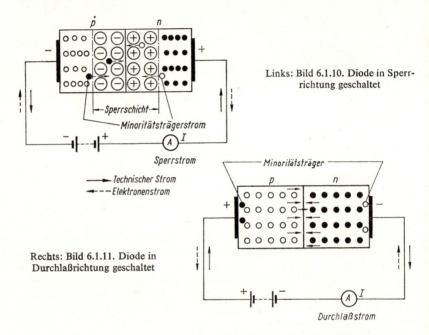

Links: Bild 6.1.10. Diode in Sperrrichtung geschaltet

Rechts: Bild 6.1.11. Diode in Durchlaßrichtung geschaltet

beweglichen Ladungsträger von der Sperrschicht weg zu den Anschlüssen hingezogen, da sich bekanntlich ungleichnamige Ladungen anziehen. Die ladungsträgerarme Sperrschicht verbreitert sich dadurch, und die Potentialschwelle wird noch höher. Zwischen den Anschlüssen des Halbleiterkristalls ist ein sehr hoher Widerstand meßbar. Nur die Minoritätsträger können die Potentialschwelle überwinden. Dieser Minoritätsträgerstrom bestimmt den größten Widerstand des Halbleiterkristalls. Da die Anzahl der Minoritätsträger viel geringer als die der Majoritätsträger ist, hängt die Stärke des Minoritätsträgerstroms kaum von der Höhe der angelegten Spannung ab, denn es können nicht mehr Minoritätsträger in Bewegung gesetzt werden, als vorhanden sind.

Wird die angelegte Spannung umgepolt, so daß nun der PLUS-Pol an der p-Schicht und der MINUS-Pol an der n-Schicht liegen, so stößt das Potential an den Anschlüssen die Löcher bzw. die Elektronen von den Anschlüssen fort. In die p-Schicht werden Löcher, in die n-Schicht Elektronen injiziert. Der MINUS-Pol an der n-Schicht zieht die Löcher der p-Schicht über die Grenze in die n-Schicht, und der PLUS-Pol an der p-Schicht zieht Elektronen über die Grenze in die p-Schicht. Dadurch wird die Sperr-

6.2 Halbleiter-Dioden

schicht nun mit Ladungsträgern überschwemmt, die Potentialschwelle abgebaut, und der Halbleiterkristall leitet nun sehr gut (**Bild 6.1.11**).

Diese pn-Übergänge findet man bei allen Halbleiter-Bauelementen. Das Verhalten des pn-Kristalls bei angelegten Spannungen zeigt, daß er *Dioden-Eigenschaften* besitzt: In der einen Richtung ist sein elektrischer Widerstand sehr hoch, während dieser für die entgegengesetzte Stromrichtung sehr niedrig ist.

Merke: Legt man den Pluspol der Spannungsquelle an die n-Schicht und den Minuspol an die p-Schicht, so verbreitert sich die Sperrschicht.

Legt man Plus an die p-Schicht und Minus an die n-Schicht, so wird die Sperrschicht abgebaut, ein Strom fließt durch das Bauelement. Der pn-Kristall wirkt wie eine Diode.

6.1.7 Wiederholung, Abschnitt 6.1

1. Warum nennt man die Stoffe, aus denen man Transistoren und Dioden herstellt, Halbleiter?
2. Nenne einige Halbleiterwerkstoffe, und beschreibe, wie diese Stoffe den elektrischen Strom leiten!
3. Weshalb sind die reinen Halbleiterwerkstoffe nicht zum Bau von Transistoren und Dioden geeignet?
4. Wie kann man die Leitfähigkeit der Halbleiterwerkstoffe verbessern?
5. Was geschieht in der Grenzschicht zwischen zwei verschieden dotierten Halbleiter-Zonen?
6. Was bewirkt eine Spannung, deren PLUS-Pol an die n-Schicht und deren MINUS-Pol an die p-Schicht des Halbleiterkristalls angeschlossen wird?
7. Was geschieht, wenn die Spannung umgekehrt wie in Frage 6 angeschlossen wird?
8. Welche Eigenschaft hat ein Halbleiter-Bauelement, das aus einer p-Schicht und einer n-Schicht besteht?
9. Wodurch kommt der Sperrstrom einer Diode zustande?

6.2 Halbleiter-Dioden

6.2.1 Allgemeines

Halbleiter-Dioden sind zweipolige Halbleiter-Bauelemente, deren Widerstandswert wie in 6.1.6 schon festgestellt wurde, in erster Linie von der Polarität der angelegten Spannung abhängt. Sie besitzen eine niederohmige *Durchlaßrichtung* und eine hochohmige *Sperrichtung*. Bei Verwendung dieser elektrischen Ventile in Netzgeräten spricht man (weniger exakt) von Gleichrichtern. Die älteren, sog. Trockengleichrichter, wie Kupferoxydulgleichrichter (Cu_2O) als älteste Sperrschichtventile und Selengleichrichter (Se), haben seinerzeit die Flüssigkeitsgleichrichter und zum Teil auch die Röhrengleichrichter abgelöst. Diese polykristallinen Sperrschichtventile (viele ungeordnete Kristalle) haben wiederum nur noch geringe Bedeutung, seitdem Germanium

6 Halbleiter

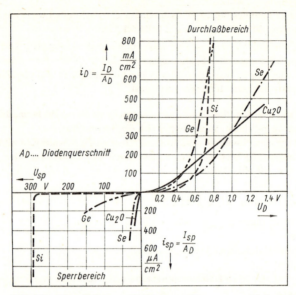

Bild 6.2.1. Kennlinien von Halbleiterventilen aus verschiedenem Halbleitermaterial

und Siliziumdioden (monokristallin) preisgünstig hergestellt werden. Die Bezeichnung „monokristallin" besagt, daß diese Dioden aus einem Ge- oder Si-Einkristall bestehen.

Ein Kennlinienvergleich zeigt, daß der Diodenwiderstand in Durchlaßrichtung bei Ge und Si wesentlich geringer ist als bei Cu_2O und Se **(Bild 6.2.1)**. Der Sperrwiderstand von Ge und besonders von Si ist viel größer als der von Se und Cu_2O. Allerdings besitzt das Cu_2O-Ventil die niedrigste Schleusenspannung $U_s \approx 0{,}2$ V **(Bild 6.2.2)**. Daran schließt sich ein fast linearer Kennlinienbereich an. Die Temperaturabhängigkeit ist gering. Deshalb verwendet man dieses Ventil trotz vieler Nachteile heute noch als Meßgleichrichter. Der höhere Durchlaßwiderstand von Se- und Cu_2O-Ventilen bewirkt einen geringen Wirkungsgrad und dadurch eine entsprechend starke Erwärmung. Die nachfolgende Tabelle soll noch einmal die wichtigsten Werte der verschiedenen Ventile einander gegenüberstellen.

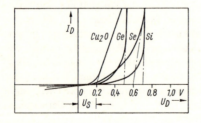

Bild 6.2.2. Die Schleusenspannung bei verschiedenen Halbleiterventilen

6.2 Halbleiter-Dioden

Eigenschaften der gebräuchlichen Halbleiterventile
(nach Siemens-Unterlagen)

	Cu_2O	Se	Ge	Si
Spezifische Strombelastung in A/cm^2	0,04	0,07	40	80
Sperrspannung (Effektivwert) in Volt	6	25	110	380
Maximale Betriebstemperatur in °C	50	85	75	180
Wirkungsgrad einer Gleichrichterzelle in %	78	92	98,5	99,6
Relativer Platzbedarf bei gleicher Leistung	30	15	3	1
Schleusenspannung U_s in Volt	0,2	0,6	0,5	0,7
Innenwiderstand in $\Omega \cdot cm^2$	2	1,1	$4 \cdot 10^{-3}$	10^{-5}

Das Symbol für alle Dioden ist ein Pfeil, der die Durchlaßrichtung des Stromes anzeigt (technische Stromrichtung) **(Bild 6.2.3)**. Auf dem Diodengehäuse wird die Katode durch einen aufgedruckten Farbring oder einen Farbpunkt gekennzeichnet **(Bild 6.2.4)**

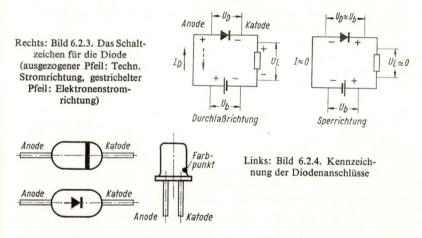

Rechts: Bild 6.2.3. Das Schaltzeichen für die Diode (ausgezogener Pfeil: Techn. Stromrichtung, gestrichelter Pfeil: Elektronenstromrichtung)

Links: Bild 6.2.4. Kennzeichnung der Diodenanschlüsse

Merke: Silizium- und Germaniumdioden haben einen höheren Sperrwiderstand und einen geringeren Durchlaßwiderstand als die älteren Selen- und Kupferoxydulgleichrichter.

6.2.2 Germanium-Dioden

Als Leistungsgleichrichter hat das Germanium-Ventil keine Bedeutung erlangt. Als Germanium-Diode für kleine Leistungen und hohe Frequenzen ist es jedoch sehr verbreitet. Diese Ge-Dioden sind Spitzen-Kontakt-Dioden. **Bild 6.2.5** zeigt deren Aufbau. Auf ein n-leitendes Ge-Plättchen wird eine Metallspitze federnd aufgesetzt und durch einen Stromstoß mit dem Germanium verschweißt. Von der Metallspitze treten dabei Atome in den Kristall über und machen die nähere Umgebung der Berührungsstelle

6 Halbleiter

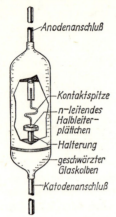

- Anodenanschluß
- Kontaktspitze
- n-leitendes Halbleiterplättchen
- Halterung
- geschwärzter Glaskolben
- Katodenanschluß

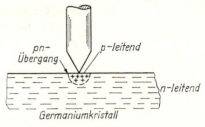

Bild 6.2.6. Vergrößerte Darstellung des pn-Überganges bei einer Spitzendiode

Links: Bild 6.2.5. Aufbau einer Spitzendiode

p-leitend, so daß ein pn-Übergang zustande kommt (**Bild 6.2.6**). Die Metallfeder bildet die Anode, der Kristall die Katode der Diode.

Die äußerst dünne Sperrschicht (ca. 20 µm) wirkt im gesperrten Zustand wie ein Isolator mit einer bestimmten Dielektrizitätskonstante. Folglich kann man im gesperrten Zustand zwischen den beiden Anschlüssen der Diode eine Kapazität, die *Sperrschichtkapazität* messen. Bei der Spitzendiode ist diese Sperrschichtkapazität sehr gering, weil die Ausdehnung der Sperrschicht hier sehr klein ist. Deshalb können Spitzendioden bis zu hohen Frequenzen eingesetzt werden.

Entsprechend ihrem Verwendungszweck werden Dioden mit unterschiedlichen Daten hergestellt:

Dioden für hochohmige Gleichrichterschaltungen,
Dioden für niederohmige Gleichrichterschaltungen,
Universaldioden für hohe Sperrspannungen,
Diodenpaare für Ratiodetektoren und Phasendiskriminatoren.

Die Diodenhersteller geben neben statischen und dynamischen Kenndaten die Grenzdaten der Dioden an.

Statische Kenndaten geben das Gleichstromverhalten an.
Die *dynamischen Kenndaten* beschreiben das Hf-Verhalten der Diode.

Das Spannungsrichtverhältnis

$$\eta_U = \frac{\text{Richtspannung}}{\text{Scheitelwert d. Hf-Spannung}}$$

ist ein Maß für den Wirkungsgrad der Diode in Hf-Gleichrichterschaltungen. Der Dämpfungswiderstand R_d ist der Widerstand, mit dem die Diode einen Schwingkreis belastet bzw. bedämpft. Außerdem wird die Diodenkapazität angegeben.

Die *Grenzdaten* geben die maximal zulässigen elektrischen und thermischen Werte an, die keinesfalls überschritten werden dürfen, z. B.:

6.2 Halbleiter-Dioden

U_R : max. Gleichspannung in Sperrichtung
u_{RM} : max. Spitzensperrspannung, d. h. Scheitelwert der Wechselspannung in Sperrichtung
I_0 : Richtstrom = arithm. Mittelwert des Diodenstromes
i_{BM} : max. Spitzenstrom in Durchlaßrichtung
ϑ_j bzw. t_j : max. Sperrschichttemperatur.

6.2.2.1 Golddraht-Dioden

Eine besondere Ausführungsform der Ge-Spitzendiode ist die Golddraht-Diode, die für Schalteranwendungen entwickelt wurde. Ist eine Diode in Sperrichtung geschaltet, so werden alle Ladungsträger aus dem Innern des Kristalls an die Außenflächen gezogen, so daß innen keine Ladungsträger mehr vorhanden sind. Nachdem

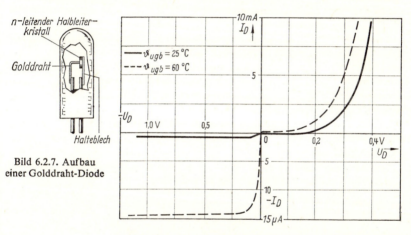

Bild 6.2.7. Aufbau einer Golddraht-Diode

Bild 6.2.8. Abhängigkeit der Kennlinie einer Golddraht-Diode von der Umgebungstemperatur

die Diode vom Durchlaß- in den Sperrbereich umgeschaltet wurde, dauert es eine bestimmte Zeit, bis das Kristallinnere frei von Ladungsträgern ist. Diese Rückwärtserholungszeit t_{rr}, auch Sperrverzögerungszeit genannt, muß besonders bei Schaltdioden, von denen sehr kurze Schaltzeiten gefordert werden, sehr klein sein. Außerdem muß das Verhältnis von Durchlaßstrom zu Sperrstrom sehr hoch sein. Flächendioden sind wegen ihrer hohen Kapazitäten nicht geeignet. Man hat einen Kompromiß gefunden, indem man auf den Kristall keine Spitze, sondern einen stumpfen Draht aufsetzt und mit dem Kristall verschweißt. Dieser Draht besteht meist aus Gold, daher der Name der Dioden. **Bild 6.2.7** zeigt den Aufbau einer Golddraht-Diode, **Bild 6.2.8** zeigt deren Kennlinie bei verschiedenen Umgebungstemperaturen. Bemerkenswert ist, daß bei allen Halbleiterdioden das Temperaturverhalten im Sperrbereich anders ist als im

6 Halbleiter

Durchlaßbereich. Die Kennlinien im Bild 6.2.8 zeigen, daß sich bei der höheren Temperatur das Sperrverhalten relativ stark, das Durchlaßverhalten relativ wenig verändert hat.

Merke: Zur Hochfrequenz-Gleichrichtung verwendet man Germanium-Spitzendioden wegen ihrer geringen Kapazität. Golddraht-Dioden sind Schaltdioden.

6.2.2.2 Tunneldioden

Die Tunneldiode ist eine Germaniumdiode, deren p- und n-Schicht extrem hoch dotiert sind (10^{19} Fremdatome pro cm³, gegenüber 10^{15} Fremdatomen pro cm³ bei normalen Dioden). Auf Grund dieser hohen Dotierung kann sich nur eine äußerst dünne Sperrschicht (ca. 0,01 μm) ausbilden, die von schnellen Ladungsträgern in beiden Richtungen durchstoßen (durchtunnelt) werden kann. Daher kommt der Name Tunneldiode. Entdecker dieser Eigenschaften war der Japaner L. Esaki; deshalb nennt man die Diode auch oft Esaki-Diode.

Diese Diode hat eine seltsam geformte Kennlinie. Eine Sperrwirkung tritt infolge des Tunneleffektes nicht auf. In „Durchlaßrichtung" — Pluspol an der p-Schicht — steigt der Diodenstrom proportional mit der angelegten Diodenspannung an, bis er ein Maximum erreicht **(Bild 6.2.9)**. Bei weiterer Erhöhung der Diodenspannung steigt der Diodenstrom nicht etwa weiter an, sondern er sinkt mit zunehmender Spannung immer weiter ab, durchläuft ein Minimum und steigt schließlich wieder wie bei einer normalen Diode an. Polt man die Diodenspannung um — Pluspol an der n-Schicht — so steigt der Diodenstrom mit zunehmender Diodenspannung stark an. Eine Sperrwirkung tritt demnach nicht auf.

Man kann das Verhalten dieser Diode nur quantenmechanisch erklären, deshalb soll hier auf die Ursachen nicht weiter eingegangen werden.

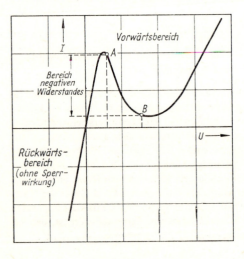

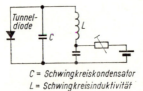

C = Schwingkreiskondensator
L = Schwingkreisinduktivität

Bild 6.2.10. Oszillator mit Tunneldiode

Links: Bild 6.2.9. Kennlinie einer Tunneldiode. Zwischen den Punkten A und B befindet sich der Kennlinienbereich negativen dynamischen Widerstandes

6.2 Halbleiter-Dioden

Die Kennlinie der Tunneldiode zeigt das Absinken des Diodenstromes zwischen den Punkten A und B. Bei einem normalen Widerstand steigt der Strom, sobald die angelegte Spannung erhöht wird. Da bei der Tunneldiode im Bereich zwischen A und B das Gegenteil geschieht, spricht man von einem *Bereich negativen dynamischen Widerstandes*.

Ein Schwingkreis wird durch seinen positiven Verlustwiderstand bedämpft, so daß seine Schwingungen entsprechend der Dämpfung mehr oder weniger schnell abklingen. Schaltet man diesem Schwingkreis eine Tunneldiode parallel, deren Arbeitspunkt durch eine entsprechende Vorspannung in den Bereich der fallenden Kennlinie gelegt wurde, so kompensiert der negative dynamische Widerstand der Tunneldiode den positiven Verlustwiderstand des Schwingkreises, und die Schwingungen werden aufrechterhalten. Dabei entnimmt die Tunneldiode der Spannungsquelle Energie **(Bild 6.2.10)**. Wird der Verlustwiderstand des Schwingkreises überkompensiert, so können sogar Schwingungen entfacht oder bereits vorhandene Schwingungen verstärkt werden. Die Tunneldiode kann also als Verstärkerelement und als Oszillator eingesetzt werden. Auch als Schalter ist die Tunneldiode verwendbar, denn wegen ihrer besonderen Kennlinie hat sie zwei extreme Betriebszustände:

Sperrzustand: hohe Spannung an der Diode, geringer Diodenstrom (Punkt B)
Durchschaltzustand: niedrige Spannung an der Diode, hoher Diodenstrom (Punkt A).

Da die Elektronen die äußerst dünne Sperrschicht der Tunneldiode nahezu mit Lichtgeschwindigkeit durchtunneln, treten selbst im Mikrowellengebiet keine nennenswerten Laufzeiteffekte auf. Es werden schon Verstärker mit Tunneldioden für Frequenzen bis 26 GHz gebaut. Die Tunneldiode erreicht als Schalter extrem kurze Schaltzeiten ($t_s < 10^{-9}$ s).

Merke: **Die Tunneldiode ist eine hoch dotierte Germanium-Flächendiode. Ihre Kennlinie hat einen Bereich negativen Wechselstromwiderstandes. Man verwendet sie zur Schwingungserzeugung und als Schalter.**

6.2.3 Silizium-Dioden

Man baut Germaniumdioden nur für sehr geringe Leistungen, da Germanium-Bauelemente nur bis zu Temperaturen von etwa 80 °C betrieben werden können. Oberhalb dieser Temperatur ist die Eigenleitung zu hoch. Silizium-Bauelemente sind weniger temperaturempfindlich und können deshalb höhere Verlustleistungen in Wärme umsetzen. Die maximale Temperatur darf hier etwa 150 °C betragen.

Demzufolge beschränkt sich die Anwendung von Ge-Dioden auch auf die Hochfrequenz-Gleichrichtung, Schwingungserzeugung, Mischung und Schalteranwendung in Logik-Schaltungen.

Zur Leistungs-Gleichrichtung eignen sich nur Si-Dioden, die ebenfalls einen geringen Durchlaßwiderstand, aber einen höheren Sperrwiderstand als Ge-Dioden haben. Die Eigenschaft, daß die in Sperrichtung geschaltete Si-Diode bei einer be-

6 Halbleiter

stimmten Sperrspannung „durchbricht", d.h. plötzlich leitend wird, nutzt man bei den Z-Dioden (Abschnitt 6.2.3.2).

6.2.3.1 Silizium-Gleichrichter

Eigentlich ist jede Halbleiter-Diode ein Gleichrichter. Der Begriff Gleichrichter hat sich aber für solche Dioden eingebürgert, die höhere Leistungen gleichrichten. Der Aufbau eines Si-Gleichrichters unterscheidet sich nicht von dem einer Ge-Flächendiode. Der pn-Kristall ist in ein Metall- oder Kunststoffgehäuse eingebaut. Das Metallgehäuse leitet die in der Sperrschicht entstehende Wärme besser an die Umgebung ab. Si-Gleichrichter für höhere Leistungen haben einen Gewindebolzen am Gehäuse, mit dem man sie direkt auf ein Kühlblech oder einen besonderen Kühlkörper aufschrauben kann (**Bild 6.2.11**).

Je besser man einen Halbleitergleichrichter kühlt, um so höher kann man ihn belasten. Kleine Si-Gleichrichter, die man z. B. als Netzgleichrichter in Fernsehgeräten

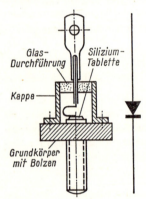

Bild 6.2.11. Aufbau eines Siliziumgleichrichters. Der Grundkörper ist meist mit der Katode (n-Zone) verbunden

verwendet, werden direkt in die Schaltung eingelötet, also nicht zusätzlich gekühlt. Bei diesen Typen beträgt die max. Sperrspannung etwa 400 V, der max. Durchlaßstrom etwa 1 A. Der Spannungsabfall an der Diode beträgt in Durchlaßrichtung etwa 1 V.

Bei Si-Gleichrichtern für eine höhere Strombelastung reicht zur Kühlung meist die Wärmeableitung eines genügend großen Kühlbleches oder eines besonderen Kühlkörpers. Nur bei sehr hohen Strombelastungen ist Kühlung durch Anblasen mit Luft erforderlich. Auf diese Weise kann man Ströme von über 1000 A mit Si-Gleichrichtern gleichrichten, wobei Sperrspannungen von über 1000 V pro Si-Gleichrichter erreicht werden. Verblüffend ist das geringe Volumen eines solchen Gleichrichters.

Ein Si-Gleichrichter ist mechanisch unempfindlich, er läßt sich in jeder Lage betreiben und hat praktisch eine unbegrenzte Lebensdauer. Mit Si-Gleichrichterschaltungen erreicht man Gleichrichterwirkungsgrade von über 99%. Alle diese positiven Eigenschaften haben dazu beigetragen, daß der Si-Leistungsgleichrichter in den wenigen Jahren, seitdem er in Serie gefertigt wird, fast alle anderen Gleichrichterarten, wie z. B. Selen- und Quecksilberdampfgleichrichter, verdrängt hat. Ein Nachteil sei nicht verschwiegen: Alle Halbleiter-Einkristall-Gleichrichter sind sehr empfindlich gegen Überspannungen. Um den Si-Gleichrichter vor Spannungsspitzen zu schützen, sind besondere Schaltmaßnahmen zu ergreifen.

Merke: Zur Leistungsgleichrichtung verwendet man nur noch Siliziumdioden, da sie den geringsten Durchlaßwiderstand und den höchsten Sperrwiderstand haben und außerdem bei Temperaturen bis zu 150 °C betrieben werden können.

6.2.3.2 Z-Dioden

Z-Dioden sind spezielle Siliziumdioden. Betreibt man eine Z-Diode in Durchlaßrichtung, so unterscheidet sich ihre Kennlinie in keiner Weise von der einer normalen Si-Diode. In Sperrichtung betrieben fließt nur ein sehr geringer Sperrstrom, hervorgerufen durch die Minoritätsträger beider Schichten, die ja in der Lage sind, die Sperrschicht zu durchdringen. Eine Erhöhung der angelegten Sperrspannung bringt vorerst keine Erhöhung des Sperrstromes. Überschreitet die Sperrspannung jedoch einen kritischen Wert, so wird die Z-Diode plötzlich gut leitend, sie „bricht durch". Diese Eigenart der Si-Dioden wurde von Dr. Zener untersucht. Er stellte fest, daß eine Erhöhung der Sperrspannung, die eine Erhöhung der elektrischen Feldstärke in der Sperrschicht mit sich bringt, zu einer *inneren Feldemission* führt. Überschreitet die Feldstärke einen Wert von etwa $2 \cdot 10^5$ V/cm, so werden in der Sperrschicht Elektronen aus dem Gitterverband herausgerissen. Diese und die notwendigerweise ebenfalls entstehenden Löcher stellen bewegliche Ladungsträger dar, die den Widerstand der Diode stark herabsetzen. Nach seinem Entdecker benannte man diesen Effekt *Zenereffekt*.

Neben dieser inneren Feldemission, dem Zenereffekt, tritt außerdem auch der sog. *Avalanche-Effekt* (Lawineneffekt) auf. Die angelegte Sperrspannung beschleunigt die den Sperrstrom bildenden Elektronen so stark, daß sie beim Zusammenprall mit Atomen weitere Elektronen aus deren Bindungen herausschlagen können (ähnlich wie bei der Ionisation von Gasmolekülen). Damit steigt die Zahl der beweglichen Ladungsträger schon bei geringer Überschreitung der kritischen Spannung (Durchbruchspannung = Zenerspannung) fast schlagartig an. Da beide Effekte dafür verantwortlich sind, nennt man diese Dioden neuerdings *Z-Dioden*. Die Z-Diode wird durch diesen Durchbruch keineswegs zerstört, solange ein Vorwiderstand den Strom begrenzt bzw. solange die in der Diode in Wärme umgesetzte Leistung kleiner als die vom Hersteller angegebene höchstzulässige Verlustleistung bleibt.

Durch verschieden starke Dotierung des Si-Kristalls läßt sich die Durchbruchspannung beliebig festlegen, denn diese wird nur durch die Dicke der Sperrschicht bestimmt.

Betrachtet man die Kennlinien der Z-Diode (**Bild 6.2.12**), so erkennt man, daß diese nach erfolgtem Durchbruch nicht senkrecht abfallen, sondern die Spannung an der Diode erhöht sich etwas mit zunehmendem Diodenstrom. Das Verhältnis von Span-

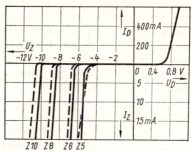

Bild 6.2.12. Kennlinien von Z-Dioden mit verschiedenen Durchbruchspannungen (ausgezogene Kennlinien: $\vartheta = 20\,°C$, unterbrochene Kennlinien: $\vartheta = 50\,°C$)

6 Halbleiter

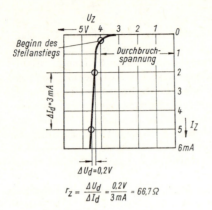

$$r_Z = \frac{\Delta U_d}{\Delta I_d} = \frac{0.2V}{3mA} = 66{,}7\,\Omega$$

Bild 6.2.13. Zenerknick und dynamischer Innenwiderstand einer Z-Diode

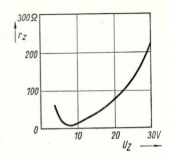

Bild 6.2.14. Der dynamische Innenwiderstand in Abhängigkeit von der Durchbruchspannung. Bei $U_Z \approx 6 \cdots 8V$ ist der dynamische Innenwiderstand minimal

nungsänderung zu Stromänderung ist der *dynamische Innenwiderstand* r_z der Z-Diode (**Bild 6.2.13**):

$$\boxed{r_Z = \frac{\Delta U_d}{\Delta I_d}} \quad \text{in } \Omega \tag{6.1}$$

Aus den Kennlinien Bild 6.2.12 ist ersichtlich, daß der dynamische Innenwiderstand bei Z-Dioden mit einer Durchbruchspannung von etwa 6 V am kleinsten ist. Sowohl bei Dioden mit höheren als auch bei solchen mit geringeren Durchbruchspannungen ist der dynamische Innenwiderstand größer. Diese Eigenschaft der Z-Dioden ist in **Bild 6.2.14** noch einmal gesondert dargestellt.

Der Zenerknick ist bei Dioden mit hohen Durchbruchspannungen viel schärfer ausgeprägt als bei solchen mit niedrigeren Durchbruchspannungen.

Weiter ist aus den Kennlinien ersichtlich, daß sich die Durchbruchspannung mit der Temperatur ändert. Dieser *Temperaturgang* ist bei Z-Dioden mit einer Durchbruchspannung von etwa 6 V gleich Null. Er steigt mit zunehmender Durchbruchspannung. Bei Durchbruchspannungen von weniger als 6 V ist der Temperaturgang sogar negativ. In **Bild 6.2.15** ist der Temperaturgang in Abhängigkeit von der Durchbruchspannung aufgetragen. Man erkennt durch Vergleich mit Bild 6.2.14, daß dieser ungefähr dort Null ist, wo der dynamische Innenwiderstand sein Minimum hat, also bei etwa 6 V Durchbruchspannung. Man nimmt an, daß bei Z-Dioden mit weniger als 6 V Durchbruchspannung der Zenereffekt überwiegt, während bei höheren Durchbruchspannungen der Lawineneffekt überwiegt.

Da der dynamische Innenwiderstand der Z-Diode sehr klein wird, sobald die Durchbruchspannung überschritten ist, kann man diese Dioden, ähnlich wie eine Glimm-

6.2 Halbleiter-Dioden

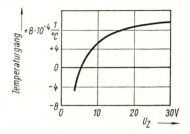

Bild 6.2.15. Der Temperaturgang in Abhängigkeit von der Durchbruchspannung. Bei $U_Z \approx 6 \cdots 8$ V ist der Temperaturgang Null

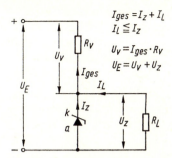

Bild 6.2.16. Stabilisierungsschaltung mit Z-Diode

lampe, zur Stabilisierung von Gleichspannungen verwenden. Mit der Z-Diode und einem Vorwiderstand baut man einen Spannungsteiler auf (**Bild 6.2.16**). Dann kann man an der Z-Diode auch bei schwankender Eingangsspannung eine ziemlich konstante Ausgangsspannung abgreifen. Schließt man parallel zur Z-Diode einen Verbraucher an, dann stabilisiert die Diode die Verbraucherspannung auch bei schwankendem Verbraucherstrom.

Die Größe des Vorwiderstandes R_v ermittelt man anhand der Kennlinie der Z-Diode. Die Stabilisierungswirkung dieser Schaltung ist nur vorhanden, solange der Verbraucherstrom kleiner als der maximal zulässige Diodenstrom bleibt und solange die Eingangsspannung U_E höher als die Durchbruchspannung U_Z ist. Ist die Eingangsspannung U_E groß gegen die Durchbruchspannung, so ist der Wert des erforderlichen Vorwiderstandes groß. Widerstandsgerade und Kennlinie schneiden sich annähernd im rechten Winkel. Dadurch ist die Stabilisierungswirkung viel größer als bei kleinerer Eingangsspannung U_E und entsprechend kleinerem Widerstand R_v. Die Kennlinien schneiden sich in diesem Falle in einem spitzen Winkel (**Bild 6.2.17**). Aus dem maximalen Verbraucherstrom und der Verbraucherspannung (Durchbruchspannung der Z-Diode) errechnet man die maximal zulässige Verlustleistung der zu verwendenden Z-Diode.

$$P_{v\,max} = U_Z \cdot I_{L\,max} \qquad (6.2)$$

Wenn der Verbraucher abgeschaltet wird, übernimmt die Z-Diode den gesamten Strom, der durch R_v fließt. Der Diodenstrom ist also in diesem Fall am höchsten. Demnach wird im Leerlauf in der Z-Diode die größte Leistung in Wärme umgesetzt. Diese Verlustleistung darf höchstens gleich der maximal zulässigen Verlustleistung sein. Bei angeschaltetem Verbraucher ist der Strom, der durch R_v fließt, gleich der Summe aus Diodenstrom und Verbraucherstrom. Deshalb ist der Diodenstrom in diesem Fall geringer. Damit verringert sich auch die Verlustleistung der Z-Diode.

Zur Bestimmung der Vorwiderstandes R_v einer Stabilisierungsschaltung, bei der der Verbraucherstrom starken Schwankungen unterworfen ist, geht man von der Eingangs-

6 Halbleiter

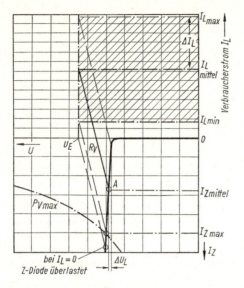

Bild 6.2.17. Abhängigkeit der Verbraucherspannung vom Verbraucherstrom in einer Stabilisierungsschaltung mit Z-Diode. Bei $I_L = 0$ wird die Z-Diode überlastet. Der Verbraucherstrom darf zwischen $I_{L\,max}$ und $I_{L\,min}$ schwanken (schraffierter Bereich)

spannung U_E aus. Bei abgeschaltetem Verbraucher darf der Arbeitspunkt an der Verlustleistungshyperbel der Z-Diode liegen. Man kann die Gerade des Vorwiderstandes einzeichnen und daraus die Größe dieses Vorwiderstandes R_v berechnen. Ist der Verbraucher nicht abschaltbar, so kann der Vorwiderstand R_v kleiner gemacht werden. Man rechnet dann:

$$R_v = \frac{U_E - U_Z}{I_Z + I_L} \tag{6.3}$$

Zu beachten ist, daß der Verbraucherstrom nun nicht zu gering werden darf, weil dann die Z-Diode überlastet wird (Bild 6.2.17). Aus der Abbildung ist auch ersichtlich, wie man den Vorwiderstand aus der Kennlinie ermittelt. Außerdem kann man ablesen, daß die Verbraucherspannung nur sehr wenig schwankt (ΔU_L), selbst wenn der Verbraucherstrom sich erheblich ändert (ΔI_L).

Von den Herstellern können heute Z-Dioden mit Durchbruchspannungen zwischen 1 V und 600 V geliefert werden. Sofern eine bestimmte Durchbruchspannung gewünscht wird, die kein Hersteller anbietet, kann man mehrere Z-Dioden in Reihe schalten.

Beispiel:

Eine Stabilisierungsschaltung für 25 V soll aufgebaut werden. Die Hersteller liefern die Z-Dioden in der folgenden Abstufung: Z 22, Z 24, Z 27 ...

6.2 Halbleiter-Dioden

Durch Serienschaltung der Dioden Z 15 und Z 10 erreicht man die Durchbruchspannung 25 V.
Durch Serienschaltung mehrerer Z-Dioden kann man außerdem einen günstigeren dynamischen Innenwiderstand und einen günstigeren Temperaturgang erreichen:

Z 27: $r_Z = 30\ \Omega$; $TG = 24\ \frac{mV}{°C}$

Z 6,8: $r_Z = 4\ \Omega$; $TG = 2\ \frac{mV}{°C}$

4 Dioden Z 6,8 in Reihe geschaltet:

$U_Z = 4 \cdot 6,8 = 27,2\ V\ (= Z\ 27,2)$; $r_Z = 16\ \Omega$; $TG = 8\ \frac{mV}{°C}$

Den Temperaturkoeffizienten kann man auch dadurch kompensieren, daß man eine oder mehrere Si-Dioden in Durchlaßrichtung mit der Z-Diode in Reihe schaltet (Bild 6.2.18).

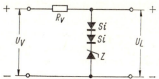

Bild 6.2.18. Stabilisierungsschaltung mit Kompensation des Temperaturganges

Jede Si-Diode hat in Durchlaßrichtung den Temperaturgang

$TG \approx -2,4\ \frac{mV}{°C}$.

Dadurch vergrößert sich natürlich der dynamische Innenwiderstand der Schaltung. Um eine stabile Spannung $U_L \approx 9\ V$ zu erhalten, kann man eine Z-Diode Z 8,2 mit zwei in Durchlaßrichtung geschalteten Si-Dioden in Reihe schalten. Eine Si-Diode hat eine Schleusenspannung von etwa 0,5 V.

$U_L = 8,2\ V + 2 \cdot 0,5\ V = 9,2\ V\ \ (= Z\ 9,2)$

Temperaturgang: $TG \approx 4,8\ \frac{mV}{°C} - 2 \cdot 2,4\ \frac{mV}{°C} = 0\ \frac{mV}{°C}$

Der gesamte Temperaturgang der Schaltung wird annähernd *Null!*

Weitere Anwendungsmöglichkeiten für Z-Dioden:
Man kann mit Hilfe dieser Dioden Spannungen begrenzen; der Anfangsbereich von Meßinstrumenten läßt sich unterdrücken; man kann sie als Überlastungsschutz bei Meßinstrumenten und anderen empfindlichen Geräten einsetzen; schließlich dienen sie als Spannungsnormal (Vergleichsspannungsgeber) in elektronisch stabilisierten Netzgeräten.

6 Halbleiter

Merke: Z-Dioden sind Silizium-Flächendioden. Beim Überschreiten einer gewissen Sperrspannung werden sie plötzlich leitend. Die Hersteller bieten Z-Dioden für Durchbruchspannungen im Bereich 1 V...600 V an.

6.2.3.3 Si-Referenzelemente

Im vorhergehenden Kapitel wurde bereits der Temperaturgang der Z-Dioden besprochen sowie die Möglichkeit, durch eine Reihenschaltung von Z-Dioden mit in

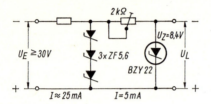

Bild 6.2.19. Schaltungsvorschlag für eine Stabilisierungsschaltung mit dem Referenzelement BZY 22 (nach Intermetall)

Durchlaßrichtung geschalteten Si-Dioden diesen Temperaturgang zu kompensieren. Die Industrie liefert unter der Bezeichnung *Si-Referenzelemente* Bauelemente, die die Serienschaltung einer Z-Diode und einer oder mehrerer in Durchlaßrichtung geschalteter Si-Dioden enthalten. Der Temperaturgang dieser Referenzelemente ist praktisch gleich Null. Sie dienen als genaue Vergleichsspannungsquelle.

Am Referenzelement treten bei Temperaturänderung keine Spannungsschwankungen auf, da der Temperaturgang ausgeglichen ist. Dadurch wurde jedoch der dynamische Innenwiderstand erhöht, so daß Schwankungen der Betriebsspannung höhere Schwankungen der Ausgangsspannung hervorrufen, als dies bei der einfachen Z-Diode der Fall ist. Deshalb muß die Betriebsspannung der Referenzelemente vorstabilisiert werden.

Der Hersteller (Intermetall) macht für das Referenzelement BZY 22 einen Schaltungsvorschlag nach **Bild 6.2.19**.

Merke: Si-Referenzelemente sind Z-Dioden mit kompensiertem Temperaturgang.

6.2.4 Wiederholung, Abschnitt 6.2

1. Weshalb verwendet man heute nur noch Germanium und Silizium zur Herstellung von Dioden?
2. Welche Vorteile haben Spitzendioden gegenüber Flächendioden?
3. Wozu verwendet man Golddraht-Dioden?
4. Wie arbeitet eine Kapazitätsvariationsdiode?
5. Wo werden Tunneldioden verwendet?
6. Aus welchem Halbleitermaterial werden Leistungsgleichrichter gebaut? Welche Vorteile bietet dieses Material?
7. Beschreibe die Kennlinie einer Z-Diode!
8. Wozu verwendet man Z-Dioden?
9. Wie wirkt sich eine Temperaturerhöhung auf die Eigenschaften der Z-Diode aus?

10. Wie kann man den Einfluß der Temperatur bei der Z-Diode kompensieren?
11. Weshalb muß die Z-Diode immer mit einem Vorwiderstand betrieben werden?
12. Wie sind Si-Referenzelemente aufgebaut, und wozu werden sie verwendet?

6.3 Transistoren

Die ersten Transistoren waren *Spitzen-Transistoren*. Ähnlich wie bei der Spitzendiode waren zwei dünne Metallspitzen in geringem Abstand auf einen dotierten Ge-Kristall aufgesetzt und mit dem Kristall verschweißt. Diese Spitzentransistoren hatten sehr viele Nachteile, so daß sie bald völlig von den *Flächen-Transistoren* verdrängt wurden. Wenn man heute von Transistoren spricht, meint man Flächentransistoren, die aus drei verschieden dotierten Zonen bestehen. Dabei besteht die Möglichkeit, diese Zonen in der Reihenfolge p-n-p anzuordnen, wie es meist bei Ge-Transistoren geschieht, man spricht dann von einem *pnp-Transistor*; oder die Reihenfolge ist n-p-n, wie bei den meisten Si-Transistoren, so daß man von einem *npn-Transistor*

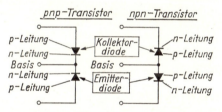

Bild 6.3.1. Vergleich des Transistors mit zwei gegeneinander geschalteten Dioden

spricht. Natürlich gibt es auch npn-Ge-Transistoren und pnp-Si-Transistoren. Diese sind jedoch aus herstellungstechnischen Gründen seltener. Die Anschlüsse der äußeren Zonen heißen *Emitter* und *Kollektor*, während der Anschluß der mittleren Schicht, die immer schwächer dotiert sein muß als die beiden anderen, *Basis* genannt wird. Diese Basisschicht ist sehr dünn, ihre Dicke beträgt etwa 50 μm. Zwischen den drei Schichten eines Transistors gibt es zwei pn-Übergänge, so daß man den Transistor ersatzweise durch eine Gegeneinanderschaltung von zwei Dioden darstellen kann (**Bild 6.3.1**). Wegen der äußerst dünnen Basisschicht beeinflussen sich die elektrischen Vorgänge in den beiden Dioden gegenseitig, so daß man einen Transistor keinesfalls in der Praxis durch zwei normale Halbleiter-Dioden ersetzen kann.

Merke: Transistoren sind Bauelemente mit drei Halbleiterschichten in der Folge p-n-p oder n-p-n. Die mittlere Schicht (Basisschicht) ist äußerst dünn.

6.3.1 Wirkungsweise des Transistors

Transistoren sind *aktive* Bauelemente, sie werden als Verstärker-Bauelemente und als Schalter eingesetzt. Die Betriebsspannungen schließt man grundsätzlich so an den Transistor an, daß die *Emitter-Diode in Durchlaßrichtung*, die *Kollektor-Diode in Sperrrichtung* geschaltet ist, wie es **Bild 6.3.2** zeigt. Da man die Kollektor-Diode in

6 Halbleiter

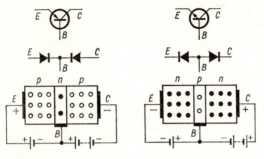

Bild 6.3.2. pnp- und npn-Transistor – Symbole und Transistoren mit angelegten Betriebsspannungen

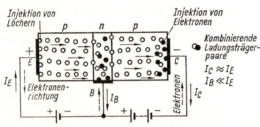

Bild 6.3.3. Die elektrischen Vorgänge im Transistor

Sperrichtung betreibt, fließt über diese Diode nur ein sehr geringer Sperrstrom, solange über die Emitter-Diode noch kein Strom fließt. Fließt ein Strom über die Emitter-Diode, so wird die Sperrwirkung der Kollektor-Diode je nach der Höhe des Emitter-Stromes mehr oder weniger aufgehoben, da beide Dioden wegen der geringen Stärke der Basisschicht stark miteinander verkoppelt sind. So kann man mit dem Emitterstrom den Kollektorstrom steuern. Das geschieht auf folgende Weise **(Bild 6.3.3)** (die Vorgänge werden anhand eines pnp-Transistors erklärt):

Der PLUS-Pol der Emitterspannungsquelle liegt am Emitter (p-Schicht), der MINUS-Pol an der Basis (n-Schicht). Dadurch wird die Emitter-Diode in Durchlaßrichtung betrieben. Das Potential am Emitter-Anschluß injiziert durch Absaugen von Elektronen Löcher in die p-Schicht. Auf diese Weise wird die p-Schicht mit Löchern überschwemmt. Die Basis zieht diese Löcher an. Da die Basis-Schicht schwächer dotiert ist, können dort nur wenige Löcher mit Elektronen dieser Schicht kombinieren. Wegen der geringen Dicke der Basisschicht werden die meisten Löcher über die np-Sperrschicht in die Kollektorschicht hinübergezogen, denn am Kollektor liegt ein höheres negatives Potential als an der Basis. Dieses Kollektorpotential zieht die Löcher an. Da die Löcher die Kollektor-Sperrschicht überschwemmen, baut sich diese Sperrschicht teilweise ab. Deshalb kommt ein Stromfluß über diese Diodenstrecke zustande. Man erkennt, daß die Stärke dieses Kollektorstromes weitgehend von der Stärke des Emitterstromes abhängt. In der Basisleitung fließt nur ein geringer Strom, denn dieser muß nur die wenigen Elektronen der Basisschicht ergänzen, die mit Löchern aus der Emitterschicht kombinieren. Somit ist der Emitterstrom der stärkste Strom, während der Kollektorstrom etwas schwächer als der Emitterstrom ist.

6.3 Transistoren

Da der Emitterstrom annähernd gleich dem Kollektorstrom ist, erkennt man die Verstärkerwirkung des Transistors nicht sofort. Um diese Wirkung erkennbar zu machen, soll ein Arbeitswiderstand in den Kollektorkreis eingebaut werden, während in den Emitterkreis zusätzlich ein Wechselspannungsgenerator eingeschaltet wird, so wie es **Bild 6.3.4** zeigt. Dem Emitter-Gleichstrom wird damit der Generatorwechselstrom überlagert. Durch den Arbeitswiderstand R_a fließt ein Gleichstrom, dem ein Wechselstrom überlagert ist. Dieser Kollektorstrom ruft am Arbeitswiderstand R_a einen Spannungsabfall hervor, der aus einem Gleichspannungsanteil und einem überlagerten Wechselspannungsanteil besteht. Macht man R_a entsprechend groß und vergleicht den Wechselspannungsanteil von U_2 mit der Wechselspannung U_1, so stellt man fest, daß der Transistor eine hohe Spannungsverstärkung hervorruft. Die Spannungsverstärkung ist

$$v_u = \frac{\Delta U_2}{\Delta U_1} \tag{6.4}$$

Da $I_C \approx I_E$ ist, findet in dieser Schaltung keine Stromverstärkung statt.

Weil am Arbeitswiderstand auch eine Gleichspannung abfällt, muß die treibende Spannung im Kollektorkreis genügend groß gemacht werden, damit die Kollektor-Basisspannung des Transistors noch ausreichend hoch wird, denn die Betriebsspannung teilt sich auf Kollektor-Diode und Arbeitswiderstand auf. Schreibt man $I_C \approx I_E = I$, so lassen sich die Gleichungen für Steuerleistung und Ausgangsleistung des Transistors sehr einfach angeben:

$P_1 = \Delta U_1 \cdot I$

$P_2 = \Delta U_2 \cdot I$

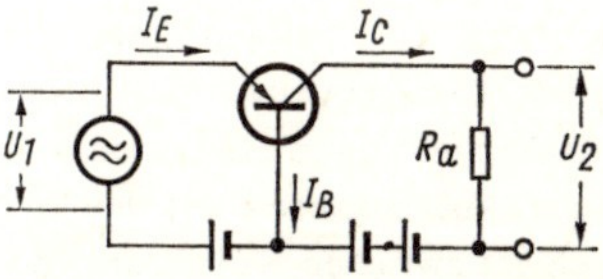

Damit kann man auch die Leistungsverstärkung angeben:

Bild 6.3.4. Der Transistor in einer Verstärkerschaltung (Strompfeile: Techn. Stromrichtung)

$$v_p = \frac{P_2}{P_1} \tag{6.5}$$

Merke: Die Eingangsdiode des Transistors wird immer in Durchlaßrichtung, die Ausgangsdiode immer in Sperrichtung geschaltet.

Eingangs- und Ausgangswiderstand des Transistors lassen sich wie folgt ermitteln (**Bild 6.3.5**):

$I_E = I_B + I_C$; I_B ist sehr klein!

Deshalb ist

$I_E \approx I_C = I$

6 Halbleiter

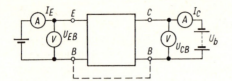

Bild 6.3.5. Die Ermittlung von Eingangs- und Ausgangswiderstand des Transistors

Der Eingangswiderstand ist:

$$R_1 = \frac{U_{EB}}{I_E} \approx \frac{U_{EB}}{I} \quad (6.6)$$

Der Ausgangswiderstand:

$$R_2 = \frac{U_{CB}}{I_C} \approx \frac{U_{CB}}{I} \quad (6.7)$$

Da in beiden Gleichungen die Ströme annähernd gleich sind, gilt:

R_1 proportional U_{EB};
R_2 proportional U_{CB};
und U_{EB} klein gegen U_{CB}.

Der Eingangswiderstand des Transistors ist sehr klein (50 ... 100 Ω). Der Ausgangswiderstand ist hoch (100 ... 200 kΩ).

Bei mehrstufigen Verstärkern mit Transistoren in dieser Schaltung (man nennt sie *Basisschaltung*, weil die Basis gemeinsame Elektrode für Eingangs- und Ausgangskreis ist) kann man nur mit transformatorischer Kopplung zwischen den Stufen arbeiten, denn nur ein Übertrager kann den hohen Ausgangswiderstand der einen Transistorstufe an den niedrigen Eingangswiderstand der folgenden Stufe anpassen. In der Praxis sind Hochfrequenzstufen meist transformatorisch gekoppelt. Die Verwendung der Basisschaltung in Hf-Stufen bringt außerdem noch den Vorteil, daß die Rückwirkung vom Ausgangskreis auf den Eingangskreis des Transistors gering ist, weil die Basisschicht zwischen Kollektor- und Emitterschicht hochfrequenzmäßig auf Nullpotential gelegt wird. Verstärkerstufen mit Transistoren erreichen deshalb in der Basisschaltung eine höhere obere Grenzfrequenz.

In Niederfrequenz-Verstärkerschaltungen bevorzugt man die RC-Kopplung zwischen den einzelnen Verstärkerstufen als einfachste und billigste Kopplungsart. In Basisschaltung wäre jedoch die Fehlanpassung bei RC-Kopplung der Stufen viel zu hoch.

In der meist gebräuchlichen Röhren-Verstärkerschaltung benutzen Ausgangskreis und Eingangskreis *gemeinsam* die Katode. Diese Elektrode führt den höchsten Strom. Sie entspricht damit dem Emitter beim Transistor **(Bild 6.3.6)**.

Auch in der *Emitterschaltung* sind die Betriebsspannungen so anzulegen, daß die Eingangsstrecke (Basis-Emitterstrecke) in Durchlaßrichtung und die Ausgangsstrecke (Kollektor-Emitterstrecke) in Sperrichtung geschaltet sind **(Bild 6.3.7)**.

Für die Eingangsstrecke gilt jetzt:

Eingangs-Spannung (U_{BE}) niedrig (wie bei der Basisschaltung)

6.3 Transistoren

Bild 6.3.6. Die Katodenbasis-schaltung einer Verstärkerröhre entspricht der Emitterbasis-schaltung – kurz Emitter-Schaltung genannt – beim Transistor

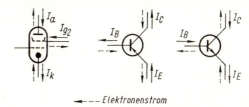

←---- Elektronenstrom

Bild 6.3.7. pnp- und npn-Transistor in Emitterschaltung mit angelegten Spannungen

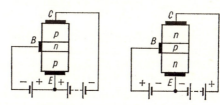

Eingangs-Stromstärke (I_B) sehr niedrig (bei Basisschaltung sehr hoch)

$$R_1 = \frac{U_{BE}}{I_B}$$ muß demnach viel höher sein als in Basisschaltung.

Für die Ausgangsstrecke gilt:
Die Ausgangs-Spannung (U_{CE}) liegt jetzt zwischen Kollektor und Emitter, während die Spannung bei der Basisschaltung zwischen Kollektor und Basis lag. Demnach liegt jetzt zwischen Kollektor und Basis eine geringere Spannung. Da der Kollektorstrom in beiden Schaltungen als gleich betrachtet werden kann, muß der Ausgangswiderstand in Emitterschaltung kleiner sein als in Basisschaltung.

In Emitterschaltung beträgt der Eingangswiderstand des Transistors etwa 1 kΩ, sein Ausgangswiderstand etwa 10 ... 20 kΩ.

Bei diesen Werten ist eine RC-Kopplung zwischen den Transistorstufen möglich. Die obere Grenzfrequenz des Transistors ist in der Emitterschaltung geringer als in der Basisschaltung. Bei der *Kollektorschaltung* ist der Eingangswiderstand sehr hoch, der Ausgangswiderstand klein. Sie dient nur zur Anpassung (siehe Tabelle in Abschnitt 6.3.2.6).

Merke: **Bei mehrstufigen RC-gekoppelten Verstärkern ergibt sich die geringste Fehlanpassung, wenn man die Transistoren in Emitterschaltung betreibt.**

6.3.2 Kennlinien und Kenngrößen des Transistors

Im folgenden Abschnitt sollen die Kennlinien und Kenngrößen des Transistors in Emitterschaltung behandelt werden, da die Emitterschaltung die gebräuchlichste Transistorschaltung ist. Selbstverständlich kann man mit dem Transistor in Basisschaltung oder in Kollektorschaltung auch Kennlinien aufnehmen, die jeweils stark voneinander abweichen. Da bei jedem Halbleiter-Bauelement die Eigenleitung mit zunehmender Temperatur stark zunimmt, gelten die Kennlinien nur für die Temperatur, bei der sie aufgenommen wurden.

6 Halbleiter

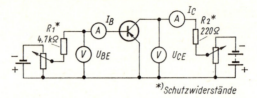

*) Schutzwiderstände

Bild 6.3.8. Meßschaltung zum Aufnehmen von Transistorkennlinien

Man betrachtet den Transistor als *Vierpol*, da Eingang und Ausgang miteinander galvanisch gekoppelt sind, so daß die Verhältnisse am Ausgang (Größe des Arbeitswiderstandes, Belastung) auf den Eingang zurückwirken und umgekehrt.

Im Gegensatz zur Verstärkerröhre tritt beim Transistor ein Eingangsstrom auf, der Transistor läßt sich also *nicht leistungslos* steuern. Da hier vier elektrische Größen vorhanden sind, die sich gegenseitig beeinflussen (gegenüber der Verstärkerröhre mit drei Größen), lassen sich beim Transistor mehr Kennlinienfelder als bei der Röhre aufnehmen. Der Verlauf aller Kennlinien ist stark temperaturabhängig. **Bild 6.3.8** zeigt die Meßschaltung.

6.3.2.1 Steuerkennlinien

Der Eingangsstrom des Transistors (I_B) steuert den Ausgangsstrom (I_C). Die Ausgangsspannung (U_{CE}) wird bei diesen Messungen konstant gehalten, sie ist *Parameter*. (Konstante Ausgangsspannung bedeutet: Wechselstrommäßig kurzgeschlossener Ausgang, also $R_a = 0$.) In Analogie zur Röhre trägt man die steuernde Größe meistens nach links, die gesteuerte Größe nach oben auf **(Bild 6.3.9)**.

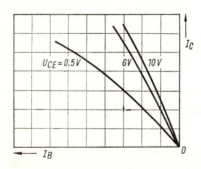

Bild 6.3.9. Steuerkennlinie eines Transistors

Führt man die Messung für verschiedene Parameter U_{CE} durch, so erkennt man, daß der Einfluß der Spannung U_{CE} auf den Steuervorgang sehr gering ist. Der Transistor verhält sich in dieser Beziehung ähnlich wie die Pentode. Für Schalttransistoren in Emitterschaltung ist das Gleichstromverhältnis $B = \dfrac{I_C}{I_B}$ besonders wichtig.

6.3 Transistoren

6.3.2.2 Ausgangskennlinien

In diesem Kennlinienfeld ist der Zusammenhang zwischen den Ausgangsgrößen des Transistors, nämlich I_C in Abhängigkeit von U_{CE} grafisch dargestellt. Parameter kann der Steuerstrom I_B oder die steuernde Spannung U_{BE} sein.

I_B = const. als Parameter bedeutet: *offener Eingang* $(R = \infty)$
U_{BE} = const. als Parameter bedeutet: *kurzgeschlossener Eingang* $(R = 0)$.

Wird der Transistor von einem Wechselspannungsgenerator gesteuert, dessen Innenwiderstand sehr groß gegenüber dem Eingangswiderstand des Transistors ist, so bestimmt der Generator-Innenwiderstand praktisch die Stromstärke dieses Kreises. Auch wenn sich der Eingangswiderstand des Transistors ändert, kann sich die Eingangsstromstärke praktisch nicht ändern. Theoretisch ist das natürlich nur der Fall, wenn der Generator-Innenwiderstand *unendlich* groß ist.

Hält man bei Messungen den Eingangsstrom konstant, indem man bei Änderungen des Stromes diesen von Hand oder automatisch auf den ursprünglichen Wert wieder nachstellt, so täuscht man einen unendlich großen Generator-Innenwiderstand vor.

Bleibt die Eingangsspannung trotz Änderung des Eingangsstromes konstant, so muß der Generator-Innenwiderstand *Null* sein, denn U_{BE} kann nur konstant sein, wenn der Spannungsabfall am Generator-Innenwiderstand Null ist.

Bevor man die Messungen durchführt, muß man sich über die Grenzwerte des Transistors informieren. Die Hersteller geben für jeden Transistortyp folgende Grenzwerte an:

die höchstzulässige Verlustleistung $P_{C+E\,max}(P_{v\,max})$,
die höchstzulässige Kollektor-Emitterspannung $U_{CE\,max}$,
den höchstzulässigen Kollektorstrom $I_{C\,max}$.

Diese Grenzen werden zuerst in die grafische Darstellung eingetragen. Das Überschreiten dieser Grenzwerte kann zur Zerstörung des Transistors führen.

Bild 6.3.10. Ausgangskennlinienfeld eines Transistors mit eingetragenen Grenzwerten

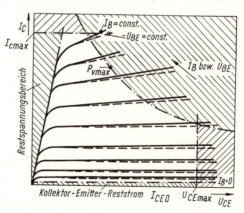

6 Halbleiter

Anhand der Kennlinien (**Bild 6.3.10**) erkennt man, daß sich die Verhältnisse am Eingang (Leerlauf oder Kurzschluß) auf die Ausgangsgrößen auswirken. Die Betrachtung des Transistors als Vierpol ist also gerechtfertigt, da sich Ausgangs- und Eingangsgrößen gegenseitig beeinflussen. Da man bei der praktischen Anwendung (z. B. Verstärkerschaltung) weder mit kurzgeschlossenem noch mit offenem Eingang arbeitet, müßte man dann eine Kennlinie verwenden, die zwischen den beiden Extremfällen liegt, die genaue Lage dieser Kennlinie ist jedoch nicht zu ermitteln.

Der aussteuerbare Bereich des Transistors wird noch durch zwei weitere Größen begrenzt, den Kollektor-Emitter-Reststrom (I_{CEO}) und den Restspannungsbereich.

Der *Kollektor-Emitter-Reststrom* ist derjenige Kollektorstrom, der auch dann fließt, wenn der Transistor nicht angesteuert wird ($I_B = 0$; $U_{BE} = 0$). Es ist der Sperrstrom der Kollektor-Emitterstrecke.

Der *Restspannungsbereich* ist das Gebiet jenseits der aufsteigenden Kennlinienäste. Vergleicht man diesen Restspannungsbereich mit dem der Pentode, so erkennt man, daß er beim Transistor im Verhältnis viel geringer als bei der Pentode ist. Dort beträgt er ungefähr $1/3$ des aussteuerbaren Anodenspannungsbereiches (≈ 100 V), während er beim Transistor nur etwa 0,5 V beträgt. Aus diesem Grunde ist es möglich, den Transistor als Schalter einzusetzen. Am durchgeschalteten Transistor fällt dann nur die Restspannung von ungefähr 0,5 V ab.

Das Ausgangskennlinienfeld ist auch beim Transistor die wichtigste grafische Darstellung. Mit Hilfe der Arbeitsgeraden kann man aus diesen Kennlinien die wichtigsten Daten entnehmen.

6.3.2.3 Eingangskennlinien

Das Steuern des Transistors erfordert Steuerleistung. Neben der Steuerspannung U_{BE} ist ein Steuerstrom I_B erforderlich. Deshalb untersucht man den Verlauf des Basisstromes I_B in Abhängigkeit von der Spannung U_{BE}. Parameter ist bei dieser Messung die Kollektor-Emitterspannung U_{CE} (kurzgeschlossener Ausgang). Es könnte

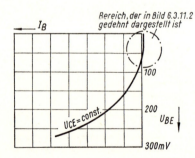
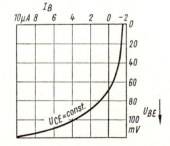

Bild 6.3.11.1. Eingangskennlinien des Transistors

Bild 6.3.11.2. Der untere Bereich der Eingangskennlinien wurde gedehnt, damit die Stromumkehr sichtbar wird

6.3 Transistoren

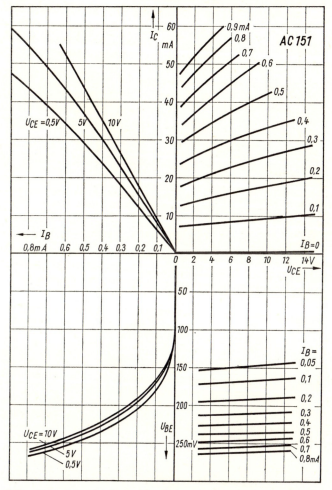

Bild 6.3.12. Die wichtigsten Kennlinien des Transistors AC 151 in gemeinsamer Darstellung

natürlich auch der Kollektorstrom I_C Parameter sein (offener Ausgang), was jedoch nicht üblich ist.

Die Kennlinie **Bild 6.3.11.1** zeigt, daß der Eingangswiderstand des Transistors nicht konstant ist, sondern vom gewählten Arbeitspunkt der Schaltung abhängt.

Wenn man den Kennlinienbereich sehr kleiner Basis-Emitterspannung U_{BE} (Kreis) vergrößert darstellt, so bemerkt man, daß der Basisstrom schon bei etwa 75 mV zu Null

6 Halbleiter

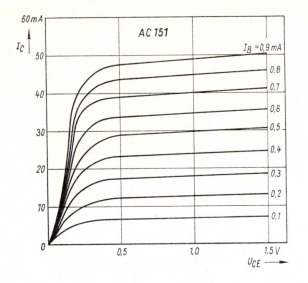

Bild 6.3.13.1. Das Ausgangskennlinienfeld im Bereich geringer Kollektor-Emitter-Spannungen

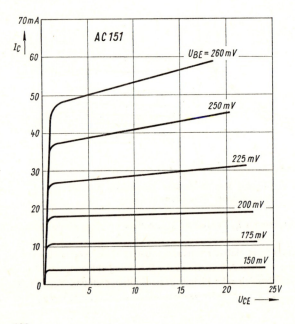

Bild 6.3.13.2. Das Ausgangskennlinienfeld mit der Basis-Emitterspannung als Parameter

6.3 Transistoren

wird und bei noch geringerer Basis-Emitterspannung seine Richtung sogar umkehrt (Bild 6.3.11.2).

Die Hersteller geben oft noch ein weiteres Kennlinienfeld an, das die Rückwirkung der Spannung U_{CE} am Ausgang auf die Spannung U_{BE} am Eingang darstellt. Parameter ist in dieser Darstellung der Eingangsstrom I_B. Diese vier Kennlinienfelder kann man zusammen in einem Schaubild darstellen (Bild 6.3.12). Jedes Kennlinienfeld läßt sich aus den übrigen drei Kennlinienfeldern konstruieren. Für den Ausgang werden meist zwei Ausgangskennlinienfelder angegeben; bei dem einen ist I_B, beim anderen U_{BE} Parameter. Oft wird in einem weiteren Kennlinienfeld der aufsteigende Teil der Ausgangskennlinien durch Dehnung des U_{CE}-Maßstabes gesondert dargestellt (Bilder 6.3.13.1 und 6.3.13.2).

Merke: Bei Transistoren beeinflussen sich die Größen Eingangsspannung, Eingangsstrom, Ausgangsspannung und Ausgangsstrom gegenseitig.
Neben Ausgangskennlinien und Steuerkennlinien wie bei der Verstärkerröhre gibt es hier außerdem noch Eingangskennlinien.

6.3.2.4 Kenngrößen

In das Ausgangskennlinienfeld zeichnet man die Arbeitsgerade ein (Arbeitswiderstand R_a), denn am Arbeitswiderstand des Transistors soll eine verstärkte Spannung abgegriffen werden, sobald der Transistor mit einer Wechselspannung oder einem Wechselstrom angesteuert wird. Diese Steuergrößen bewirken eine Änderung des Kollektorstromes. Die Arbeitsgerade beginnt auf der U_{CE}-Achse bei der Betriebsspannung U_b und schneidet die I_C-Achse im Punkt I'_C. Dieser Strom I'_C berechnet sich:

$$\boxed{I'_C = \frac{U_b}{R_a}} \qquad (6.8)$$

Nachdem der Arbeitspunkt auf der Arbeitsgeraden festgelegt und in die anderen Kennlinienfelder übertragen ist (Bild 6.3.14), lassen sich die Daten des Arbeitspunktes ablesen:

U_{CE0} ; I_{C0} ; I_{B0} und U_{BE0}.

Nun kann man untersuchen, was eine bestimmte Änderung des Steuerstromes ΔI_{B0} (in der Umgebung des Arbeitspunktes) bewirkt:

ΔI_{B0} ruft die Kollektorstromänderung ΔI_{C0} hervor,
ΔI_{C0} verursacht die Spannungsänderung ΔU_{CE0} am Arbeitswiderstand.

Außerdem muß ΔI_{B0} von einer Spannungsänderung ΔU_{BE0} herrühren, ΔI_{B0} ruft am Transistoreingang die Änderung ΔU_{BE0} hervor. Damit kann man folgende Werte der Schaltung errechnen:

6 Halbleiter

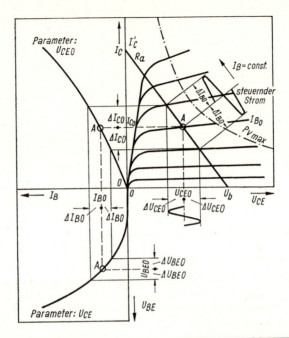

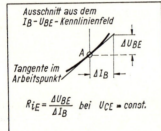

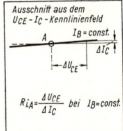

Bild 6.3.14. Die Ermittlung der Transistor-Kenngrößen aus den Kennlinien

die Spannungsverstärkung $\quad\boxed{v_\mathrm{u} = \dfrac{\Delta U_\mathrm{CEO}}{\Delta U_\mathrm{BEO}}}\;;$ (6.9)

die Stromverstärkung $\quad\boxed{v_\mathrm{i} = \dfrac{\Delta I_\mathrm{CO}}{\Delta I_\mathrm{BO}}}\;;$ (6.10)

6.3 Transistoren

wobei zu beachten ist, daß diese Berechnung nicht ganz exakt ist, da man mit ΔU_{CE0} rechnet und ΔU_{BE0} einer Kurve mit dem Parameter U_{CE} = const. entnimmt. Der Fehler ist jedoch sehr gering, da alle Kurven mit unterschiedlichem Parameter U_{CE} sehr eng beieinander liegen. Entsprechendes gilt für die Berechnung von v_i.

Aus der Kennlinie I_{B0} des U_{CE}-I_C-Kennlinienfeldes kann man den dynamischen Innenwiderstand des Transistors, von der Ausgangsseite her gesehen, bestimmen (siehe Bild 6.3.14):

$$\boxed{R_{iA} = \frac{\Delta U_{CE}}{\Delta I_C} \begin{pmatrix} \text{Eingang offen} \\ I_B = \text{const.} \end{pmatrix}} \quad (6.11)$$

Benutzt man das U_{CE}-I_C-Kennlinienfeld mit U_{BE} als Parameter, so läßt sich der ausgangsseitige Innenwiderstand des Transistors bei kurzgeschlossenem Eingang berechnen.

Die Steilheit der Kennlinie ($U_{CE} = U_{CE0}$ = const.) des U_{BE}-I_B-Kennlinienfeldes im Arbeitspunkt gestattet die Berechnung des eingangsseitigen Transistor-Innenwiderstandes R_{iE} (siehe Ausschnitt in Bild 6.3.14 links unten):

$$\boxed{R_{iE} = \frac{\Delta U_{BE}}{\Delta I_B} \begin{pmatrix} \text{Ausgang kurzgeschlossen} \\ U_{CE} = \text{const.} \end{pmatrix}} \quad (6.12)$$

Die Ausgangs- und Eingangswiderstände beim Betrieb des Transistors in einer Verstärkerschaltung lassen sich also nicht genau berechnen, jedoch sind die Abweichungen von den errechneten Werten gering. Hier muß darauf hingewiesen werden, daß die Eigenschaften der Transistoren zum Teil erheblich von den Angaben, die der Hersteller macht (Kennlinien), abweichen. Eine übertriebene Genauigkeit ist deshalb bei der Projektierung einer Schaltung sinnlos.

Merke: Wird bei einer Messung die Spannung U_{CE} konstant gehalten, so bedeutet das: Der Ausgang des Transistors ist wechselstrommäßig kurzgeschlossen, der Arbeitswiderstand R_a ist Null!
Hält man bei einer Messung dagegen den Eingangsstrom I_B des Transistors konstant, so bedeutet das: Der Eingang ist wechselstrommäßg offen, der Innenwiderstand des steuernden Generators ist unendlich groß!

Aus den Kennlinien ist ersichtlich, daß die angegebenen oder errechneten Werte immer nur für einen bestimmten Arbeitspunkt gelten. Die verschiedenen Kennlinien I_B = const. des U_{CE}-I_C-Kennlinienfeldes haben alle verschiedene Steigungen, so daß sich der ausgangsseitige Innenwiderstand mit der Lage des Arbeitspunktes ändert. Die Kennlinie U_{CE} = const. des U_{BE}-I_B-Kennlinienfeldes ist stark gekrümmt, so daß der eingangsseitige Innenwiderstand des Transistors sich je nach Lage des Arbeitspunktes ebenfalls stark verändert. Der eingangsseitige Innenwiderstand verändert sich sogar

6 Halbleiter

bei der Ansteuerung des Transistors mit einer Wechselspannung recht stark, sofern der Arbeitspunkt im Bereich starker Krümmung der Kennlinie liegt.

Betrachtet man einen mehrstufigen Transistorverstärker mit RC-Kopplung, so stellt man fest, daß man ohne weiteres mit U_{CE} = const., also kurzgeschlossenem Ausgang, rechnen kann, da der niedrige Eingangswiderstand der folgenden Transistorstufe diesen Ausgang stark belastet. Für den Eingangskreis kann man aber weder Leerlauf- noch Kurzschlußbetrieb annehmen, da der Ausgangswiderstand des davor liegenden Transistors viel höher als der Eingangswiderstand ist, jedoch auch nicht so hoch, daß man von Leerlauf sprechen kann.

6.3.2.5 Endstufentransistoren

Bei Endstufentransistoren interessiert besonders die Ausgangsleistung. Sie läßt sich aus den Kennlinien entnehmen (**Bild 6.3.15**).

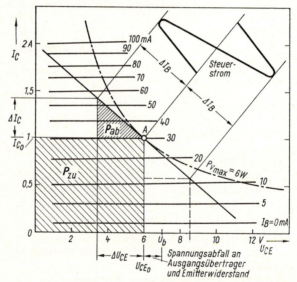

Bild 6.3.15. Ermittlung der wichtigsten Werte eines Endstufentransistors aus dessen Kennlinien

Für die Ansteuerung mit dem Spitzenwert des Basiswechselstromes ΔI_B ergeben sich bei gegebenem R_a die Kollektorstromänderung ΔI_C und die Kollektor-Emitterspannungsänderung ΔU_{CE}. Die Fläche des schraffierten Dreiecks stellt die Ausgangsleistung des Transistors dar, denn

$$P_{ab} = \frac{\Delta U_{CE} \cdot \Delta I_C}{2} \tag{6.13}$$

6.3 Transistoren

$$P_{ab} = U_{CE} \cdot I_C \qquad U_{CE} \; ; I_C \; ... \; \text{Effektivwerte} \left(U_{CE} = \frac{\Delta U_{CE}}{\sqrt{2}} \right)$$

$$P_{ab} = \frac{\Delta U_{CE}}{\sqrt{2}} \cdot \frac{\Delta I_C}{\sqrt{2}} = \frac{\Delta U_{CE} \cdot \Delta I_C}{2}$$

Die aufgenommene Leistung des Transistors erhält man, indem man die Strom- und Spannungswerte des Arbeitspunktes miteinander multipliziert. Die höchstzulässige Verlustleistung ist hier im Gegensatz zu den Röhren kein fester Wert, denn sie hängt sehr stark von der Kühlung des Transistors ab.

$$\boxed{P_{zu} = U_{CE0} \cdot I_{C0}} \tag{6.14}$$

Zum Ansteuern des Transistors ist folgende Leistung erforderlich:

$$\boxed{P_e \approx \frac{\Delta U_{BE} \cdot \Delta I_B}{2}} \tag{6.15}$$

Nun kann man die Leistungsverstärkung des Transistors berechnen:

$$\boxed{v_p = \frac{P_{ab}}{P_e}} \tag{6.16}$$

6.3.2.6 Kleinsignalverstärkung

In Vorverstärkerstufen möchte man eine möglichst große Spannungsverstärkung erzielen. Das erreicht man dadurch, daß man den Arbeitswiderstand groß macht (3 bis 10 kΩ). Zeichnet man diese Arbeitsgerade in das Ausgangskennlinienfeld ein, so stellt man fest, daß sie sehr flach verläuft, meist in einem Bereich, für den gar keine Kennlinien mehr angegeben sind. Solche Stufen für die Verstärkung kleiner Signale kann man demnach nicht anhand der Kennlinien untersuchen.

Die wichtigsten Größen dieser Verstärkerstufen errechnet man anhand der vom Hersteller angegebenen Kennwerte, der *Vierpolparameter*. Zum Verständnis dieses Verfahrens muß man den Transistor als *Vierpol* betrachten (**Bild 6.3.16**).

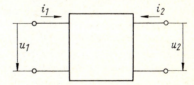

Bild 6.3.16. Der Transistor als Vierpol

u und *i* sind Wechselstromgrößen

6 Halbleiter

Am Vierpol kann man die Eingangsspannung u_1, die Ausgangsspannung u_2, den Eingangsstrom i_1 und den Ausgangsstrom i_2 messen. Alle diese *Wechselstromgrößen* beeinflussen sich gegenseitig, d. h. die Eingangsspannung hängt sowohl vom Eingangsstrom als auch von der Ausgangsspannung ab. Ebenso hängt der Ausgangsstrom von Eingangsstrom und Ausgangsspannung ab. Wie diese Größen voneinander abhängen, geben folgende Kenngrößen des Transistors an: die *Vierpol-Parameter*. Den Zusammenhang beschreiben zwei Gleichungen (Vierpolgleichungen):

$$u_1 = h_{11} \cdot i_1 + h_{12} \cdot u_2$$
und $$i_2 = h_{21} \cdot i_1 + h_{22} \cdot u_2$$
(6.17)

Was diese einzelnen Vierpol-Parameter bedeuten, kann man sofort erkennen, wenn man die Extremfälle für den Betrieb des Transistors betrachtet. Ein Extremfäll wäre: Wechselspannungsmäßiger Kurzschluß des Ausgangs. Die Ausgangswechselspannung u_2 wäre dann *Null*, und die erste Vierpolgleichung würde sich folgendermaßen vereinfachen:

$$u_1 = h_{11} \cdot i_1$$

Durch Umstellen erhält man die Form:

$$\boxed{h_{11} = \frac{u_1}{i_1}} \quad \text{in } \Omega \text{ (sprich: h - eins - eins)} \tag{6.18}$$

Dies ist der Wechselstrom-Eingangswiderstand des Transistors bei kurzgeschlossenem Ausgang.

Die zweite Gleichung liefert für $u_2 = 0$ folgende Vereinfachung:

$$i_2 = h_{21} \cdot i_1 \quad \text{(h — zwei — eins)}$$

und umgestellt:

$$\boxed{h_{21} = \frac{i_2}{i_1}} \tag{6.19}$$

Dies ist *der Stromverstärkungsfaktor des Transistors bei kurzgeschlossenem Ausgang.* Da der Transistor nicht mit völlig kurzgeschlossenem Ausgang betrieben wird, ist die Stromverstärkung in der Praxis dann kleiner als dieser Stromverstärkungsfaktor h_{21}, denn *nur* bei Kurzschluß des Ausgangs fließt der maximale Strom i_2. Aber bereits früher wurde festgestellt, daß der Transistor in RC-gekoppelten Verstärkerschaltungen durch den geringen Eingangswiderstand der folgenden Stufe so stark belastet wird, daß er zumindest annähernd im Kurzschluß arbeitet, so daß der Wert h_{21} auch annähernd für die Praxis Gültigkeit hat.

6.3 Transistoren

Steuert man den Transistor *nicht* mit einem Eingangs-Wechselstrom an (der Eingang wäre demnach offen), so liefert die zweite Vierpolgleichung folgendes, da nun $i_1 = 0$ ist:

$$i_2 = h_{22} \cdot u_2$$

$$\boxed{h_{22} = \frac{i_2}{u_2}} \quad \text{in S} \tag{6.20}$$

Dies ist der *Wechselstrom-Ausgangsleitwert bei offenem Eingang*.
Anhand dieser drei Vierpol-Parameter kann man die wichtigsten Daten einer Verstärkerschaltung schnell überschlagen, nämlich:
Eingangswiderstand, Stromverstärkung und Ausgangsleitwert bzw. Ausgangswiderstand.
Die Parameter heißen *h*-Parameter (Hybrid-Parameter = Misch-Parameter), weil nicht alle vier Parameter die gleiche Einheit haben. Natürlich gelten für die Emitterschaltung andere *h*-Parameterwerte als für die Basisschaltung. Um zu kennzeichnen, für welche Grundschaltung die angegebenen Parameter gelten, kann man sie noch durch Indizes kenntlich machen:

Emitterschaltung	Basisschaltung	Kollektorschaltung
h_{11e}, h_{12e}	h_{11b}, h_{12b}	h_{11c}, h_{12c}
h_{21e}, h_{22e}	h_{21b}, h_{22b}	h_{21c}, h_{22c}

Aus den Parametern der einen Grundschaltung kann man auch die Parameter der anderen Grundschaltungen errechnen.
Da die Abweichungen der Transistorwerte von den Angaben der Hersteller oft erheblich sind, erübrigt sich eine genaue Berechnung der Schaltungswerte, die Kenntnis der Vierpol-Parameter reicht für die Praxis völlig aus, auch wenn diese nur näherungsweise gelten. Die Bedingungen, für welche die Vierpolparameter angegeben werden, nämlich kurzgeschlossener Ausgang oder offener Eingang, kommen in der Praxis niemals vor. Die einzelnen Betriebswerte hängen vielmehr stark vom Generatorwiderstand R_g und dem Arbeitswiderstand R_a ab. Für die genaue Berechnung der Betriebswerte gibt es eine Reihe von Gleichungen. Danach errechnet sich der Eingangswiderstand:

$$\boxed{R_{iE} = \frac{h_{11} + R_a \cdot \Delta h}{1 + h_{22} \cdot R_a}} \quad \text{in } \Omega \tag{6.21}$$

Der ausgangsseitige Innenwiderstand ist:

$$\boxed{R_{iA} = \frac{h_{11} + R_g}{\Delta h + h_{22} \cdot R_g}} \quad \text{in } \Omega \tag{6.22}$$

6 Halbleiter

Transistor-Betriebswerte

	Emitterschaltung	Basisschaltung	Kollektorschaltung
Spannungsverstärkung	groß	groß	kleiner als 1
Stromverstärkung	groß	kleiner als 1	groß
obere Grenzfrequenz	niedrig	hoch	sehr hoch
Eingangswiderstand	etwa 1 kΩ	etwa 100 Ω	etwa 250 kΩ
Ausgangswiderstand	etwa 10 kΩ	etwa 200 kΩ	etwa 1 kΩ
Phasenverschiebung zw. Eingangs- und Ausgangsspannung	180°	0°	0°
Anwendungsbeispiele	RC-gekoppelter Verstärker, Schalterbetrieb	Hf-Verstärker, Oszillatoren	Transistorvoltmeter, Anpassung an hochohmigen Generator

Die tatsächliche Stromverstärkung:

$$v_i = \frac{h_{21}}{1 + h_{22} \cdot R_a} \tag{6.23}$$

Man beachte: Wenn $R_a = 0$ ist, wird $v_i = h_{21}$. Das ist die größtmögliche Stromverstärkung des Transistors, man erreicht sie bei kurzgeschlossenem Ausgang.
Die Spannungsverstärkung:

$$v_u = \frac{-h_{21} \cdot R_a}{h_{11} + R_a \cdot \Delta h} \tag{6.24}$$

Man beachte: Bei $R_a = 0$ ist $v_u = 0$

6.3 Transistoren

Die Leistungsverstärkung:

$$v_p = v_u \cdot v_i \qquad (6.25)$$

Den Faktor Δh in diesen Gleichungen nennt man die *Determinante von h*, sie wird folgendermaßen berechnet:

$$\Delta h = h_{11} \cdot h_{22} - h_{12} \cdot h_{21} \qquad (6.26)$$

Die Tabelle auf Seite 198 gibt eine Gegenüberstellung der wichtigsten Transistor-Betriebswerte in den drei Grundschaltungen. Die Werte hängen natürlich auch noch stark vom betreffenden Transistortyp ab.

6.3.3 Arbeitspunkt

6.3.3.1 Temperaturverhalten

Das Temperaturverhalten der Halbleiter-Bauelemente wird durch deren Eigenleitung bestimmt. Da der Widerstand des Halbleiterkristalls mit wachsender Temperatur fällt, würde der Strom ohne besondere Gegenmaßnahmen immer mehr ansteigen. Damit verschöbe sich der Arbeitspunkt, was Verzerrungen verursachen würde. Besonders wirken sich diese Arbeitspunktverschiebungen bei Gleichspannungsverstärkern aus. Hier könnte man am Ausgang auch dann eine Gleichspannung messen, wenn am Eingang gar keine Steuer-Spannung läge. Diesen Effekt nennt man Nullpunktwanderung oder Drift (drift [engl.] = treiben). Der Strom nimmt nicht im gleichen Verhältnis mit der Kristalltemperatur zu. Bei niedrigen Temperaturen nimmt der

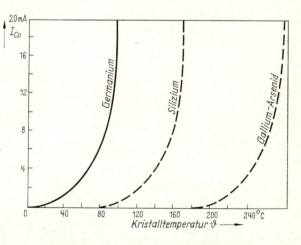

Bild 6.3.17.
Die Abhängigkeit des Ruhestromes I_{CO} von der Kristalltemperatur bei verschiedenen Halbleitermaterialien

Strom nur wenig zu, bei hohen Temperaturen ist dagegen die Stromzunahme bei gleicher Temperaturerhöhung sehr viel größer. **Bild 6.3.17** zeigt die Abhängigkeit des Kollektor-Ruhestromes von der Temperatur für Transistoren aus verschiedenen Halbleitermaterialien. Man sieht, daß sich im normalen Temperaturbereich elektronischer Geräte (20 °C bis $\approx$ 60 °C) der Ruhestrom der Germanium-Transistoren stark erhöht. Bei Silizium-Transistoren nimmt der Strom erst bei höheren Temperaturen sehr stark zu. Diese Bauelemente eignen sich deshalb für Gleichspannungsverstärker weitaus besser. Sie vertragen Kristalltemperaturen bis zu 150 °C. Bei Gallium-Arsenid-Transistoren bewirken erst Temperaturen von über 200 °C eine wesentliche Zunahme des Kollektor-Ruhestromes. Diese Transistoren sind allerdings in Europa noch sehr wenig verbreitet.

Die Stromzunahme bei Temperaturerhöhung ist aber noch aus einem anderen Grund unerwünscht: Der höhere Strom heizt den Transistor noch zusätzlich auf. Dadurch kann ein noch höherer Strom fließen, der eine weitere Temperaturerhöhung verursacht. Dieses Wechselspiel geht, sofern man keine besonderen Gegenmaßnahmen trifft, so weit, daß der Strom schließlich lawinenartig ansteigt und den Transistor zerstört.

In der Praxis gibt es nun verschiedene Methoden zur Stabilisierung des Stromes:

Ist der Arbeitswiderstand im Kollektorkreis relativ hoch, wie das bei fast allen Vorverstärkerstufen der Fall ist, so kann man in der Regel auf eine besondere Temperaturstabilisierung verzichten. Der Kollektorstrom wird dann durch den Arbeitswiderstand begrenzt, und die geringe Wärmemenge, die entsteht, wird laufend an die Umgebung abgeführt. Arbeitspunkt und Arbeitswiderstand wählt man so, daß am Arbeitswiderstand die halbe Speisespannung abfällt. Dann stabilisiert sich die Transistorstufe von selbst, weil in diesem Fall die maximale Leistung im Transistor in Wärme umgesetzt wird. Erhöht sich der Ruhestrom durch äußere Einflüsse, so verringert sich die Verlustleistung des Transistors, und der Ruhestrom geht auf seinen ursprünglichen Wert zurück.

Daneben kann man noch andere Stabilisierungsmaßnahmen ergreifen.

6.3.3.2 Stabilisierungsmaßnahmen

Bei der *Gleichstromgegenkopplung* fügt man in die Emitterleitung einen ohmschen Widerstand ein, wie es **Bild 6.3.18.1** zeigt. Will sich hier der Ruhestrom aus irgendeinem Grunde erhöhen, so wird der Spannungsabfall an dem Emitterwiderstand R_E größer, wodurch sich die wirksame Basis-Emitter-Vorspannung verringert. Dieser Spannungsrückgang wirkt dem Stromanstieg entgegen. Diese Gegenkopplung verringert aber auch die Verstärkung der Transistorstufe. Durch zusätzliche Verstärkerstufen oder durch wechselstrommäßigen Kurzschluß des Emitterwiderstandes (kapazitive Überbrückung von R_E) läßt sich dieser Verstärkungsverlust wieder ausgleichen.

Bei der *Gleichspannungsgegenkopplung* wird der Spannungsteiler, der die richtige Basis-Emitterspannung erzeugt, nicht an die Betriebsspannung U_b gelegt, sondern an den Kollektor, wie es **Bild 6.3.18.2** zeigt. Will der Ruhestrom ansteigen, so steigt auch der Spannungsabfall am Arbeitswiderstand R_a an. Dieser Spannungsabfall soll im Ruhezustand mindestens $1/5$ der Speisespannung betragen. Dadurch, daß der Span-

6.3 Transistoren

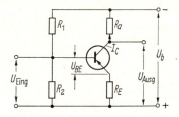

Bild 6.3.18.1. Stabilisierung des Arbeitspunktes bei einem Transistor durch Stromgegenkopplung über den Emitterwiderstand R_E

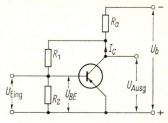

Bild 6.3.18.2. Stabilisierung des Arbeitspunktes durch Spannungsgegenkopplung vom Kollektor über R_1 auf die Basis

Bild 6.3.18.3. Stabilisierung des Arbeitspunktes bei einem Transistor durch einen NTC-Widerstand im Basiskreis

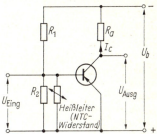

nungsabfall an R_a größer wird, verringert sich die Kollektor-Emitterspannung und damit auch die Basisspannung. Dieser Rückgang von U_{BE} wirkt dem Kollektorstromanstieg entgegen. Diese Gegenkopplung verringert ebenfalls die Verstärkung der Transistorstufe.

Da die Leitfähigkeit von *NTC-Widerständen* ebenfalls mit der Temperatur und der Stromstärke ansteigt, kann man damit die Temperaturabhängigkeit von Transistoren in gewissen Grenzen kompensieren. Dazu legt man den NTC-Widerstand in den unteren Zweig des Basisspannungsteilers **(Bild 6.3.18.3)**. Nach Möglichkeit baut man den NTC-Widerstand in nächster Nähe des Transistors ein, damit ein guter Wärmekontakt zwischen NTC-Widerstand und Transistor zustande kommt. Es gibt sogar Transistoren, in deren Gehäuse der entsprechende NTC-Widerstand gleich fest eingebaut ist. Durch diese Anordnung erhält der Transistor mit zunehmender Temperatur eine immer geringere Basis-Emitter-Spannung, so daß der Kollektorstrom annähernd konstant bleibt. Dieser Effekt wird noch dadurch unterstützt, daß der Querstrom des Basisspannungsteilers mit steigender Temperatur ebenfalls größer wird und den Wert des NTC-Widerstandes noch mehr herabsetzt.

In vielen Fällen werden gleichzeitig mehrere der zuvor beschriebenen Maßnahmen angewendet. In erster Linie ist jedoch dafür zu sorgen, daß die im Halbleiterkristall entstehende *Wärme* an die Umgebung *abgeleitet* wird, denn alle Schaltmaßnahmen sind wirkungslos, wenn sich die Wärme im Transistor staut.

6 Halbleiter

Der Wärme wird auf ihrem Wege vom Kristall zur Umgebung ein bestimmter Widerstand entgegengesetzt. Ist dieser thermische Widerstand R_{therm} klein, so kann ein großer Wärmestrom abfließen. Die im Kristall verbleibende Wärmemenge ist gering. Ist der thermische Widerstand hingegen groß, so staut sich im Kristall die Wärme, wodurch sich die Kristalltemperatur immer mehr erhöht. Man muß deshalb für einen möglichst kleinen thermischen Widerstand sorgen.

Der gesamte thermische Widerstand eines Transistors setzt sich aus dem sogenannten *inneren thermischen Widerstand* $R_{i\,therm}$ und dem *äußeren thermischen Widerstand* $R_{a\,therm}$ zusammen.

$$\boxed{R_{therm} = R_{i\,therm} + R_{a\,therm}} \quad \text{in °C/W} \tag{6.27}$$

Den inneren thermischen Widerstand kann man nicht verändern. Er ist durch die Konstruktion des Transistors festgelegt; die Hersteller geben ihn in ihren Datenblättern an. Der innere thermische Widerstand gibt an, wie groß der Temperaturunterschied zwischen der Sperrschicht und der Gehäuseoberfläche ist, wenn die Verlustleistung 1 W beträgt. Die Einheit ist deshalb Grad Celsius pro Watt (°C/W).

Der äußere thermische Widerstand gibt den Temperaturunterschied zwischen dem Transistorgehäuse und der Umgebung an, wenn die Verlustleistung des Transistors 1 W beträgt. Auch hier ist die Einheit Grad Celsius pro Watt. Der äußere thermische Widerstand ist um so kleiner, je größer die Fläche des Kühlbleches und dessen Wärmeaustauschkonstante sind. Diese Wärmeaustauschkonstante K beträgt z. B. bei einem 2 mm dicken Aluminiumblech mit geschwärzter Oberfläche $K = 1{,}5 \cdot 10^{-3}$ W/°C · cm². Man kann dann für ein Kühlblech bestimmter Größe den Wärmewiderstand nach folgender Gleichung berechnen:

$$\boxed{R_{a\,therm} = \frac{1}{K \cdot A}} \tag{6.28}$$

Darin sind:

$R_{a\,therm}$: der äußere thermische Widerstand in °C/W,

K : die Wärmeaustauschkonstante in $\dfrac{W}{°C \cdot cm^2}$

A : die Kühlfläche in cm².

Diese Gleichung gilt für die ungehinderte Wärmeabstrahlung an die Umgebung. Bei einer zusätzlichen Luftumwälzung verringert sich dieser äußere thermische Widerstand.

Bild 6.3.19 zeigt die hier besprochenen Verhältnisse in Form eines wärmetechnischen Ersatzschaltbildes, das viel Ähnlichkeit mit einem elektrischen Schaltbild hat. Man sieht, daß die im Kristall erzeugte Wärmemenge die Reihenschaltung der beiden thermischen Widerstände überwinden muß, um an die Umgebung abfließen zu können.

6.4 Praktische Ausführungsformen von Transistoren

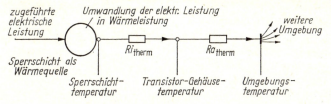

Bild 6.3.19. Wärmetechnisches Ersatzbild zur Bestimmung der maximal zulässigen Verlustleistung bei Halbleiter-Bauelementen

Ist nun der gesamte thermische Widerstand bekannt, so kann man nach der folgenden Gleichung die zulässige Verlustleistung eines Transistors errechnen:

$$P_v = \frac{\vartheta_j - \vartheta_{ugb}}{R_{therm}} \qquad (6.29)$$

P_v : die zulässige Verlustleistung in Watt,
ϑ_j : die zulässige Sperrschichttemperatur in °C,
ϑ_{ugb} : die maximal mögliche Umgebungstemperatur in °C,
R_{therm} : der gesamte Wärmewiderstand in °C/W.

Selbstverständlich muß man die Temperaturempfindlichkeit der Halbleiterkristalle auch beim Einlöten berücksichtigen. So dürfen die Anschlüsse der Dioden und Transistoren nicht zu kurz sein. Zwischen dem betreffenden Bauelement und der Lötstelle soll man einen Mindestabstand von 10 mm einhalten. Mit einer Flachzange soll die von der Lötstelle über die Anschlußdrähte in Richtung Kristall fließende Wärme abgeführt werden. Der Lötkolben soll genügend heiß sein, so daß die Lötzeit so kurz wie möglich ist.

Es ist mitunter vorgekommen, daß Halbleiter-Bauelemente durch schadhafte Lötkolben zerstört wurden. Bei fehlerhafter Isolation des Lötkolbens können nämlich über die Halbleiter-Bauelemente u. U. so große Ströme fließen, daß diese zerstört werden. Um dies zu verhindern, schaltet man den Lötkolben während des Lötvorganges vom Netz ab. Im übrigen beachte man die entsprechenden Vorschriften der Transistorenhersteller.

6.4 Praktische Ausführungsformen von Transistoren

6.4.1 Transistorarten

Der älteste Flächentransistor ist der gezogene Ge-Transistor, dessen Zonenfolge schon beim Ziehen des Ge-Einkristalls durch wechselseitiges Dotieren des Germaniums festgelegt werden kann.

6 Halbleiter

Einfacher ist das Ziehen eines gleichmäßig dotierten Kristalls (z. B. n-dotiert). Die beiden p-Schichten des Transistors legiert man erst dann in die Basisplättchen ein, wenn diese aus dem Kristall herausgeschnitten sind. Auf diese Ge-Plättchen setzt man beiderseits Indiumpillen auf und erhitzt das Ganze, so daß die Indiumpillen schmelzen und in das Germanium einlegieren. Diese legierten Zonen sind dann p-leitend. Einen solchen Legierungstransistor zeigt **Bild 6.4.1.1**.

Diese Legierungstransistoren werden in großen Stückzahlen als Nf-Transistoren hergestellt. Für hohe Frequenzen sind sie ungeeignet, denn obwohl die Basiszone sehr dünn ist, benötigen die Ladungsträger eine bestimmte Zeit, um sie zu durchdringen. Infolge dieser Laufzeit verringert sich die Verstärkung des Transistors mit zunehmender Frequenz. Weiterhin begrenzen der Basis-Bahnwiderstand und die Kapazitäten zwischen den einzelnen Zonen die Verstärkung bei höheren Frequenzen.

Alle anderen Bauformen von Transistoren zielen darauf ab, die obere Grenzfrequenz des Transistors heraufzusetzen.

Der *Drifttransistor* ist ein diffusionslegierter Transistor. Um die Ladungsträger in der Basis zusätzlich zu beschleunigen, kann man durch ungleichmäßige Dotierung der Strecke zwischen dem Emitter und dem Kollektor ein Gefälle des elektrischen Feldes, ein Driftfeld, hervorrufen **(Bild 6.4.1.2)**. Da die Störstellendichte der Basisschicht zum Kollektor hin am geringsten ist, ergibt sich außerdem eine geringe Kollektor-Basis-Kapazität (das schwach dotierte Gebiet wirkt mit als Dielektrikum). Die Emitterpille ist auf der hoch dotierten Seite des Basisplättchens einlegiert. Aus diesem Grunde ist der Basis-Bahnwiderstand klein.

Der *Mesa-Transistor* arbeitet im Prinzip genauso wie der Drifttransistor, er ist aber anders aufgebaut. Es gibt verschiedene Ausführungsformen, eine davon ist in **Bild 6.4.1.3** dargestellt. Mesa bedeutet Tafelberg und kennzeichnet die Form des Transistors, bei dem die Basisschicht bis auf ein Minimum weggeätzt wird.

Der *Planar-Transistor* ist ein Silizium-Transistor. Das n-dotierte Si-Plättchen **(Bild 6.4.1.4)**, aus dem der Transistor hergestellt wird, läßt sich durch die Einwirkung von Sauerstoff bei hohen Temperaturen mit einer Siliziumdioxid-(SiO_2-)Isolierschicht überziehen. Durch Einätzen von Öffnungen in diese Isolierschicht, und indem man durch diese Öffnungen hindurch das Material dotiert, schafft man die Basis- und die Emitterzone. Danach wird wieder eine Oxydschicht erzeugt, in die man Fenster für Basis- und Emitteranschluß einätzt. Die Oberfläche dieses Transistors ist fast eben (daher der Name „Planar"). Die Oxydschicht schützt den Transistor gegen äußere Einflüsse. Die sehr dünnen Schichten bewirken eine sehr hohe obere Grenzfrequenz.

Aus Stabilitätsgründen ist die Kollektorscheibe beim Mesa- und beim Planar-Transistor relativ dick. Dadurch ergibt sich ein hoher Kollektor-Bahnwiderstand, der den Restspannungsbereich stark vergrößert und damit die Schalteigenschaften des Transistors verschlechtert. Würde man die Kollektorschicht stärker dotieren, so wäre zwar der Bahnwiderstand geringer, aber die maximal zulässige Betriebsspannung U_{CE} würde ebenfalls herabgesetzt. Beim Epitaxial-Transistor wird deshalb auf eine hochdotierte, niederohmige Kollektorschicht eine dünne, normal dotierte Schicht aufgedampft, die die Kristallstruktur der darunterliegenden Schicht fortsetzt. Eine solche

6.4 Praktische Ausführungsformen von Transistoren

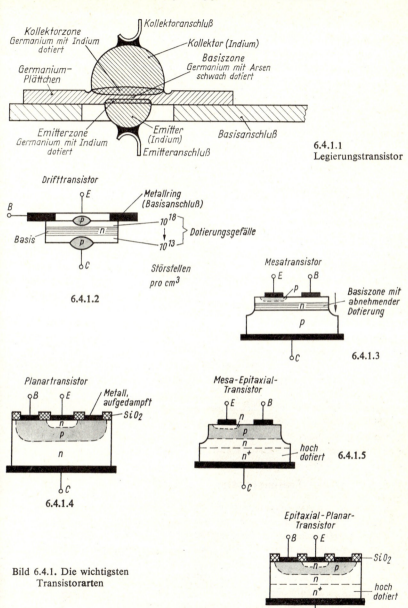

Bild 6.4.1. Die wichtigsten Transistorarten

Schicht nennt man „epitaxiale Schicht". Dieses Verfahren bewirkt einen niedrigen Bahnwiderstand trotz hoher Betriebsspannungen. Man erreicht dadurch einen sehr kleinen Restspannungsbereich sowie kurze Schaltzeiten. Auf die nur etwa 10 μm starke Epitaxieschicht (Siliziumschicht) werden Emitter und Basis wie beim normalen Mesa-Transistor oder wie beim Planar-Transistor aufgebracht (**Bilder 6.4.1.5 und 6.4.1.6**).

Aus der Planartechnik wurden wiederum neue Bauformen entwickelt, besonders zur Herstellung von Hochfrequenz-Leistungs-Transistoren.

Merke: Durch besondere Bauformen gelingt es, den Basis-Bahnwiderstand und die Kollektor-Emitter-Kapazität zu verringern. Dadurch erhöht sich die obere Grenzfrequenz des Transistors.

6.4.2 Transistorgehäuse

Die Transistoren werden zum Schutz vor mechanischen, chemischen und optischen Einflüssen in ein Gehäuse eingebaut. In den ersten Jahren des „Transistorzeitalters" gab es sehr viele Gehäusetypen, teils aus Metall, teils aus Glas mit schwarzem Lack überzogen, da die Sperrschichten lichtempfindlich sind. In den letzten Jahren sind die Metall-Gehäuse-Formen genormt worden (**Bild 6.4.2**).

Die Planartechnik, bei der die Transistoren durch die SiO_2-Schicht gegen chemische Einflüsse gut geschützt sind, gestattet es, den Transistor anstelle eines Metallgehäuses mit Kunststoff zu umpressen. Dieses Kunststoffgehäuse dient nur als Schutz gegen mechanische Einflüsse. Zum Schutz des Transistors gegen chemische Einflüsse ist es nicht dicht genug. Aber diese Aufgabe übernimmt beim Planar-Transistor ja die SiO_2-Schicht. Diese *Kunststoff-Transistoren* sind wesentlich billiger als Transistoren im Metallgehäuse. Für Leistungstransistoren verwendet man dennoch Metallgehäuse, weil dadurch eine bessere Wärmeableitung von der Sperrschicht an die Kühlfläche erfolgt.

Wenn man von Kunststoff-Transistoren spricht, ist damit immer die Kunststoff-Umhüllung eines normalen Planar-Transistors gemeint. Allerdings kann es vielleicht schon in einigen Jahren „echte" Kunststoff-Transistoren geben, denn es werden heute schon Versuche mit halbleitenden Kunststoffen durchgeführt.

6.5 Feldeffekt-Transistoren

Eine besondere Art von Transistoren, die sich wegen ihrer Vorzüge immer mehr durchsetzt, sind die *Feldeffekt-Transistoren*, abgekürzt FET. Durch Verbesserung der Herstellungsverfahren und größerer Stückzahlen ist der Preis dieser Halbleiter-Bauelemente in den letzten Jahren bis zur Größenordnung der Preise normaler Transistoren gefallen.

Die Wirkungsweise der FET ist ganz anders als die der normalen Transistoren. Ihre Verstärkung beruht auf der Steuerung des elektrischen Widerstandes eines unipolaren Halbleiters (nur n-leitend oder nur p-leitend) durch ein elektrisches Feld, das senkrecht zur Stromrichtung im Halbleiter wirkt.

6.5 Feldeffekt-Transistoren

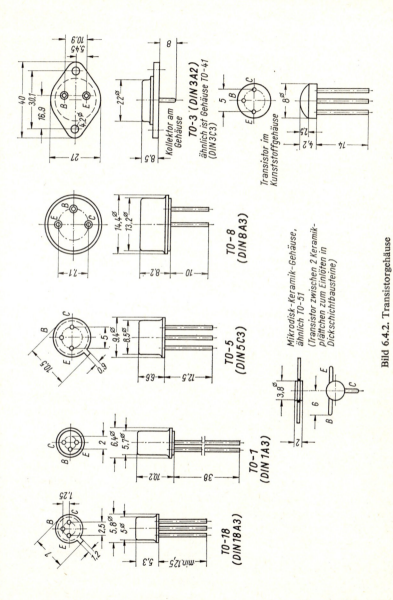

Bild 6.4.2. Transistorgehäuse

6.5.1 Sperrschicht-FET

Ein p-dotierter Si-Kristall besitzt auf beiden Seiten je eine hoch dotierte n-Schicht. Beide n-Schichten sind leitend miteinander verbunden. Zwischen diesen n-Schichten und dem p-Kristall ist wie bei allen anderen Halbleiter-Bauelementen eine Grenzschicht vorhanden. Löcher aus dem p-Kristall können in die n-Schichten diffundieren, ebenso wie Elektronen aus den n-Schichten in den Kristall diffundieren

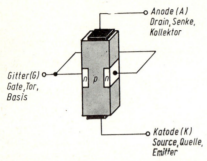
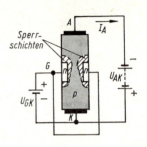

Bild 6.5.1.1. Feldeffekt-Transistor (FET) vom p-Kanaltyp, Aufbau und Bezeichnung der Anschlüsse

Bild 6.5.1.2. Der Feldeffekt-Transistor mit angelegten Spannungen

können. So entsteht auch hier eine Sperrschicht: Eine an beweglichen Ladungsträgern arme Zone mit einer elektrischen Ladung, denn die im Kristallgitter eingebundenen Ionen können ihren Platz ja nicht verlassen. Deshalb nennt man diese Schicht oft auch Raumladungsschicht. Da die n-Schicht überdotiert ist, erstreckt sich die Raumladungsschicht hauptsächlich in den Kristall (p-Zone). Die verbundenen n-Schichten nennt man wegen ihrer Wirkungsweise Tor (*Gate*), Basis oder Gitter, wie die vergleichbaren Elektroden beim normalen Transistor bzw. bei der Verstärkerröhre (**Bild 6.5.1.1**). Durch diese Sperrschichten wird der von Ladungsträgern durchsetzte Querschnitt des p-Kristalls eingeengt. Durch den p-Kristall fließt ein Strom, sobald eine Spannung an seine Elektroden gelegt wird. (**Bild 6.5.1.2**) Diese Elektroden: Quelle (*Source*), bzw. Emitter oder Katode und Senke (*Drain*), bzw. Kollektor oder Anode sind die Anschlüsse des steuerbaren Widerstandes. Der Kristall dazwischen wird Kanal (*Channel*) genannt. Da es auch FET gibt, bei denen der Kanal n-dotiert und die beiden Gitterschichten p-dotiert sind, unterscheidet man *n-Kanal* (n-Channel)- und *p-Kanal* (p-Channel)-FFT. Die Polarität der zwischen Katode und Anode angelegten Spannung ist unwesentlich, weil zwischen den beiden Elektroden keine Sperrschichten liegen. Deshalb nennt man die FET auch *unipolare Transistoren*.

Legt man nun zwischen Gitter und Katode eine Spannung, die so gepolt ist, daß die Gitter-Katoden-Strecke in Sperrichtung geschaltet ist (Bild 6.5.1.2), so verbreitert sich die Sperrschicht auf beiden Seiten, der wirksame Querschnitt des Kanals wird verkleinert und der Kanalstrom dadurch geschwächt. Mit zunehmender Sperrspannung U_{GK} ver-

6.5 Feldeffekt-Transistoren

ringert sich der Kanalstrom I_A weiter. Man kann also mit der Spannung zwischen Gitter und Katode U_{GK} den Kanalstrom I_A (Anodenstrom) steuern. Da die Gitter-Katoden-Strecke in Sperrichtung betrieben wird, wobei nur ein sehr geringer Sperrstrom fließt, kann man sagen: FET werden leistungslos gesteuert bzw. ihr Eingangswiderstand ist sehr hoch.

Vergleicht man die Eigenschaften der FET mit denen der Verstärkerröhre, so stellt man fest, daß die FET-Halbleiter-Bauelemente die Vorzüge des hohen Röhren-Eingangswiderstandes mit den Vorzügen der Halbleiter-Bauelemente verbinden. Aus diesem Grunde werden immer mehr Geräte mit FET ausgerüstet.

Ist die Spannung zwischen Anode und Katode U_{AK} gering, so verhält sich der FET annähernd wie ein linearer Widerstand, d. h. der Strom I_A nimmt fast linear mit der Spannung zu, darüber hinaus ist er nur von der Spannung zwischen Gitter und Katode U_{GK} abhängig. Die Kennlinien des FET haben in diesem Bereich *Triodencharakter*. Von einer bestimmten Spannung U_{GK} ab reichen die Raumladungsschichten so weit in den Kristall hinein, daß sie sich fast berühren. Der leitende Kristall wird abgeschnürt. Bei höheren Spannungen U_{AK} erhöht sich der Strom I_A nur noch wenig. In diesem Bereich haben die FET-Kennlinien *Pentodencharakter*. In den meisten Anwendungsfällen werden die FET im Pentodenbereich der Kennlinien betrieben **(Bild 6.5.2.1)**.

Der Reststrom der Gitter-Katoden-Strecke, auch Leckstrom genannt, bestimmt den Eingangswiderstand des FET. Der Reststrom ist stark temperaturabhängig, da er infolge Eigenleitung bei höheren Temperaturen stark ansteigen kann. Bei guten FET liegt der Reststrom in der Größenordnung von 10 pA, was einem Eingangswiderstand von $2 \cdot 10^{12}$ Ω entspricht. **Bild 6.5.2.2** zeigt die Schaltzeichen der Sperrschicht-FET.

Da die Spannung zwischen Gitter und Anode immer größer ist als die Spannung zwischen Gitter und Katode, wird zuerst die Gitter-Anode-Diode durchbrechen, wenn die Betriebsspannung zu hoch wird. Der Durchbruch ist in den Kennlinien ersichtlich **(Bild 6.5.3)**.

Durch zu hohe Signale am Eingang kann die Gitter-Katoden-Diode geöffnet werden. Der dadurch entstehende plötzliche Abfall des Eingangswiderstandes unterdrückt das Eingangssignal, der Anodenstrom ändert sich kaum.

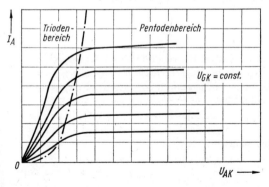

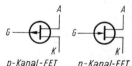

Bild 6.5.2.2. Schaltzeichen für Sperrschicht-FET

Links: Bild 6.5.2.1. Trioden- und Pentodenbereich der FET-Kennlinien

6 Halbleiter

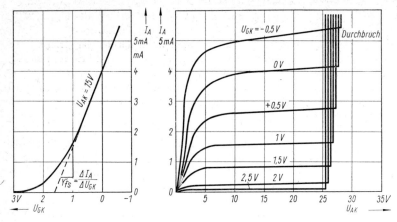

Bild 6.5.3. Steuer- und Ausgangskennlinien eines Sperrschicht-FET

Wenn ein Signal die Gitter-Anode-Diode öffnet, wird es durch die plötzliche Verringerung des Widerstandes der Gitter-Anode-Strecke ebenfalls unterdrückt.

Aus den Ausgangskennlinien der FET läßt sich auch ein Steuerkennlinienfeld konstruieren, sofern man es nicht aufgrund von Messungen ermittelt. Aus diesem Kennlinienfeld kann man die Vorwärtssteilheit des FET entnehmen:

$$Y_{fs} = \frac{\Delta I_A}{\Delta U_{GK}} \quad \text{in} \quad \frac{mA}{V} \tag{6.30}$$

Merke: Feldeffekt-Transistoren sind unipolare Halbleiter-Transistoren, da in ihrem Stromweg keine Sperrschichten liegen; man kann ihre Betriebsspannung beliebig polen. Wegen ihres hohen Eingangswiderstandes und der leistungslosen Steuerung verbinden sie die Vorteile der Verstärkerröhre mit denen des Transistors.

6.5.2 MOSFET

Eine besondere Bauform stellen die MOSFET nach **Bild 6.5.4.1** dar (MOS ... *M*etall-*O*xyd-*S*ilizium): Durch eine SiO_2-Schicht (Quarz) erreicht man bei diesen Typen eine nahezu völlige galvanische Trennung zwischen Eingangs- und Ausgangskreis (genauso wie bei der Verstärkerröhre). **Bild 6.5.4.2** zeigt die Schaltzeichen der MOSFET.

Durch die SiO_2-Schicht ergeben sich Eingangswiderstände von 10^{13} bis $10^{14}\ \Omega$! Die Steuerung des Stromes im Kanal erfolgt hier nur durch das elektrische Feld der steuernden Gitter-Katoden-Spannung U_{GK}. Je nach Polung dieser Spannung wird der Strom im Kanal entweder stärker oder schwächer. In Verstärkerschaltungen entfallen sämtliche Koppelkondensatoren. Wegen der SiO_2-Schicht bricht auch die Gitter-

6.5 Feldeffekt-Transistoren

Rechts: Bild 6.5.4.1. Der Aufbau eines n-Kanal-MOSFET

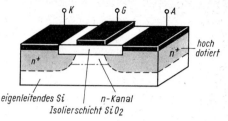

Unten: Bild 6.5.4.2. Schaltzeichen für MOSFET

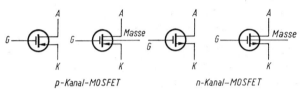

Anode-Strecke erst bei wesentlich höheren Spannungen durch. Allerdings können statische Aufladungen zum Durchbruch und damit zur Zerstörung des Transistors führen. Deshalb werden bei MOSFET vor der Lieferung die Anschlüsse durch Metallstreifen kurzgeschlossen. Erst kurz vor dem Einbau darf man diesen Kurzschlußbügel entfernen. Die Kennlinien eines MOSFET zeigt **Bild 6.5.5**.

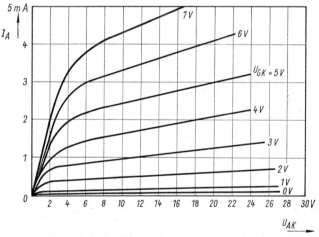

Bild 6.5.5. Die Kennlinien eines MOSFET

Merke: Bei MOSFET ist das Gitter durch eine Quarzschicht vom Kanal isoliert. Dadurch wird der Eingangswiderstand sehr hoch. Man kann den MOSFET sowohl mit positiven als auch negativen Gitterspannungen steuern.

6 Halbleiter

6.5.3 MISFET

MISFET bedeutet *m*etal-*i*nsulator-*s*emiconductor-*f*ield-effect-*t*ransistor, es ist ein Galliumarsenid-Feldeffekt-Transistor, dessen Steuerelektrode ebenfalls mit Siliziumdioxid isoliert ist, während der Transistor selbst in einer neuentwickelten Galliumarsenid-Epitaxie-Technik hergestellt wird. Er ist bis zu Temperaturen von 350 °C betriebsfähig. Die Steilheit des MISFET ist doppelt so groß wie bei einem vergleichbaren Silizium-FET, seine Leistungs- und Frequenzgrenzen liegen viel höher als die des Si-FET.

6.5.4 Rauschverhalten der FET

Wie in Widerständen, so verursachen die Elektronenbewegungen in Röhren und Transistoren ebenfalls ein Rauschen (vergl. Abschnitt 1.1). Bei Widerständen hängt das Rauschen unter anderem vom Widerstandswert ab. Bei Röhren und Transistoren vergleicht man deshalb die Stärke des Rauschens mit dem Rauschen eines entsprechend hohen Widerstandes. So kann man für jedes Bauelement einen *äquivalenten Rauschwiderstand* angeben (äquivalent = gleichwertig).

Bei FET ist dieser äquivalente Rauschwiderstand etwa um den Faktor 4 kleiner als bei einer Verstärkerröhre mit vergleichbarer Steilheit. Die Röhre rauscht wiederum weniger als ein normaler Transistor.

6.5.5 Eigenschaften der FET

Wie schon erwähnt, besitzt der FET einen sehr hohen Eingangswiderstand und einen hohen Ausgangswiderstand; dadurch erfolgt die Steuerung leistungslos, und RC-gekoppelte Stufen sind gut aneinander angepaßt. Schwingkreise werden nur wenig bedämpft. Die obere Grenzfrequenz ist hoch, dadurch kann der FET auch als schneller Schalter verwendet werden. Da der Temperaturkoeffizient Null ist, haben Gleichspannungsverstärker mit FET keine Drift. Für die Anwendung in Rechenverstärkern, Hf-Verstärkern und logischen Schaltungen ergeben sich noch viele weitere Vorteile.

6.6 Unijunction-Transistor

Der Unijunction- oder Doppelbasis-Transistor — abgekürzt UJT — besteht aus einem n-dotierten Si-Kristall mit zwei Kontakten, den beiden *Basen*. Eine einlegierte p-

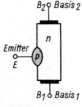

Bild 6.6.1.1. Der Aufbau des Unijunction-Transistors

Bild 6.6.1.2. Das Schaltzeichen für den Unijunction-Transistor

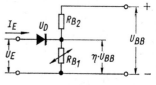

Bild 6.6.1.3. Das Ersatzbild des Unijunction-Transistors

6.6 Unijunction-Transistor

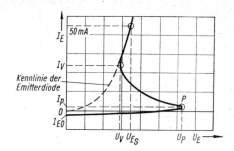

Bild 6.6.2. Die Kennlinie eines Unijunction-Transistors mit Kennzeichnung der Schaltspannung U_P, der Talspannung U_V und des Talstromes I_V

dotierte Pille bildet den Emitter-Kontakt. Zwischen der p-Zone und dem n-dotierten Kristall bildet sich eine Sperrschicht **(Bilder 6.6.1.1 und 6.6.1.2)**. Neuerdings stellt man diese Transistoren auch in Planartechnik her.

Zwischen die beiden Basen legt man die Betriebsspannung (Interbasisspannung U_{BB}), dabei muß Basis 2 positiv gegenüber Basis 1 sein. Das Si-Stäbchen wirkt nun

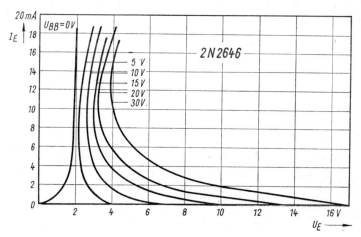

Bild 6.6.3.1. Die Kennlinien des Unijunction-Transistors 2 N 2646 mit der Interbasisspannung U_{BB} als Parameter

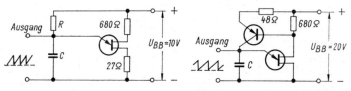

Bild 6.6.3.2. Anwendungen des Unijunction-Transistors in Sägezahngeneratoren

wie ein ohmscher Spannungsteiler, d.h. die angelegte Spannung teilt sich auf die beiden Teilwiderstände R_{B1} und R_{B2} auf, wobei an R_{B1} die Spannung $\eta \cdot U_{BB}$ liegt. Das innere Spannungsverhältnis η ist kleiner als 1 (**Bild 6.6.1.3**). Solange $U_E < \eta \cdot U_{BB}$ ist, sperrt die Diode. Steigt die angelegte Spannung U_E, so daß $U_E > \eta \cdot U_{BB}$, so wird die Diode durchlässig, es fließt ein Emitterstrom. Dabei werden Löcher in den n-dotierten Si-Kristall injiziert, und der Widerstand R_{B1} verringert sich, d. h. bei geringerer Spannung U_E fließt jetzt ein stärkerer Strom I_E als vorher bei höherer Spannung U_E. Die Kennlinie hat deshalb einen Bereich mit negativem differentiellen Widerstand (**Bild 6.6.2**).

Die Spannung U_P ist die Spannung des Spitzenpunktes, hier beginnt der Kennlinienteil mit negativem differentiellen Widerstand, der bis zum Talpunkt mit der Spannung U_V reicht. Unterschreitet man die Talspannung U_V, wird die Emitterstrecke wieder hochohmig.

Talspannung und Spitzenspannung nehmen mit der Interbasisspannung U_{BB} zu (**Bild 6.6.3.1**). Die Temperaturabhängigkeit des Unijunction-Transistors kann man in weitem Bereich stabilisieren. Deshalb eignet er sich besonders für alle Anwendungen, bei denen ein konstanter Kippspannungswert erforderlich ist (**Bild 6.6.3.2**). Wie man sieht, ist es eigentlich kein Transistor sondern ein Schwellwertschalter.

Merke: Der Unijunction-Transistor läßt sich nicht zur Verstärkung sondern nur als Schwellwertschalter verwenden.

Neuerdings gibt es *programmierbare Unijunction-Transistoren* — kurz *PJT* genannt —, deren Schaltspannung U_P und Talspannung U_V durch die Beschaltung beeinflußt werden können.

6.7 Vierschicht-Diode

Transistoren sind Dreischicht-Halbleiter-Bauelemente mit der Zonenfolge pnp oder npn. Als die technischen Möglichkeiten zur Erzeugung mehrschichtiger Halbleiter-Bauelemente gegeben waren, hat man natürlich auch Bauelemente mit mehr als drei Schichten hergestellt und deren Eigenschaften untersucht. Die Vierschicht-Diode (Si) mit der Zonenfolge pnpn nach **Bild 6.7.1** bietet infolge ihrer besonderen Kennlinie viele Anwendungsmöglichkeiten.

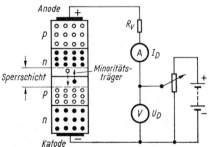

Bild 6.7.1. Die Vierschicht-Diode mit angelegter Spannung (Durchlaßrichtung)

6.7 Vierschicht-Diode

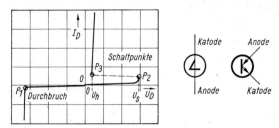

Bild 6.7.2. Die Kennlinie einer Vierschicht-Diode und ihre Schaltzeichen

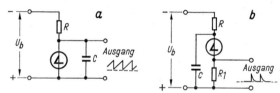

Bild 6.7.3. Anwendungen der Vierschicht-Diode:
a) Sägezahngenerator, b) Impulsgenerator

Die äußere p-Schicht und die äußere n-Schicht sind mit Anschlüssen versehen. Besonders interessant ist die Kennlinie, wenn der positive Pol der Spannungsquelle an der p-Schicht, der negative Pol an der n-Schicht liegt. Eine normale Zweischicht-Diode wäre dann in *Durchlaßrichtung* geschaltet. Bei der Vierschicht-Diode baut sich in dieser Schaltung eine Sperrschicht zwischen der mittleren p-Schicht und der mittleren n-Schicht auf. Diese Sperrschicht kann nur von den wenigen Minoritätsträgern überwunden werden, so daß im Stromkreis nur ein sehr geringer Sperrstrom fließt. Erhöht man die angelegte Spannung, so erreicht man einen kritischen Wert, bei dem die Sperrschicht durchbricht. Bei diesem kritischen Wert erhöht sich plötzlich die Leitfähigkeit der Sperrschicht, und die äußeren Schichten können weitere Ladungsträger nachliefern, so daß der Diodenstrom lawinenartig anwächst und der Diodenwiderstand sehr geringe Werte annimmt.

Zuvor, im „ungezündeten" Zustand, lag die gesamte Betriebsspannung an der Diode, nun bricht die Spannung an der Diode zusammen, und es fließt ein Strom im Diodenkreis, der praktisch nur noch vom Vorwiderstand R_V bestimmt wird. Bei entgegengesetzter Polung verhält sich die Vierschicht-Diode wie eine normale Si-Diode, die in Sperrichtung geschaltet ist und bei einer bestimmten Sperrspannung durchbricht.

Man kann die Kennlinie der Vierschicht-Diode **(Bild 6.7.2)** also in drei Bereiche einteilen: Zwischen den Punkten P_1 und P_2 verhält sie sich wie zwei normale, gegeneinander geschaltete Si-Dioden, es wirkt also jeweils der Sperrbereich *einer* Si-Diode. Zwischen den Punkten P_2 und P_3 liegt der Bereich des negativen differentiellen Widerstandes, und oberhalb von P_3 wirkt die Vierschicht-Diode wie eine in Durchlaßrichtung geschaltete Si-Diode (R_i sehr klein). Ihre Eigenschaft, bei einer hohen Spannung U_s zu

6 Halbleiter

„zünden" und so lange durchlässig zu sein, bis die niedrige Haltespannung U_h unterschritten wird, macht sie zur Verwendung in Sägezahn- und Impulsgeneratoren (**Bild 6.7.3**) sowie in Multivibratoren und Ringzählern geeignet.

Merke: **Die Vierschicht-Diode wird niederohmig, wenn die in Durchlaßrichtung angelegte Spannung einen bestimmten Wert erreicht. Sie bleibt niederohmig, bis die Spannung an der Diode einen bestimmten, sehr niedrigen Wert unterschreitet.**

6.8 Wiederholung, Abschnitte 6.3 ... 6.7

1. Beschreibe den Aufbau eines Transistors!
2. Wie sind die Betriebsspannungen des Transistors gepolt?
3. Beschreibe die Vorgänge im Transistor bei angelegten Spannungen!
4. In welchen Grundschaltungen kann man den Transistor betreiben?
5. Wie groß sind Eingangswiderstand und Ausgangswiderstand des Transistors in jeder Grundschaltung?
6. a) Welche Transistorschaltung wird am meisten verwendet?
   b) Warum wird diese Grundschaltung so häufig verwendet?
7. Welche Kennlinien geben die Hersteller für ihre Transistoren an?
8. Weshalb werden die U_{CE}-I_C-Kennlinien mit zunehmendem Parameter I_B immer steiler?
9. Welche Grenzwerte dürfen bei einem Transistor nicht überschritten werden?
10. Wodurch unterscheidet sich der Transistor ganz wesentlich von der Röhre?
11. Was geschieht, wenn die Basisvorspannung U_{BE0} des Transistors zu klein (kleiner als 100 mV) gemacht wird?
12. Was geben die Vierpol-Parameter h_{11}; h_{21} und h_{22} an?
13. Welche Vorteile haben Mesa-, Planar- und Epitaxialtransistor gegenüber dem Legierungstransistor?
14. Wodurch wurde es möglich, Transistoren mit einer Kunststoffumhüllung anstelle eines Metallgehäuses zu versehen?
15. Beschreibe den Aufbau des Feldeffekt-Transistors!
16. a) Wie ist die Gitterspannung beim FET zu polen?
    b) Welche Vorteile ergeben sich aus dieser Polung?
17. Warum ist der FET der Verstärkerröhre sehr ähnlich?
18. Wie ist der MOSFET aufgebaut?
19. Welche Vorteile bietet der MOSFET gegenüber dem normalen Sperrschicht-FET?
20. Erkläre die Wirkungsweise des Unijunction-Transistors an Hand seines Ersatzbildes?
21. Wozu wird der Unijunction-Transistor verwendet?
22. Was geschieht, wenn man an eine Vierschicht-Diode eine Spannung
    a) in Durchlaßrichtung,
    b) in Sperrichtung anlegt?
23. Wozu verwendet man Vierschicht-Dioden?

6.9 Thyristor (Vierschicht-Triode)

Der Thyristor stellt eine Weiterentwicklung der Vierschicht-Diode dar. Die innere p-Schicht der Vierschicht-Diode erhält einen weiteren Anschluß, genannt *Tor* (**Bild 6.9.1**). Die beiden äußeren Zonen sind hoch dotiert, während die inneren Zonen schwach

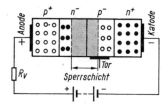

Bild 6.9.1.1. Der Thyristor mit angelegter Spannung (Durchlaßrichtung)

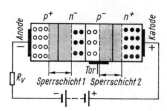

Bild 6.9.1.2. Der Thyristor mit angelegter Sperrspannung

dotiert sind. Solange zwischen Tor und Katode keine Steuerspannung anliegt, wirkt der Thyristor wie eine Vierschicht-Diode. Er schaltet also durch, sobald seine Schaltspannung überschritten wird. Ein früheres Durchschalten erreicht man durch Anlegen einer Steuerspannung zwischen Tor und Katode. Diese Spannung muß so gepolt sein, daß das Tor gegenüber der Katode *positiv* ist. Diese Spannung ruft einen Strom hervor, der Ladungsträger (Löcher) in die p-Schicht injiziert, und sofern PLUS an der äußeren p-Schicht und MINUS an der äußeren n-Schicht liegt, wird die mittlere Sperrschicht durch die injizierten Ladungsträger überschwemmt und abgebaut. Der Thyristor schaltet durch (**Bild 6.9.2**). Die Steuerspannung kann dann abgeschaltet werden. Ist der Thyristor in Sperrichtung geschaltet, also MINUS an äußerer p-Schicht, PLUS an n-Schicht, so können die injizierten Ladungsträger den Thyristor nicht durchschalten, da nun zwei Sperrschichten vorhanden sind.

Zum „Zünden" des Thyristors reicht eine Spannung von etwa 3 V, der Steuerstrom I_{st}, der über den Toranschluß fließt, ist klein gegen den Thyristorstrom, der je nach

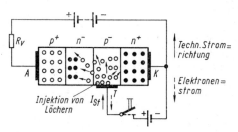

Bild 6.9.2. Die „Zündung" des Thyristors. Die Sperrschicht wird abgebaut

6 Halbleiter

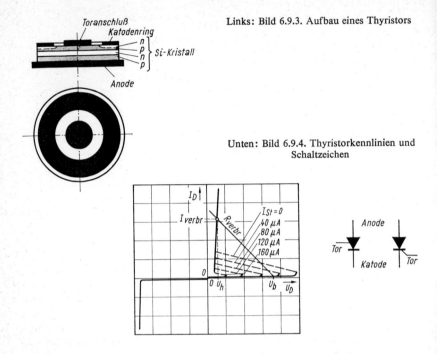

Links: Bild 6.9.3. Aufbau eines Thyristors

Unten: Bild 6.9.4. Thyristorkennlinien und Schaltzeichen

Typ des Thyristors bis zu 1000 A betragen kann. Legt man zwischen Anode und Katode des Thyristors eine Wechselspannung, so kann der Thyristor nur während der Halbwelle gezündet werden, in der PLUS an der äußeren p-Schicht und MINUS an der äußeren n-Schicht liegt. Während der anderen Halbwelle bleibt der Thyristor gesperrt. *Der Thyristor ist demnach ein steuerbarer Siliziumgleichrichter.* Seine Wirkungsweise ähnelt stark der des Thyratrons (Abschnitt 5.3.5.2); der Name Thyristor ist auch eine Zusammenziehung der Worte „*Thy*ratron-Trans*istor*". Genauso wie das Thyratron bleibt auch der Thyristor so lange gezündet, wie die angelegte Spannung U_D einen bestimmten Wert nicht unterschreitet. Der gezündete Thyristor reagiert nicht mehr auf Veränderungen oder Abschaltung der Steuerspannung bzw. des Steuerstromes. Allerdings gibt es heute schon Thyristoren, die man durch einen Steuerstrom in umgekehrter Richtung auch wieder *löschen* kann.

Das Thyristorgehäuse wird ebenfalls auf ein Kühlblech oder einen Kühlkörper aufgeschraubt, damit die im Thyristor entstehende Wärme abgeleitet werden kann. Den Aufbau eines Thyristors ohne Gehäuse zeigt **Bild 6.9.3**.

Bild 6.9.4 zeigt die Kennlinien des Thyristors. Man erkennt, daß sich der Thyristor bei $I_{st} = 0$ wie eine Vierschicht-Diode verhält und erst zündet, wenn die angelegte Spannung die hohe Zündspannung U_s überschreitet. Durch den Steuerstrom I_{st} erreicht man, daß der Thyristor schon bei geringeren Spannungen U_D zündet; und zwar

6.9 Thyristor (Vierschicht-Triode)

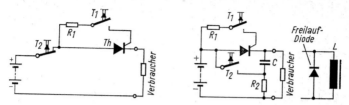

Bild 6.9.5. Löschschaltungen für Thyristoren in Gleichstromkreisen

wird die erforderliche Anodenspannung U_D um so kleiner sein, je höher der Steuerstrom I_{st} ist.

Zeichnet man die Gerade des Verbraucherwiderstandes in das Kennlinienfeld ein, sie beginnt bei der Betriebsspannung U_b, so kann man ablesen, welcher Verbraucherstrom I_{verbr} im durchgeschalteten Thyristor fließt und wie groß der Spannungsabfall U_h am Thyristor ist.

Mit Thyristoren lassen sich *Gleichspannungen* schalten **(Bild 6.9.5)**: Sobald Taste T_1 gedrückt wird, bekommt das Tor über den Widerstand R_1 positives Potential, und der vorher gesperrte Thyristor zündet. Der Verbraucher bekommt Spannung. Der Verbraucherstrom kann nur dadurch abgeschaltet werden, daß man durch Drücken der Taste T_2 den Stromkreis unterbricht. Erst dann sperrt der Thyristor wieder (Bild 6.9.5.1).

Eine andere Möglichkeit zum Löschen des Thyristors zeigt Bild 6.9.5.2. Wenn der Thyristor durchschaltet, wird auch der Kondensator C über den Widerstand R_2 aufgeladen. Möchte man den Verbraucherstrom abschalten, so drückt man Taste T_2 und schaltet damit die Kondensatorspannung gegen die Betriebsspannung. Der Betriebsstrom wird dadurch erst einmal kurzzeitig unterbrochen; er kann durch den Entladestrom des Kondensators sogar kurzzeitig umgekehrt werden. Dabei baut sich die Sperrschicht in kürzester Zeit wieder auf, und der Thyristor bleibt auch gesperrt, wenn der Entladestrom des Kondensators abgeklungen ist. Der Kondensator C heißt deshalb *Löschkondensator*. Diese Schaltung ist besonders interessant, da man die Taste T_2 auch durch einen Thyristor, den *Lösch-Thyristor*, ersetzen kann. Beide Thyristoren lassen sich durch Impulse steuern.

Soll der Haupt-Thyristor einen induktiven Verbraucher schalten, so muß durch Einbau einer sog. *Freilauf-Diode* dafür gesorgt werden, daß die beim Ausschalten entstehende Selbstinduktionsspannung den Thyristor nicht gefährdet, sondern sich über die Freilauf-Diode ausgleicht. Für die eingeschaltete Betriebsspannung ist die Freilauf-Diode gesperrt (Bild 6.9.5.2).

Will man mit dem Thyristor *Wechselspannungsverbraucher* schalten, so kann man mit einer Steuer-Gleichspannung den Zündeinsatz nur zwischen 0° und 90° festlegen (Vertikalsteuerung). Um den Zündeinsatz an jede beliebige Stelle zwischen 0° und 180° legen zu können, muß man den Thyristor entweder mit Impulsen ansteuern, oder man verwendet eine Wechselspannung als Steuerspannung, deren Phasenlage man

6 Halbleiter

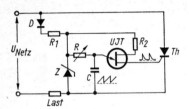
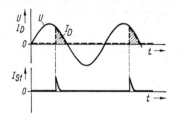

Bild 6.9.6. Impulssteuerung eines Thyristors. Die Steuerung erfolgt durch einen Unijunction-Transistor

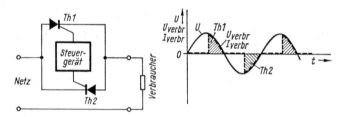

Bild 6.9.7. Antiparallelschaltung zweier Thyristoren. Durch den Verbraucher fließt Wechselstrom

gegenüber der Betriebsspannung verschieben kann (Horizontalsteuerung). Da die Betriebsspannung eine Wechselspannung ist, sperrt der Thyristor jedesmal kurz vor dem Nulldurchgang der positiven Betriebsspannungs-Halbwelle von selbst (sobald die Haltespannung unterschritten wird). Es sind also keine zusätzlichen Schaltmaßnahmen zum Löschen des Thyristors erforderlich.

Eine weitere Möglichkeit ist die Steuerung des Thyristors durch *Impulse*, wie sie z. B. mit Hilfe eines Unijunction-Transistors erzeugt werden können (**Bild 6.9.6**).

Bei diesen Thyristorschaltungen bekommt der Verbraucher nur eine Halbwelle der Netzwechselspannung. Um dem Verbraucher beide Halbwellen zuführen zu können, verwendet man zwei Thyristoren in Antiparallelschaltung (**Bild 6.9.7**).

Bei der Anwendung von Thyristoren ist immer darauf zu achten, daß ein Typ mit einer Zündspannung U_s ausgewählt wird, die größer ist als der Spitzenwert der Netzspannung, weil sonst der Thyristor zünden würde, obgleich keine Steuerspannung anliegt. Dabei kann er zerstört werden.

Thyristoren haben die Eigenschaft, auch dann durchzuzünden, wenn die Anstiegsgeschwindigkeit $\dfrac{\Delta U_D}{\Delta t}$ einen kritischen Wert überschreitet. Für normale Thyristoren gilt: Anstiegsgeschwindigkeit $\leq 10\ \dfrac{\text{V}}{\mu\text{s}}$. Es gibt aber ausgesuchte Thyristoren für Sonderanwendungen mit einer zulässigen Anstiegsgeschwindigkeit bis zu $200\ \dfrac{\text{V}}{\mu\text{s}}$.

6.9 Thyristor (Vierschicht-Triode)

Für sehr schnelles Schalten ist auch die „Freiwerdezeit" von Bedeutung. Es ist die Zeit, in der die Sperrschicht wieder aufgebaut werden kann, also die Zeit, nach der die Ladungsträger „ausgeräumt" sind. Für schnelles Schalten gibt es ausgesuchte Typen mit garantierter Freiwerdezeit.

Merke: Der Thyristor ist eine Vierschicht-Triode. Mit Hilfe eines Zündstromes, der über die Torelektrode in den Halbleiterkristall fließt, läßt sich der Thyristor schon bei geringen Anodenspannungen „zünden".

6.9.1 Vollweg-Thyristor

Da die meisten elektrischen Geräte für Werkstatt und Haushalt an Wechselspannung betrieben werden, müßte man zur Steuerung solcher Geräte jeweils zwei

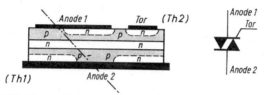

Bild 6.9.8. Aufbau und Schaltzeichen eines Vollweg-Thyristors (TRIAC)

Thyristoren in Antiparallelschaltung verwenden, hätte man nicht bereits die Vollweg-Thyristoren entwickelt, die unter dem Namen *TRIAC* bekannt sind. In diesem Bauelement sind zwei antiparallel geschaltete Thyristoren zu einem Bauteil zusammengefaßt, daß sich sogar für *beide* Durchlaßrichtungen mit nur *einer* Torelektrode steuern läßt. Damit wird der Aufwand für das Steuergerät minimal.

Am Aufbau **(Bild 6.9.8)** erkennt man, daß es sich wirklich um zwei antiparallele Thyristoren handelt (gestrichelte Linie!). Der eine Thyristor ist anodengesteuert, der andere katodengesteuert. Die Kennlinien bestätigen diese Erkenntnis **(Bild 6.9.9)**.

Zugleich mit dem Vollweg-Thyristor wurde eine Vollweg-Schaltdiode entwickelt, die sich ausgezeichnet zur Erzeugung der Zündimpulse für den Thyristor eignet. Diese

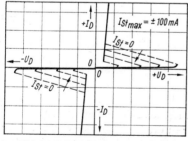

Bild 6.9.9. Kennlinien des Vollweg-Thyristors (TRIAC)

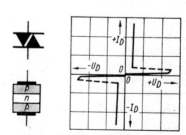

Bild 6.9.10. Aufbau, Schaltzeichen und Kennlinien der Vollweg-Schaltdiode (Triggerdiode – DIAC)

Diode ist unter dem Namen *DIAC* bekannt geworden. Ihre Wirkungsweise gleicht der zweier antiparallel geschalteter Vierschicht-Dioden. Ihre Kippspannung liegt bei etwa $\pm$ 35 V **(Bild 6.9.10)**.

Neuerdings gibt es bereits Vollweg-Thyristoren und Vollweg-Schaltdioden im *gemeinsamen* Gehäuse, so daß zum Aufbau eines einfachen Steuergerätes außer diesem Bauelement nur noch ein Kondensator und ein veränderbarer Widerstand erforderlich

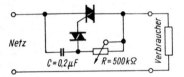

Bild 6.9.11. Einfaches Steuergerät mit Vollweg-Thyristor und Vollweg-Schaltdiode

sind **(Bild 6.9.11)**. Der Preis dieser Bauelemente ist infolge großer Fertigungs-Stückzahlen recht niedrig. Es ist deshalb zu erwarten, daß in wenigen Jahren die meisten Geräte im Haushalt, z. B. Küchengeräte, und in der Werkstatt, z. B. Bohrmaschine, Lötkolben, serienmäßig mit diesen Bauelementen gesteuert werden.

Abschließend sei noch einmal darauf hingewiesen, daß der Thyristor wohl eines der wichtigsten modernen Bauelemente geworden ist. In den wenigen Jahren, in denen dieses Bauelement serienmäßig hergestellt wird, hat es andere Bauelemente, wie Transduktoren und steuerbare Quecksilberdampfgleichrichter, völlig aus modernen Anlagen verdrängt. Der Thyristor ist zu dem wichtigsten *Stellglied* in der S*teuer- und Regelungstechnik* geworden. Er steuert selbst große Walzwerksantriebe, und wegen seiner geringen Abmessungen und seiner Betriebssicherheit hat er z. B. auch die Entwicklung von Viersystem-Lokomotiven für die Bundesbahn ermöglicht.

Merke: Der Vollweg-Thyristor stellt zwei antiparallel geschaltete Thyristoren dar, die über eine gemeinsame Torelektrode gezündet werden können.

6.10 Weitere Halbleiter-Bauelemente

6.10.1 Kapazitäts-Variations-Diode

In Kapitel 6.1.5 ist ausführlich beschrieben, wie an einem pn-Übergang eine ladungsträgerfreie Schicht, die Sperrschicht, entsteht. Legt man an den Halbleiter eine Spannung an, so daß er in Sperrichtung geschaltet ist, so werden die Ladungsträger beider Schichten noch weiter zum Anschluß der betreffenden Schicht hingezogen (Bild 6.1.10). Die Sperrschicht wird dadurch breiter. Diese in Sperrichtung geschaltete Diode stellt einen Kondensator dar, bei dem die Sperrschicht als Dielektrikum wirkt. Als Kondensatorbeläge wirken die restlichen Teile beider Zonen, die noch Ladungsträger enthalten.

Da die Dicke des Dielektrikums von der Höhe der angelegten Sperrspannung abhängt, ändert sich auch die Kapazität dieses Kondensators mit der Sperrspannung: Je *höher* die *Sperrspannung* ist, desto *geringer* ist die *Kapazität*. Der Widerstand der nicht ladungsträgerfreien Restzonen verschlechtert natürlich die Güte des Kondensators. Bei hoher Sperrspannung verringert sich die Dicke dieser Restzonen, demnach

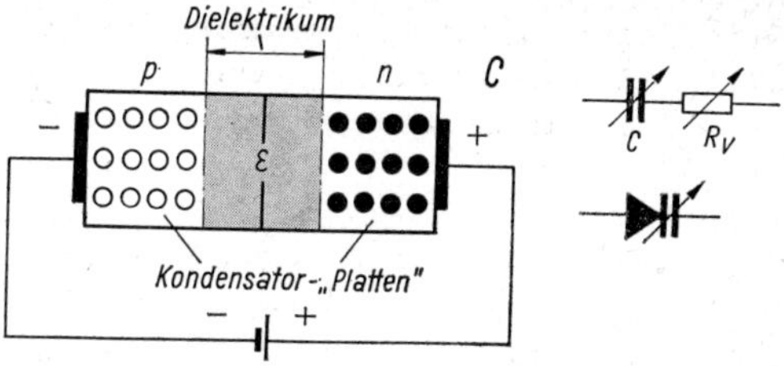

6.10 Weitere Halbleiter-Bauelemente

Bild 6.10.1. Aufbau, Ersatzbild und Schaltzeichen einer Kapazitäts-Variations-Diode

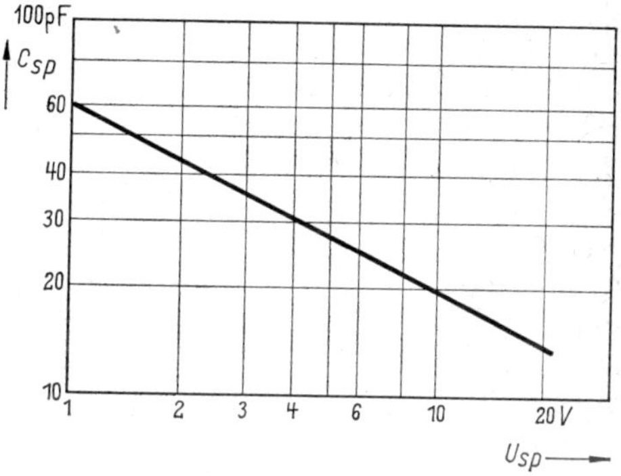

Bild 6.10.2. Die Abhängigkeit der Sperrschichtkapazität von der angelegten Sperrspannung bei einer Kapazitäts-Variations-Diode

nimmt der Widerstand ab. Im Ersatzbild ist dieser Widerstand deshalb veränderbar dargestellt (**Bild 6.10.1**). Die Abhängigkeit der Kapazität von der angelegten Sperrspannung zeigt **Bild 6.10.2**.

Da sich auf diese Weise eine Kapazität durch die angelegte Sperrspannung steuern läßt, kann man Drehkondensatoren durch solche Kapazitäts-Variations-Dioden ersetzen. Das bringt erhebliche Vorteile mit sich, denn diese Dioden sind viel kleiner als Drehkondensatoren, man kann sie an den günstigsten Stellen in die Schaltung einlöten, während man beim Einbau von Drehkondensatoren die Lage der Achse berücksichtigen muß. Sowohl Fernabstimmung, automatische Nachstimmung als auch Senderwahl mit Stationstasten lassen sich sehr einfach mit Kapazitäts-Variations-Dioden verwirklichen.

Kapazitäts-Variations-Dioden sind Silizium-Flächendioden, da Silizium-Dioden einen geringeren Sperrstrom haben als Ge-Dioden. Spitzendioden sind wegen ihrer sehr geringen Sperrschicht-Kapazität unbrauchbar.

Zum experimentellen Aufbau einer Dioden-Abstimmung kann man natürlich jede vorhandene Flächendiode verwenden, ebenso zwei Anschlüsse eines Transistors. Die neueste Entwicklung auf diesem Gebiet sind Dioden mit sehr großem Kapazitäts-Variationsbereich, der eine Diodenabstimmung auch bei Mittelwellen-Empfängern ermöglicht. Herstellungsschwierigkeiten führen zu starken Streuungen unter den Dioden. Mit Doppeldioden erreicht man wesentlich geringere Abweichungen der Daten innerhalb der Doppeldiode. Ein System der Doppeldiode dient dann zur Abstimmung des Eingangskreises, das andere System stimmt den Oszillatorkreis des Mittelwellensupers ab.

6 Halbleiter

Merke: Die Kapazitäts-Variations-Diode ist eine Silizium-Flächendiode. Durch Verändern der angelegten Sperrspannung ändert sich die Dicke der Sperrschicht und damit die Kapazität zwischen den Diodenanschlüssen.

6.10.2 Fotodiode

Läßt man auf die Sperrschicht von Halbleiter-Bauelementen Licht fallen, so kann man damit den Sperrstrom verändern. Dieser Effekt ist bei den normalen Halbleiter-Bauelementen unerwünscht, deshalb bringt man sie in lichtundurchlässigen Gehäusen unter.

Bei den Fotodioden ist ein Fenster mit einer Linse im Gehäuse eingebaut, wodurch Licht auf die Sperrschicht fallen kann. Damit gewinnt man relativ trägheitslose und

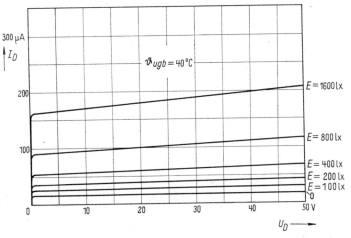

Bild 6.10.3. Die Abhängigkeit des Diodenstromes einer Fotodiode von der Diodenspannung bei verschiedenen Beleuchtungsstärken E

kleine lichtelektronische Bauelemente, die anstelle der trägen Fotowiderstände verwendet werden können. **Bild 6.10.3** zeigt das Kennlinienfeld einer Fotodiode.

Merke: Fotodioden sind Bauelemente, die man durch Licht steuern kann. Sie arbeiten fast trägheitslos.

6.10.3 Laserdiode

LASER ist die Abkürzung von „*L*ight *A*mplification by *S*timulated *E*mission of *R*adiation", auf deutsch: *Lichtverstärkung durch angeregte Emission von Strahlung.*

Es gibt heute Gas-Laser sowie Festkörper-Laser (meist Rubin-Laser). Eine andere Laser-Art ist die Laserdiode aus Galliumarsenid. Die Arbeitsweise dieser Laserdiode ist leicht zu verstehen: Die Eigenleitung des reinen Halbleitermaterials (Intrinsic-

6.10 Weitere Halbleiter-Bauelemente

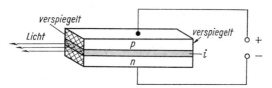

Bild 6.10.4. Der Aufbau der LASER-Diode

Material) kommt dadurch zustande, daß infolge Energiezufuhr einzelne Valenzbindungen aufreißen. Es entstehen Ladungsträgerpaare (siehe Abschnitt 6.1.3). Wenn diese Ladungsträger wieder rekombinieren, muß die zuvor zugeführte Energiemenge in irgendeiner Form wieder frei werden, da Energie nicht verbraucht werden oder verloren gehen kann. Die *Galliumarsenid-Laserdiode* macht diese Energie in Form von Licht mit einer Wellenlänge von 840 nm frei (infrarot). Den Aufbau einer Laserdiode zeigt **Bild 6.10.4**.

Die Laserdiode besteht aus drei Halbleiterschichten: p-Schicht, i-Schicht (Intrinsicschicht = Eigenleitungsschicht − nicht dotiert!) und n-Schicht. Die angelegte Betriebsspannung ist so gepolt, daß die Diode in Durchlaßrichtung geschaltet ist. Dadurch werden aus der p-Zone Löcher und aus der n-Zone Elektronen in die i-Schicht injiziert, dort *rekombinieren* sie, wobei Lichtblitze entstehen, das sog. *Rekombinations-Leuchten*. Die Länge der i-Schicht beträgt ein Vielfaches der Lichtwellenlänge, so daß diese Schicht als Resonator für das Licht wirkt (ähnlich einem Schwingkreis). Die Stirnflächen des Kristalls sind geschliffen und verspiegelt. An der halbdurchlässig verspiegelten Stirnfläche tritt die kohärente Lichtstrahlung aus. (Kohärentes Licht: jede Welle hat die gleiche Wellenlänge und die gleiche Schwingungsrichtung.)

Betreibt man die Laserdiode mit Stromimpulsen von einigen Ampere, so kann man einige Watt an Strahlungsleistung erzeugen. Wie jedes Halbleiter-Bauelement ist auch die Laserdiode entsprechend der Höhe ihrer Verlustleistung zu kühlen.

Merke: In der LASER-Diode wird beim Rekombinieren von Löchern mit Elektronen Energie in Form von kohärentem Licht frei.

6.10.4 Fototransistor

Oftmals ist die Stromänderung der Fotodioden zu klein. Man kann die Stromänderung ΔI in einem nachfolgenden Transistor verstärken. Fototransistoren nehmen diese Verstärkung selbst vor. Das Licht fällt auf die zwischen Kollektor und Basis vorhandene Sperrschicht und verschiebt dort Ladungsträger. Durch diese Ladungsträgerverschiebung erhöht sich der Kollektorstrom genauso, als hätte man die Spannung an der Basis erhöht. Interessant ist in diesem Zusammenhang, daß die durch den Lichteinfall hervorgerufene Ladungsträgerverschiebung auch dann, wenn keine Spannung angelegt wird, zwischen den beiden Schichten eine Potentialdifferenz (Spannung) verursacht. Mit dieser Spannung kann man elektronische Geräte geringer Leistungsaufnahme versorgen. So kann man damit auch die Blende bei

6 Halbleiter

Fotokameras einstellen. Jeder Fototransistor läßt sich damit auch als Fotoelement verwenden.

Merke: Fototransistoren werden durch Licht gesteuert. Sie verstärken zugleich das Steuersignal.

6.10.5 Fotothyristor

Den inneren Fotoeffekt, der bei Lichteinfall zusätzliche Ladungsträgerpaare in einer Sperrschicht freimacht, kann man nicht nur bei Fotodioden und Fototransistoren, sondern auch beim *Fotothyristor* anwenden.

Der Fotothyristor ist fast ähnlich aufgebaut wie ein normaler Thyristor, er besitzt zusätzlich ein Fenster, durch welches das Licht auf die Sperrschicht fallen kann. **Bild**

Bild 6.10.5. Schaltzeichen für den Fotothyristor

6.10.5 zeigt das Schaltzeichen des Fotothyristors. Man kann den Fotothyristor wie jeden normalen Thyristor durch eine Spannung zwischen Tor und Katode, die einen Steuerstrom hervorruft, zünden. Durch diesen Steuerstrom wird die mittlere Sperrschicht abgebaut, und der Thyristor zündet durch. Das gleiche geschieht beim Fotothyristor, wenn Licht auf den Siliziumkristall fällt. Auf diese Weise können Ströme bis zu 500 mA eingeschaltet werden.

Bei Lichtschranken mit Fotothyristoren können die sonst erforderlichen Verstärker wegfallen, da man mit dem Fotothyristor direkt Relais oder kleine Motoren schalten kann. Natürlich kann man mit dem Fotothyristor auch stärkere Thyristoren ansteuern. Die Möglichkeit, Schaltvorgänge drahtlos über einen Lichtstrahl auszulösen, was in Atomreaktoren und Hochspannungsanlagen sehr vorteilhaft ist, stellt nur eine von vielen weiteren Anwendungsmöglichkeiten der Fotothyristoren dar.

Merke: Fotothyristoren kann man durch ein Lichtsignal „zünden". Sie lassen sich aber auch wie normale Thyristoren zünden.

6.10.6 Hall-Generator

Der Hall-Generator ist ein Halbleiter-Bauelement, bei dem der nach seinem Entdecker benannte *Hall-Effekt* ausgenutzt wird:

Durchfließt ein elektrischer Strom einen flachen Leiter, auf den senkrecht ein Magnetfeld einwirkt **(Bild 6.10.6)**, so entsteht senkrecht zum Magnetfeld und zur Stromrichtung ein Potentialgefälle, das man als Spannung messen kann. Diese Spannung ist dem Produkt aus dem Strom und der magnetischen Induktion des Magnetfeldes proportional:

$$U_H = I \cdot B \cdot K \quad \text{in V} \tag{6.31}$$

Darin sind:

6.10 Weitere Halbleiter-Bauelemente

U_H : die im Leiter hervorgerufene Spannung (Hall-Spannung) in V,
I : der durch den Leiter fließende Strom in A,
B : die magnetische Induktion in Vs · m^{-2},
K : die Materialkonstante des Bauelementes in m^2 · A^{-1} · s^{-1}.

Der Hall-Effekt ist schon lange bekannt. Er tritt auch bei Metallen auf, aber erst durch die Verwendung moderner Halbleiter erreicht man brauchbare Hall-Spannungen.

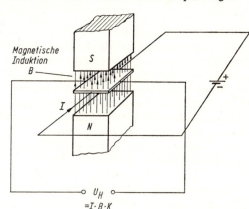

Bild 6.10.6. Der Hall-Generator im Magnetfeld eines Dauermagneten

Moderne Hall-Generatoren haben sehr geringe Abmessungen (etwa 1 × 6 × 12 mm). Man verwendet sie hauptsächlich zur Leistungsmessung, denn die Hall-Spannung ist dem Produkt aus I und B proportional. Die Induktion B ist der Spannung proportional, die an der zugehörigen Spule anliegt. Somit ist U_H dem Produkt aus Stromstärke und Spannung proportional, U_H ist also ein Maß für die Leistung.

In Analogrechnern verwendet man Hall-Generatoren ebenfalls zur Produktbildung. Bild 6.10.6 zeigt einen Hall-Generator im Magnetfeld eines Dauermagneten mit Gleichstromquelle und mit Anschlüssen zum Messen der Hall-Spannung.

Merke: Im Hall-Generator wird eine magnetfeldabhängige Spannung erzeugt.

6.10.7 Peltier-Element

Im Jahre 1834 entdeckte der französische Uhrmacher Jean Peltier, daß sich die Verbindungsstelle von zwei verschiedenen Metallen bei Stromdurchfluß erwärmt oder abkühlt, je nachdem, in welcher Richtung der elektrische Strom durch diese Verbindungsstelle fließt. Dieser Effekt, nach seinem Entdecker benannt, hatte lange keine praktische Bedeutung, da die Wärme- bzw. Kältewirkung zu gering war, um praktisch ausgenutzt zu werden.

Erst die moderne Halbleitertechnik lieferte Werkstoffe, bei denen der Peltier-Effekt in viel stärkerem Maße auftritt. Seitdem haben verschiedene Firmen Peltier-Elemente auf den Markt gebracht. **Bild 6.10.7** zeigt ein Peltier-Einzelelement. Ein p-dotierter und ein n-dotierter Kristall aus Wismuttellurid sind zwischen Kupferplatten eingelötet.

6 Halbleiter

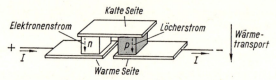

Bild 6.10.7. Der Aufbau eines Peltier-Einzelelementes
(Siemens)

Sowohl der Elektronen- als auch der Löcherstrom fließen von der einen Kupferplatte weg und transportieren damit eine bestimmte Wärmemenge. Die eine Kupferplatte verringert dabei ihre Temperatur, während die andere, zu der die Ströme hinfließen, ihre Temperatur erhöht. Die Kühlwirkung eines Einzelelementes ist sehr gering, so daß man mehrere Einzelelemente zu einer *Peltier-Batterie* zusammenschaltet. Elektrisch sind dabei alle Einzelelemente in Reihe geschaltet, während sie thermisch parallel liegen, d. h. sämtliche kalten Lötverbindungen liegen auf der gleichen Seite. Die Batterie ist mit Kunstharz vergossen. Durch Kühlung muß man die Wärme von der warmen Seite abführen, sonst wird die Peltier-Batterie zerstört. Die Leistungsaufnahme einer Peltier-Batterie aus etwa 20 Peltier-Elementen liegt in der Größenordnung von 15 W.

Der Hauptvorteil der Kühlung mit Hilfe von Peltier-Batterien besteht in der Möglichkeit, die Temperatur kontinuierlich einstellen und auf einem bestimmten Wert halten zu können, was mit Kompressor-Kühlung nicht zu erreichen ist. Besonders in der medizinischen Anwendung ist aber die genaue Einhaltung einer bestimmten Temperatur oft besonders wichtig.

Die Peltier-Batterien entwickeln außerdem kein Geräusch, sie besitzen keine Teile, die einer mechanischen Abnutzung unterworfen sind. Ihr Gewicht sowie ihr Volumen sind gering, und ihre geringe Betriebsspannung macht sie besonders geeignet zum Betrieb an Akkumulatoren (z. B. Autobatterie).

Merke: Im Peltier-Element wird durch den Elektronenstrom und den Löcherstrom Wärmeenergie transportiert, wodurch sich die eine Seite abkühlt und die andere erwärmt.

6.11 Wiederholung, Abschnitte 6.9 und 6.10

1. Wie unterscheidet sich der Thyristor von der Vierschicht-Diode?
2. Erkläre die Kennlinien des Thyristors!
3. Was geschieht beim „Zünden" des Thyristors in dessen Kristall?
4. Wie löscht ein Thyristor?
5. Skizziere eine Thyristorschaltung mit Zündgerät und erkläre die Wirkungsweise!
6. Welche Vorteile bietet der Vollweg-Thyristor?
7. Beschreibe Aufbau und Wirkungsweise der LASER-Diode!
8. Welche Vorteile besitzt eine Peltier-Batterie gegenüber herkömmlichen Kühl-Aggregaten?

7 Integrierte Schaltungen (IS)[1)]

Noch viele Jahre nach dem Ende des Zweiten Weltkrieges hat man elektronische Geräte ausschließlich von Hand „verdrahtet", d. h. alle Bauelemente wurden einzeln in das betreffende Gerät eingelötet, und wo es erforderlich war, hat man Verbindungen durch Einlöten von Drähten hergestellt. Diese zeitraubende Tätigkeit war häufig die Ursache für Fehler in der Schaltungsausführung. Die Verdrahtungsarbeit erforderte vom Ausübenden einige Fachkenntnisse. Mit der Verkleinerung der Bauelemente wurde es notwendig, auch die gesamte Schaltung zu verkleinern. Dies gelang durch Einführung der *gedruckten Schaltungen*. Die Leiterplatten konnten durch angelernte Kräfte bestückt werden, das Löten erfolgte in einem Zinnbad.

Nachdem sich bei den meisten Geräten die Halbleiter-Technik durchgesetzt hatte, versuchte man, die Geräteabmessungen noch kleiner zu machen. Noch heute baut man sehr viele Geräte in der Technik der gedruckten Schaltung. Vor einigen Jahren nun begann der Übergang von dieser *diskreten Technik* zur *integrierten Technik*. Unter integrierter Technik versteht man das Zusammenfassen der einzelnen Bauelemente zu Baugruppen im gemeinsamen Gehäuse mit einem Minimum von Anschlüssen.

Durch sehr hohe Fertigungsstückzahlen sollen diese Baugruppen billig werden, damit man im Falle eines Defektes die ganze Baugruppe ersetzen kann. Der Aufbau eines Gerätes aus Baugruppen ist besonders bei Rechnern, Steuerungen und in der Regelungstechnik sehr vorteilhaft, weil in derartigen Geräten jeweils eine große Anzahl von gleichen Baugruppen benötigt wird. Durch die integrierte Technik verringern sich die Abmessungen solcher Geräte stark, die Fehlersuche wird erleichtert. Die Zuverlässigkeit der Geräte steigt, da die Zahl der Lötstellen (= mögliche Fehlerquellen) um einige Größenordnungen sinkt. Inzwischen gibt es verschiedene Verfahren zur Herstellung von integrierten Schaltungen. Die Entwicklung dieser Technik ist noch im Fluß, so daß man kaum sagen kann, welches Verfahren sich in der Zukunft durchsetzen wird. Es kann sogar sein, daß je nach Verwendungszweck das eine oder andere Verfahren vorteilhafter ist, so daß immer mehrere Verfahren nebeneinander bestehen werden.

7.1 Dickschicht-Schaltungen

Dickschicht-Schaltungen stellen eine Weiterentwicklung der gedruckten Schaltungen dar. Hierbei werden Widerstände, Kondensatoren und in Ausnahmefällen auch Spulen mitgedruckt. Die Dioden und die aktiven Bauelemente wie Transistoren lötet man zum Schluß in die fertige Dickschicht-Schaltung ein. Deshalb bezeichnet man diese Technik als *Hybrid-Technik* (Hybrid-Technik = gemischte Technik).

[1)] Integrierte Schaltungen = IS. Englische Kurzform: IC (Integrated Semiconductor Circuit).

7 Integrierte Schaltungen

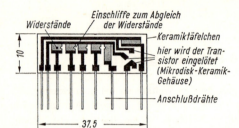

Bild 7.1.1. Ein Dickschicht-Schaltkreis mit 6 Widerständen, unvergossen (Roederstein)

Auf eine Keramikgrundplatte, *Substrat* genannt, werden die etwa 0,5 mm breiten Leiterbahnen mit einer gold- oder silberhaltigen Paste im Siebdruck aufgedruckt und eingebrannt. Danach druckt man mit einer besonderen Paste die Widerstände und brennt sie ein. Sehr vorteilhaft ist es bei dieser Technik, daß man nun die Widerstände abgleichen kann, indem man durch Abschleifen oder Verdampfen mit Hilfe eines Laserstrahls einen Teil der Widerstandsbahn abträgt. Nun kann man das Dielektrikum für die Kondensatoren aufdrucken und darauf die zweite Elektrode des Kondensators. Man kann auch das Substrat als Dielektrikum verwenden, indem man den zweiten Kondensatorbelag auf die Rückseite des Substrats aufdruckt. Größere Kapazitäten setzt man wie die Halbleiter-Bauelemente nachträglich in die Schaltung ein. Die fertige Dickschicht-Schaltung wird vergossen oder durch Tauchen mit einer Kunstharzumhüllung versehen. Scheibenförmige Dickschicht-Schaltungen kann man in ein Gehäuse, z. B. TO-5, einbauen. Einen Dickschicht-Schaltkreis zeigt **Bild 7.1.1**.

Induktivitäten sind in integrierten Schaltungen äußerst schwierig herzustellen. Deshalb versucht man, durch andere Schaltungsarten die Verwendung von Induktivitäten zu umgehen. So kann man selektive Baugruppen auch mit RC-Gliedern anstelle von LC-Gliedern herstellen. Zum Beispiel gibt es schon Rundfunkempfänger, deren Zf-Verstärker in integrierter Technik ausgeführt sind und die deshalb nur aus RC-Gliedern und Transistoren bestehen.

7.2 Dünnschicht-Schaltkreise

Die Schichtdicke der Leiterbahnen bei Dickschicht-Schaltkreisen beträgt etwa 25 µm, denn diese Schichten werden meist im Siebdruckverfahren aufgebracht. Schichten mit einer Dicke von etwa 1 µm bezeichnet man als *Dünnfilme*.

In der Dünnschichttechnik verwendet man Chrom-Nickel oder Tantal zur Herstellung von Widerständen, während die Leiterbahnen meist aus Gold oder Platin bestehen. Leiterbahnen, Kondensatoren und Widerstände bringt man entweder durch *Aufdampfen* oder mit Hilfe des *Fotoätzverfahrens* auf.

Herstellung eines Dünnschicht-Schaltkreises auf Tantalbasis: Auf einen Glasträger dampft man eine sehr dünne Tantalschicht auf. Man verwendet Tantal, weil dieses Material sehr beständig gegen chemische Einflüsse ist. Außerdem läßt sich leicht eine Tantaloxidschicht erzeugen, die einen guten Isolator darstellt und gleichzeitig als Dielektrikum für aufzubauende Kondensatoren dienen kann. Die Leitungsführung, die Kondensatorplatten usw. könnte man sofort festlegen, indem man die entsprechenden

7.2 Dünnschicht-Schaltkreise

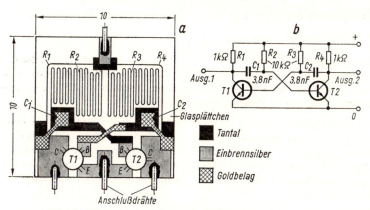

Bild 7.2.1. Dünnschicht-Schaltkreis in Tantaltechnik (Siemens) und zugehörige Schaltung

Stellen mit Masken abdeckt. Wird die Glasplatte jedoch gleichmäßig bedampft, so muß die Leitungsführung anschließend mit Hilfe des Fotoätzverfahrens hergestellt werden. Dort wo Kondensatoren entstehen sollen, wird auf elektrolytischem Wege eine Oxydschicht als Dielektrikum aufgebracht, darauf kommt später eine Goldschicht als zweiter Kondensatorbelag. Durch etwa mäanderförmige Bahnen kann man Widerstände bis etwa 1 MΩ herstellen. Diese Widerstände kann man noch abgleichen, indem man den Querschnitt der Widerstandsbahnen durch Oxydation verringert. Aktive Bauelemente müssen, wie bei den Dickschicht-Schaltkreisen, nachträglich eingesetzt werden. Nach der Kontaktierung wird die Schaltung durch eine Kunstharzschicht geschützt, oder man klebt sie zum Schutz vor Beschädigung zwischen zwei Glasplättchen.

Bild 7.2.1 zeigt eine Multivibratorschaltung und ihre Ausführung in Dünnschichttechnik (Siemens).

Merke: In Dünnschicht- und Dickschicht-Schaltungen sind Verbindungen, Widerstände und Kondensatoren in Druckschaltungstechnik ausgeführt.

In Dünnschicht- und Dickschicht-Schaltungen sind aktive Halbleiterbauelemente (Dioden und Transistoren) einzeln eingelötet.

7 Integrierte Schaltungen

7.3 Monolithische Integrierte Halbleiterschaltungen[1])

7.3.1 Allgemeine Grundlagen

Beim Herstellen von Hybridschaltungen verwendet man *diskrete*[2]) Halbleiterbauelemente (Abschnitt 7.1). Der relativ hohe Aufwand an manueller Arbeit (z. B. Bestücken) verteuert dieses Herstellungsverfahren erheblich. Deshalb setzt sich die **monolithische integrierte Technik** immer mehr durch.

Auf einem Siliziumplättchen als Träger (Substrat) „züchtet" man aktive und passive Schaltelemente zusammen mit den zugehörigen Verbindungsleitungen. Aktive Schaltelemente (Transistoren und Dioden) lassen sich in dieser Technik relativ einfach herstellen; das „Züchten" von Widerständen ist aufwendiger. Kondensatoren mit großer Kapazität und Spulen können zur Zeit noch nicht in monolithischer integrierter Technik ausgeführt werden.

Aufgrund dieser Fertigungsprobleme mußte man neue Schaltungstechniken entwickeln, bei denen die Zahl der verwendeten Widerstände und Kondensatoren möglichst klein ist. Spulen darf die Schaltung nicht enthalten. Lassen sie sich schaltungstechnisch nicht umgehen, so müssen sie von *außen* an die Integrierte Schaltung angeschlossen werden. Die Anzahl der verwendeten Dioden und Transistoren spielt dagegen keine Rolle. Diese neuen Schaltungen sind oft besser *und* billiger als vergleichbare herkömmliche Ausführungen mit diskreten Bauelementen.

Das Herstellungsverfahren für monolithische IS ist im Prinzip von den Planartransistoren her bekannt (Abschnitt 6.4.1). Durch Diffusionsvorgänge erzeugt man nicht nur die verschiedenen Schichten der Transistoren sondern auch Widerstände, Kondensatoren und Dioden. Durch Fotoätzverfahren mit anschließenden Diffusionsprozessen entstehen auf einer Siliziumscheibe mit etwa 25 mm Durchmesser gleichzeitig mehrere hundert IS. Ein monolithischer integrierter Schaltkreis läßt sich etwa mit dem gleichen Aufwand an Arbeit und Zeit herstellen wie ein einziger Planartransistor. Neben dieser Planartechnik gewinnt die vom MOS-Feldeffekt-Transistor (MOSFET) her bekannte Feldeffekt-Steuerung immer mehr an Bedeutung (Abschnitt 6.5.2). Die Vorteile dieser MOS-Planartechnik (leistungsloses Steuern und geringer Flächenbedarf) erleichtern Aufbau und Anwendung vieler monolithischer IS für analoge und digitale Informationsverarbeitung. Nachteilig sind die im Vergleich zur Planartechnik größeren Schaltzeiten und die erforderlichen höheren Betriebsspannungen.

Die ersten monolithischen IS waren im Rahmen staatlicher Forschungsprogramme vorwiegend für militärische Anwendungen entwickelt worden. Im zivilen Bereich verwendete man in größerem Umfang zunächst nur *digitale* monolithische IS für elektronische Datenverarbeitungsanlagen (Digitalrechner).

[1]) Monolith (griech.) = Säule, Denkmal aus *einem* Steinblock; hier: vollständige Schaltung aus *einem* Siliziumkristall
[2]) d. h.: einzelne, voneinander getrennte

7.3 Monolithische Integrierte Halbleiterschaltungen

Die meisten digitalen Schaltkreise arbeiten *binär:* Sie können genauso wie einfache Kontaktschalter nur zwei extrem verschiedene Schaltzustände einnehmen („Leitfaden der elektronischen Steuerungstechnik" und „Leitfaden der Impulstechnik"; Franzis-Verlag, München). Jedem binären Signal (O oder L) ist ein bestimmter Spannungsbereich zugeordnet. Deshalb haben die Toleranzen der Schaltelemente (ΔR, ΔC usw.) hier weniger Einfluß auf die Schaltkreiseigenschaften als bei analogen Schaltungen (z. B. Hf-Verstärker und Nf-Verstärker). Auch erhebliche Abweichungen von den gewünschten Werten führen bei digitalen Schaltkreisen oft noch zu brauchbaren Erzeugnissen.

Diskrete Bauelemente sind meist für digitalen *und* analogen Betrieb geeignet. Erst die Eigenschaften der *vollständigen Schaltung* sind eindeutig einer der beiden Betriebsarten zugeordnet. Bei monolithischen IS handelt es sich meist um *vollständige* Schaltungen. Deshalb unterscheidet man hier:

digitale monolithische IS (Abschnitt 7.3.3) und
analoge monolithische IS (Abschnitt 7.3.4).

In der digitalen Rechentechnik, Steuerungstechnik und Meßtechnik benötigt man eine große Anzahl gleichartiger Schaltkreise. Die begrenzte Typenzahl verringert die Herstellungskosten und erleichtert Wartungs- und Reparaturarbeiten.

Die kurzen Verbindungswege zwischen einzelnen Teilen eines monolithischen integrierten Schaltkreises und zwischen den Anschlüssen verschiedener IS verringern die Laufzeiten der elektrischen Signale innerhalb des betreffenden Gerätes. Es sei hier daran erinnert, daß ein elektrisches Signal zum Durchlaufen der Strecke $l = 30$ cm mindestens die Zeit $t = 1$ ns benötigt. Durch den Einsatz von monolitischen IS läßt sich die Rechengeschwindigkeit in Digitalrechnern wesentlich erhöhen. Moderne Digitalrechner können in sehr kurzer Zeit sehr große Datenmengen verarbeiten.

Bei monolithischen IS ist der Bedarf an Raum und Gewicht viel kleiner als bei hybriden IS mit sonst gleichen Eigenschaften. Die Geräteabmessungen verringern sich entsprechend; allerdings muß dem Abführen der beim Betrieb entstehenden Verlustwärme besondere Sorgfalt gewidmet werden. Die Anschlüsse und das Gehäuse bestimmen fast ausschließlich die Abmessungen eines monolithischen IS (Abschnitt 7.3.3). Durch den Wegfall von Lötverbindungen zwischen den Schaltelementen eines monolithischen IS steigt die Zuverlässigkeit erheblich an.

7.3.2 Aufbau (Beispiel)

Die Planar-Technik und die MOS-Planar-Technik sind von den Transistorbauformen her bekannt (Bilder 6.4.1.4 und 6.5.4.1). Die hier eingesetzten Diffusionsverfahren haben sich auch beim „Züchten" von Transistoren in monolithischen IS bewährt.

Monolithische Dioden und Kondensatoren kleiner Kapazität realisiert man durch Erzeugung eines pn-Übergangs. Ein Widerstand kann aus n-leitendem oder p-leitendem Material entstehen, je nach dem, ob er in der Schaltung mit der Basiszone, der Emitter- oder der Kollektorzone eines Transistors verbunden ist. Der Widerstands-

7 Integrierte Schaltungen

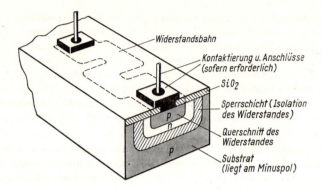

Bild 7.3.1 Ohmscher Widerstand in einem monolithischen integrierten Schaltkreis

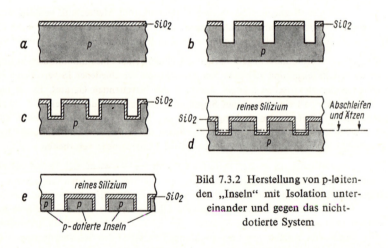

Bild 7.3.2 Herstellung von p-leitenden „Inseln" mit Isolation untereinander und gegen das nichtdotierte System

wert richtet sich nach den Abmessungen der Widerstandszone und nach dem Grad der Dotierung. Die Widerstandszone ist in eine Umgebung mit entgegengesetzter Dotierung eingebettet **(Bild 7.3.1)**. Im Beispiel umschließt eine n-Schicht den p-dotierten Widerstand. Diese n-Schicht ist in das p-Substrat eindoriert. Erhält das p-Substrat ein Potential, das wesentlich negativer ist als das Potential der Widerstandsanschlüsse, so bildet sich zwischen n-Schicht und p-Substrat eine Sperrschicht, die den Widerstand gegen benachbarte monolithische Schaltelemente isoliert. Entsprechend stellt man Isolationen zwischen anderen monolithischen Bauelementen her: An den eindiffundierten pn- oder np-Übergängen entsteht beim Anlegen der Betriebsspannung eine isolierende Sperrschicht.

7.3 Monolithische Integrierte Halbleiterschaltungen

Man kann auch Gebiete im Si-Kristall herstellen, die durch SiO_2-Schichten gegeneinander isoliert sind. Bild 7.3.2 zeigt, wie man einen p-leitenden Si-Einkristall mit einer SiO_2-Schicht überzieht und Ausschnitte in den Kristall hineinätzt. Nachdem man die Oberfläche wieder mit einer SiO_2-Schicht überzogen hat, läßt man undotiertes Silizium auf die Oberfläche „aufwachsen". Nach dem Abschleifen und Ätzen der überflüssigen Teile erhält man p-leitende Inseln, die gegeneinander und gegen das nichtdotierte Silizium durch eine SiO_2-Schicht isoliert sind. In weiteren Diffusionsprozessen entwickelt man in diesen Inseln die Teile der integrierten Schaltung.

Mit zunehmendem Umfang eines monolithischen IS erhöht sich die Wahrscheinlichkeit, daß einzelne Elemente in der Schaltung nicht arbeiten oder ihren Toleranzbereich zu weit überschreiten. In diesem Falle steigt die Ausschußquote stark an. Deshalb achtet man häufig schon beim Entwickeln monolithischer IS darauf, daß sich aus *einem* Schaltkreis viele *verschiedene* Schaltungen aufbauen lassen. Nach dem Herstellungsprozeß führt ein automatisches Prüfgerät Messungen an jedem einzelnen Schaltkreis durch, und ein angeschlossener Rechner entscheidet, welche Schaltaufgaben der Schaltkreis entsprechend seiner einwandfrei arbeitenden Elemente durchführen kann. Dementsprechend wird der Schaltkreis kontaktiert und mit der betreffenden Typenbezeichnung versehen.

7.3.3 Gehäuse

Das Gehäuse für monolithische IS hat verschiedene Aufgaben:

Mechanischer Schutz,

Ableitung der im Schaltkreis umgesetzten Verlustwärme,

Aufnahme von Kontakten und deren Verbindungsleitungen zum IS.

Die *TO-Gehäuse* (z.B. TO-5 und TO-18, Abschnitt 6.4.2) entsprechen im Aufbau weitgehend den seit Jahren bewährten Metallgehäusen für Transistoren. Ein TO-5-

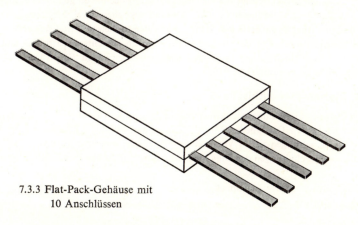

7.3.3 Flat-Pack-Gehäuse mit 10 Anschlüssen

7 Integrierte Schaltungen

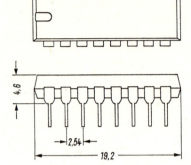

Bild 7.3.4 Kunststoffgehäuse. DIP-Ausführungsbeispiel in natürlicher Größe.

Gehäuse für monolithische Integrierte Schaltkreise hat 8 bis 12 Anschlußleitungen, die auf dem Umfang des Glasbodens verteilt sind. Bei bestimmten Schaltkreisen für analoge Anwendungen benutzt man die Metallhaube als Schirm gegen elektrische und magnetische Störfelder.

Das *Flat-Pack-Gehäuse*[1]) besitzt zehn oder mehr Anschlüsse. Zwischen zwei dünnen Keramikscheiben mit etwa 6 mm Kantenlänge liegt die Siliziumscheibe mit dem IS **(Bild 7.3.3)**. An zwei gegenüberliegenden Kanten sind jeweils fünf oder mehr Anschlußfahnen herausgeführt. Die Gehäusedicke beträgt nur 1 mm. Flat-Pack-Gehäuse und TO-Gehäuse sind hermetisch verschlossen.

Die preisgünstigen *Kunststoffgehäuse* sind sehr verbreitet. Sie bieten in einem begrenzten Temperaturbereich ausreichenden mechanischen Schutz. Bei der für diese Gehäuseart typischen DIP-Ausführung[2]) sind die meist abgewinkelten und zugeschnittenen Anschlußfahnen in zwei Reihen herausgeführt **(Bild 7.3.4)**. In der Fachliteratur findet man häufig die Bezeichnung *Dual-in-Line-Gehäuse*. Die Anordnung der Anschlußfahnen berücksichtigt die für Druckschaltungstechniken genormte Rastereinheit (0,1 Zoll = 2,54 Millimeter). Der Abstand zwischen zwei benachbarten Anschlußfahnen einer Reihe beträgt 2,54 mm, die beiden Reihen sind drei Rastereinheiten voneinander entfernt. Der Einbau mit Steckfassungen erleichtert Wartungs- und Reparaturarbeiten. Hochwertige Fassungen sind jedoch in vielen Fällen teurer als die aufzunehmenden monolithischen IS.

7.3.4 Digitale monolithische IS

Alle digitalen Geräte und Anlagen enthalten eine große Anzahl gleichartiger Grundschaltungen, z. B. NOR-Glieder, NAND-Glieder und Flipflops. Die Anzahl *verschiedenartiger* Schaltungen ist im Vergleich zur Analogtechnik sehr klein. Deshalb sind fast alle Grundschaltungen der Digitaltechnik als monolithische IS auf dem Markt.

---

[1]) flat-pack (engl.) = Flachpack
[2]) **d**ual-**i**n-line-**p**ackage (engl.) = Doppel-Reihenpackung

7.3 Monolithische Integrierte Halbleiterschaltungen

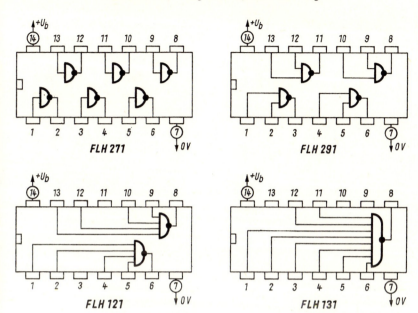

Bild 7.3.5 Logische Verknüpfungen in monolihischer integrierter Technik. Schaltbeispiel (Siemens); Gehäuseansicht von oben.

Ein Gehäuse enthält entweder mehrere, meist gleichartige digitale Verknüpfungsglieder mit einer kleinen Anzahl von Eingängen oder nur *ein* Verknüpfungsglied mit mehreren Eingängen **(Bild 7.3.5)**. Im Beispiel sind hier Siemens-Schaltkreise angeführt:

FLH 271 : 6 NICHT-Glieder,
FLH 291 : 4 NAND-Glieder mit je 2 Eingängen,
FLH 121 : 2 NAND-Glieder mit je 4 Eingängen,
FLH 131 : 1 NAND-Glied mit 8 Eingängen.

Alle Eingänge und Ausgänge sowie jeweils zwei Anschlüsse für die Betriebsspannung sind im vorliegenden Beispiel auf $2 \times 7 = 14$ Anschlußfahnen eines Kunststoffgehäuses verteilt.

Andere Schaltkreise enthalten beispielsweise NOR-Glieder oder Kombinationen von UND/NAND-, ODER/NOR-, und NAND/NOR-Gliedern.

Das JK-Master-Slave-Flipflop ist eine universell verwendbare bistabile Kippschaltung, aufgebaut als Zweispeicher-Flipflop („Leitfaden der elektronischen Steuerungstechnik"; Franzis-Verlag, München). Die beiden Ausgänge Q und $\overline{Q}$ führen bei Normalbetrieb entgegengesetzte binäre Signale **(Bild 7.3.6)**:

$Q = O, \overline{Q} = L$
oder $Q = L, \overline{Q} = O$

7 Integrierte Schaltungen

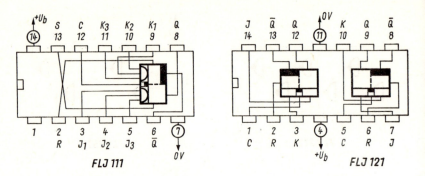

Bild 7.3.6 JK-Master-Slave-Flipflops in monolithischer integrierter Technik.
Schaltungsbeispiele (Siemens);
Links: Ein Flipflop mit 3 J-Eingängen und 3 K-Eingängen, jeweils
in UND-Verknüpfung
Rechts: Zwei Flipflops mit je einem J-Eingang und einem K-Eingang

Der schwarz markierte Ausgang hat in der Grundstellung des Flipflops den Zustand $Q = L$.

Der Setzeingang S und der Rücksetzeingang R (Löscheingang) wirken unmittelbar auf beide Speicher. Sie dienen zum statischen Setzen und Löschen des vorliegenden Flipflops. Das Signal am dynamischen Steuereingang C[1]) hat nur auslösende Wirkung. Beim Ansteigen des Steuersignals von O nach L stellt sich das Master-Flipflop entsprechend der Signale an den Vorbereitungseingängen J und K ein. Beim Zurückgehen des Steuersignals von L nach O gibt das Master-Flipflop seinen Informationsinhalt an das Slave-Flipflop weiter. Steile Impulsflanken sind hier nicht erforderlich. Das Beispiel zeigt ein JK-MS-Flipflop, bei dem je drei J-Eingänge und K-Eingänge in UND-Verknüpfung vorhanden sind (linkes Bild 7.3.6).

Der geringe Flächenbedarf monolithischer IS läßt sich am Beispiel eines für JK-Master-Slave-Flipflops typischen Schaltplanes aufzeigen (**Bild 7.3.7**).

Bei gleichbleibender Anzahl der Anschlüsse lassen sich mehrere Flipflops im gleichen Gehäuse unterbringen, wenn die einzelnen Schaltkreise weniger Eingänge aufweisen (**Bild 7.3.6**).

Bei diesen für digitale Grundschaltungen typischen Beispielen in monolithisch integrierter Technik sind *alle* Anschlüsse der einzelnen Schaltkreise über die Kontaktfahnen des Gehäuses von außen zugänglich. Die für ein bestimmtes System (z. B. Zähler) notwendigen Verbindungen zwischen einzelnen Schaltkreisen sind hier *extern* in Druckschaltungstechnik auszuführen. Der Entwicklungstrend geht bei monolithischen IS dahin, diese Zwischenverbindungen in den Integrationsprozeß mit einzubeziehen,

---

[1]) clock (engl.) = Uhr. Unter bestimmten Bedingungen kippt das Flipflop, wenn am Steuereingang C ein Impuls oder eine Impulsfolge anliegt.

7.3 Monolithische integrierte Halbleiterschaltungen

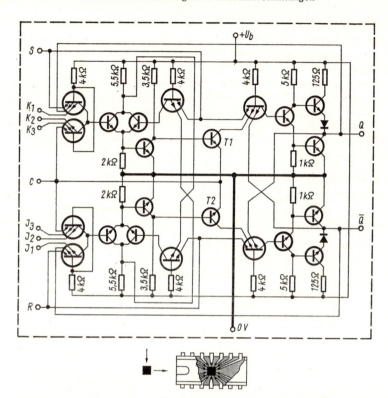

Bild 7.3.7 JK-Master-Slave-Flipflop. Schaltplan mit monolithischem IS und Kunststoffgehäuse in natürlicher Größe; Gehäuseansicht von oben

z.B. durch isolierte Leiterbahnen im Substrat. Diese interne „Verdrahtung" erhöht die Zuverlässigkeit und verringert das Volumen. Man spricht in diesem Zusammenhang von MSI-Schaltungen[1]) und LSI-Schaltungen[2]).

Unter den Fertigungsverfahren für MSI- und LSI-Schaltungen ist die Hybrid-Technik weit verbreitet. Mehrere Plättchen (Chips) mit monolithischen IS sind auf einem isolierenden Träger (z.B. Keramik) durch Leiterbahnen in Dünnfilmtechnik und sehr dünne Drähtchen aus Gold oder Aluminium miteinander verbunden. Eine weitere Keramikplatte und Anschlußfahnen ergänzen diesen Aufbau zu einem gekapselten Flat-Pack-Gehäuse **(Bild 7.3.3)**.

[1]) **middle-scale-integration** (engl.) ≙ Integration von Schaltungen mittlerer Größe
[2]) **large-scale-integration** (engl.) ≙ Integration von großen Schaltungen

7 Integrierte Schaltungen

Folgende Digitalschaltungen lassen sich etwa dem MSI-Bereich zuordnen: Schieberegister, Zähler, Frequenzteiler, Dekodierer (z. B. 3-Exzeß/Dezimal), Analog-Digital-Umsetzer und Dekodierer mit Treiber für Ziffernanzeigeröhren.

Mit der Entwicklung von vollständigen Rechenschaltungen in einem integrierten Schaltkreis sowie integrierten Festprogrammen für kleine Rechner in einem Flat-Pack-Gehäuse von Briefmarkengröße und 1 mm Dicke beginnt ein neuer Abschnitt in der Technik der integrierten Schaltungen. Mit der Integration noch größerer Schaltungen erreicht man eine weitere Verkleinerung *und* Verbilligung der Geräte. Vielleicht ist das Ziel dieser *LSI* eines Tages der vollständige Rechner in *einer* monolithischen integrierten Schaltung.

7.3.5 Analoge monolithische IS

Das gemeinsame Kennzeichen analoger Schaltungen ist der *stufenlose* (stetige) Übergang von einem beliebigen Signalwert zu einem anderen („Leitfaden der Impulstechnik"; Franzis-Verlag, München). Nahezu alle analogen monolithischen IS enthalten

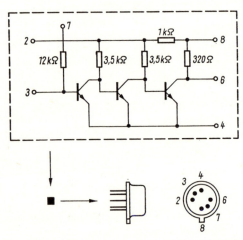

Bild 7.3.8 Dreistufiger Nf-Verstärker (Siemens) TAA 111 mit monolithischem IS und Gehäuse in natürlicher Größe

Verstärker, die meist aus mehreren Verstärkerstufen bestehen **(Bild 7.3.8)**. Im Schaltungsbeispiel ist ein dreistufiger Nf-Verstärker in einem Metallgehäuse mit 8 Anschlüssen untergebracht. Nf-Leistungsverstärker sind bereits bis zu einigen Watt Verlustleistung als monolithische IS erhältlich. Die Verlustwärme läßt sich beispielsweise über eine im Kunststoffgehäuse eingepreßte Kupferplatte abführen.

Bei monolithischen IS für analoge Anwendungen sind die Anforderungen an die Toleranzen der Schaltelemente wesentlich höher als im digitalen Bereich.

Die wichtigste monolithische integrierte Analogschaltung ist der *Rechenverstärker*, auch Operationsverstärker genannt („Leitfaden der elektronischen Regelungstechnik" und „Leitfaden der Impulstechnik"; Franzis-Verlag, München). Charakteristische Eigenschaften sind:

7.3 Monolithische Integrierte Halbleiterschaltungen

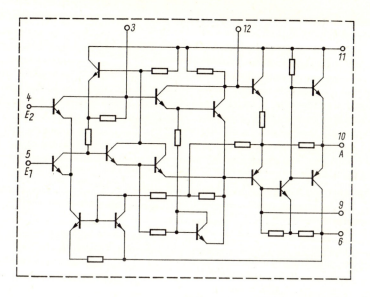

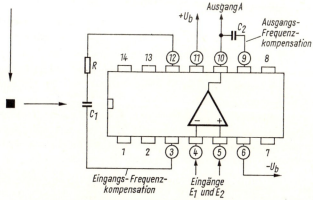

Bild 7.3.9 Rechenverstärker . Schaltungsbeispiel mit monolithischem IS und Gehäuse in natürlicher Größe. Gehäuseansicht von oben.

Sehr hohe Verstärkung (ohne Gegenkopplung) von Gleich- und Wechselspannung, z. B. etwa 100000fach;
Differenzeingang, hoher Eingangswiderstand und kleiner Ausgangswiderstand.

Im Gegensatz zu herkömmlichen Verstärkern erhalten Rechenverstärker erst durch *externes* Beschalten mit nur wenigen Bauelementen die für einen bestimmten Anwendungszweck erforderlichen speziellen Eigenschaften. Diese Anpassungsfähigkeit erschließt dem Rechenverstärker eine Fülle von Anwendungsmöglichkeiten: Funktionsverstärker für Analogrechner, Nullverstärker für Brückenschaltungen, Impedanzumsetzer, Schmitt-Trigger mit einstellbarer Schaltschwelle, Vergleicher für Analog-Digital-Umsetzer, aktiver Filter, Sinusgeneratoren usw. Mit dem Wert eines extern zugeschalteten Gegenkopplungswiderstandes läßt sich beispielsweise die Spannungsverstärkung in einem weiten Bereich einstellen. Bei vielen Rechenverstärkern läßt sich der Frequenzgang der Verstärkung durch äußere Beschaltung mit einem Kondensator und mit einer RC-Kombination korrigieren (**Bild 7.3.9**). Der im Beispiel angeführte Typ LM 709 C (National Semiconduktor) kostet weniger als mancher Leistungstransistor. Rechenverstärker sind auch mit MOS-Eingang und mit logarithmischer Verstärkungskennlinie lieferbar.

Differenz-Verstärkerstufen müssen streng symmetrisch aufgebaut sein. Die erforderliche Gleichmäßigkeit der beteiligten Schaltelemente läßt sich in monolithischer integrierter Technik leicht verwirklichen.

Monolithische Integrierte Schaltkreise ersetzen heute schon bestimmte Schaltungsteile in Rundfunk- und Fernsehgeräten; beispeilsweise Stabilisierungsschaltungen, FM-Zf-Verstärker mit Demodulator, regelbare Hf-Verstärker und FM-Stereo-Decoder.

7.3.6 Technische Daten von monolithischen IS

Im Vordergrund stehen die Eigenschaften der Gesamtschaltung. Die Datenbücher der Hersteller unterscheiden im einzelnen etwa folgende Angaben:

1. Einbauhinweise und Typenschlüssel für digitale und analoge IS,
2. bei *digitalen* IS: Logikpegel, Betriebsspannungen, logische Funktionen, Belastbarkeit sowie Kennlinien zur Beschreibung statischer und dynamischer Daten der Gesamtschaltung.
3. Bei *Rechenverstärkern* interessieren neben Grenzwerten für Betriebsspannungen, Betriebstemperatur und Belastungsstrom z. B. auch die Spannungsverstärkung ohne Gegenkopplung, der Temperaturkoeffizient von Eingangs-Null-Strom und Eingangs-Null-Spannung sowie die Gleichtaktunterdrückung.

Merke: In monolithischen Integrierten Schaltkreisen sind passive und aktive Bauelemente auf einem Silizium-Substrat gezüchtet.
Monolithische integrierte Standartschaltungen sind sehr klein, preiswert und zuverlässig.

7.4 Wiederholung, Kapitel 7

1. Welche Bauelemente lassen sich in Dickschicht-Technik gut herstellen?
2. Vergleiche den Aufbau eines Dickschicht-Schaltkreises mit dem einer Dünnschicht-Schaltung.

7.4 Wiederholung, Kapitel 7

3. Beschreibe zwei Techniken zur Herstellung von monolithischen integrierten Schaltkreisen.
4. Welches sind die charakteristischen Eigenschaften von monolithischen IS in MOS-Technik?
5. Welche Aufgaben haben Gehäuse für monolithische IS?
6. Worin unterscheiden sich die verschiedenen Gehäusearten für monolithische IS?
7. Warum ist die Anwendung monolithischer IS in der Digitaltechnik stärker verbreitet als in der Analogtechnik?
8. Was versteht man unter LSI-Schaltungen?
9. Nenne jeweils zwei Standartschaltungen in monolitischer integrierter Technik,
   9.1 aus der Digitaltechnik,
   9.2 aus der Analogtechnik.

Tafel 1 Internationale Werte- und Toleranzreihen

Reihe	Toleranz	Einzelstufen (Die in den Toleranzen enthaltenen Abweichungen überbrücken weitgehend die Stufenabstände)
E 6	± 20%	1,0 1,5 2,2 3,3 4,7 6,8 1,0
E 12	± 10%	1,0 1,2 1,5 1,8 2,2 2,7 3,3 3,9 4,7 5,6 6,8 8,2 1,0
E 24	± 5%	1,0 1,1 1,2 1,3 1,5 1,6 1,8 2,0 2,2 2,4 2,7 3,0 3,3 3,6 3,9 4,3 4,7 5,1 5,6 6,2 6,8 7,5 8,2 9,1 1,0

Die Reihen E 48 (± 2%) und E 96 (± 1%) enthalten feinere Stufen und engere Toleranzen. Sie werden vorwiegend für Bauelemente der Meßtechnik verwendet.

Beispiele:
Reihe E 12: $1{,}2\,\Omega = 1{,}2 \cdot 10^0\,\Omega$; $12\,\Omega = 1{,}2 \cdot 10^1\,\Omega$; $120\,\Omega = 1{,}2 \cdot 10^2\,\Omega$; $1200\,\Omega = 1{,}2 \cdot 10^3\,\Omega$
Reihe E 6: $4{,}7\,k\Omega = 4{,}7 \cdot 10^3\,\Omega$; $6{,}8\,k\Omega = 6{,}8 \cdot 10^3\,\Omega$; $10\,k\Omega = 1{,}0 \cdot 10^4\,\Omega$; $15\,k\Omega = 1{,}5 \cdot 10^4\,\Omega$

Anhang

Tafel 2 Internationaler Farbcode für Widerstände und Kondensatoren

Ring oder Punkt →	1.	2.	3.	4.	Ring oder Punkt
Farbe	1. Ziffer	2. Ziffer	Multiplikator	Toleranz	Farbe
keine	—	—	—	± 20 %	keine
silber	—	—	10^{-2}	± 10 %	silber
gold	—	—	10^{-1}	± 5 %	gold
schwarz	—	0	10^{0}	—	schwarz
braun	1	1	10^{1}	± 1 %	braun
rot	2	2	10^{2}	± 2 %	rot
orange	3	3	10^{3}	—	orange
gelb	4	4	10^{4}	—	gelb
grün	5	5	10^{5}	—	grün
blau	6	6	10^{6}	—	blau
violett	7	7	10^{7}	—	violett
grau	8	8	10^{8}	—	grau
weiß	9	9	10^{9}	—	weiß

Anhang

Tafel 3 Grafische Darstellung mit logarithmisch geteilten Achsen

Bei der grafischen Darstellung mit linear geteilten Achsen gehört zur gleichen Menge mit gleicher Einheit jeweils die gleiche Strecke (**Bild T 3.1**).

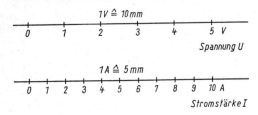

Bild T 3.1. Linear geteilte Achsen

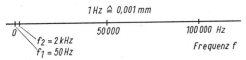

Bild T 3.2. Linear geteilte Frequenzachse für einen großen Bereich

Oft muß man große Mengen mit gleicher Einheit auf einer begrenzten Streckenlänge unterbringen, beispielsweise den Frequenzbereich 1 Hz ... 100 kHz (**Bild T 3.2**). Die Netzfrequenz $f_1 = 50$ Hz wäre in dieser Darstellung 0,05 mm vom Nullpunkt entfernt! Erst die Frequenz $f_2 = 2$ kHz $\triangleq 2$ mm läßt sich mit genügender Genauigkeit einzeichnen.

Die Darstellung mit *logarithmisch geteilten Achsen* vermeidet diesen Nachteil. — Der Zehnerlogarithmus einer Zahl a (lg a) ist diejenige Zahl b, mit der man die Grundzahl 10 potenzieren muß, um a zu erhalten.

Beispiel: lg 1000 = 3, denn $10^3 = 1000$. — Entsprechend dem darzustellenden Bereich und der verfügbaren Zeichenfläche wählt man eine bestimmte Länge als Zeicheneinheit (ZE). Beim Weiterschreiten um eine ZE = 10 mm verzehnfacht sich jeweils der angeschriebene Wert (**Bild T 3.3**): Die Achse ist logarithmisch geteilt.

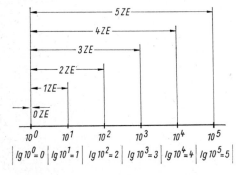

Bild T 3.3. Logarithmisch geteilte Achse für großen Zahlenbereich

Wie sieht aber die logarithmische Teilung innerhalb der einzelnen Dekaden aus? Der Streckenanteil in Prozent der Zeicheneinheit richtet sich nach dem mit Tabelle oder Rechenstab zu bestimmenden Logarithmus der einzelnen Teilungszahlen:

Teilungszahl a	1	2	3	4	5	6	7	8	9	10
lg a	0	0,301	0,477	0,602	0,699	0,778	0,845	0,903	0,954	1,000
$l_a = 100 \cdot \lg a$ in %	0	30,1	47,7	60,2	69,9	77,8	84,5	90,3	95,4	100

Anhang

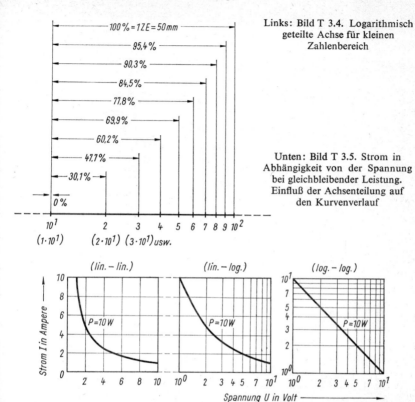

Links: Bild T 3.4. Logarithmisch geteilte Achse für kleinen Zahlenbereich

Unten: Bild T 3.5. Strom in Abhängigkeit von der Spannung bei gleichbleibender Leistung. Einfluß der Achsenteilung auf den Kurvenverlauf

Der zum Teilungsstrich gehörende Zahlenwert ergibt sich aus dem Produkt von Teilungszahl und vorhergehender Zehnerpotenz (**Bild T 3.4**).

Zehnerlogarithmen sind Hochzahlen zur gemeinsamen Grundzahl 10. Zehnerpotenzen multipliziert man miteinander durch Addieren der Hochzahlen. Beispiel: $10^1 \cdot 10^3 = 10^{1+3} = 10^4$.

Dieser Übergang auf die nächstniedrigere Rechenstufe bewirkt bei logarithmisch geteilten Achsen ein gegenüber der Darstellung mit linear geteilten Achsen verzerrtes Bild der gegebenen Kurven. Beispiel: Stromstärke I in Abhängigkeit von der Spannung U bei gleichbleibender Leistung $P = 10$ W (**Bild T 3.5**). Alle Kurvenpunkte errechnen sich aus der Gesetzmäßigkeit $I = P / U$:

P in W	10	10	10	10	10	10
U in V	1	2	4	5	8	10
I in A	10	5	2,5	2	1,25	1

Die Kurve weist die Form einer Hyperbel auf, wenn beide Achsen linear geteilt sind. Bei linear-logarithmischer Teilung verläuft die gleiche Funktion weniger gekrümmt. Sind beide Achsen logarithmisch geteilt, so ergibt sich eine gerade Linie.

Tafel 4   Eigenschaften von Kondensatoren (Übersicht)

Typen \ Eigenschaften	Papier-K.	Metall-Papier-K.	Kunststoff-Kondensatoren			Glimmer-Kondensatoren	Keramik-Kondensatoren		Elektrolyt-Kondensatoren	
			Folien-K. (Polystyrol)	Metall-Kunststoff-K.	Metall-Lack-Kondensatoren		NDK (Typ I)	HDK (Typ II)	Aluminium-Elektrolyt-K. (naß)	Tantal-Elektrolyt-K. (trocken)
Kapazitäten[1]	0,1 nF ... 10 µF	0,1 µF ... 100 µF	1 pF ... 1 µF	0,1 nF ... 10 µF	0,1 µF ... 200 µF	1 pF ... 1 µF	0,5 pF ... 0,5 nF	0,1 nF ... 50 nF	0,5 µF ... 50 mF	5 nF ... 0,5 mF
Nennspannungen[1]	100 V ... 1 kV	250 V ... 1 kV	25 V ... 500 V	25 V ... 10 kV	60 V ... 120 V	50 V ... 50 kV	50 V ... 5 kV		3 V ... 500 V	2 V ... 100 V
Verlustfaktor tan δ [1] mit zugeh. Frequenz f	$\leq 10^{-2}$ $f = 800$ Hz	$\leq 10^{-2}$ $f = 800$ Hz	$\leq 10^{-2}$ $f = 100$ kHz	$\leq 10^{-2}$ $f = 800$ Hz	$\leq 2,5 \cdot 10^{-2}$ $f = 800$ Hz	$\leq 10^{-3}$ $f = 800$ Hz	$\leq 0,5 \cdot 10^{-3}$ $f = 1$ MHz	$\leq 5 \cdot 10^{-2}$ $f = 800$ Hz	$\leq 0,25$ $f = 50$ Hz	$\leq 0,1$ $f = 50$ Hz
Kapazität je[1] Raumeinheit	sehr klein	klein	mittel	groß	sehr groß	sehr klein	sehr klein	klein	sehr groß	sehr groß
Bemerkungen	heute oft durch Kunststoffkondensatoren ersetzt	selbstheilend bei Durchschlag	hoher Isolationswiderstand kleine Verluste bei hoher Frequenz enge Toleranzen möglich sehr kleiner Temperaturk. TK_C	häufig verwendete Kunststoffträger 1. Polyester 2. Polycarbonat selbstheilend Großer Temperturbereich	selbstheilend	selten benutzt	kleine Verluste bei hoher Frequenz Kapazität linear temperaturabh. enge Toleranzen möglich	Kapazität nicht linear von Temperatur und Spannung abhängig	Normalausführung gepolt kleiner Temperaturbereich	Normalausführung gepolt großer Temperaturbereich

[1] Richtwerte für Normalausführungen

Anhang

Tafel 5 Farbcode für das Dielektrikum von Keramik-Kondensatoren (IEC, DIN 41920)

Größter Farbpunkt	Werkstoff	Temperaturkoeffizient der Kapazität in $(\text{grd})^{-1}$	Körperfarbe	Gruppe	Bemerkungen
rot + violett	P 100	$+100 \cdot 10^{-6}$	hellgrau[1]	I B	Normale Toleranzen für TKc, je nach Werkstoff $\pm 30 \cdot 10^{-6}\,(\text{grd})^{-1}$ bis $\pm 120 \cdot 10^{-6}\,(\text{grd})^{-1}$ bei $C \leq 15$ pF.
schwarz	NP 0	0	hellgrau[1]	I B	
braun	N 033	$-33 \cdot 10^{-6}$	hellgrau[1]	I B	
rot	N 075	$-75 \cdot 10^{-6}$	hellgrau[1]	I B	
orange	N 150	$-150 \cdot 10^{-6}$	hellgrau[1]	I B	Enge Toleranzen möglich[2]
blau	N 470	$-470 \cdot 10^{-6}$	hellgrau[1]	I B	Anwendungsbereich: Schwingkreise
violett	N 750	$-750 \cdot 10^{-6}$	hellgrau[1]	I B	
—	2 000	TKc sehr groß und nicht linear von der Temperatur abhängig	khaki	II	Große Dielektrizitätskonstante, dadurch hohe Kapazität bei kleinen Abmessungen Anwendungsbereiche: Koppelglieder und Siebglieder
—	4 000		braun	II	
—	10 000		braun + weiß	II	

[1] Bei Kunststoffumhüllung meist braun
[2] Gruppe I A: Toleranzen für TKc je nach Werkstoff $\pm 15 \cdot 10^{-6}\,(\text{grd})^{-1}$ bis $\pm 60 \cdot 10^{-6}\,(\text{grd})^{-1}$

Anhang

Tafel 6 Induktivitätsfaktor verschiedener M-Kerne mit Luftspalt (Dynamoblech IV)

Typ [1]	M 42/15	M 55/20	M 65/27	M 74/32	M 85/32	M 102/35	M 102/52
Luftspalt l in mm	0,5	0,5	1	2	2	2	2
Induktivitätsfaktor A_L in H	$0{,}26 \cdot 10^{-6}$	$0{,}36 \cdot 10^{-6}$	$0{,}45 \cdot 10^{-6}$	$0{,}54 \cdot 10^{-6}$	$0{,}61 \cdot 10^{-6}$	$0{,}67 \cdot 10^{-6}$	$0{,}97 \cdot 10^{-6}$

[1] Beispiel: M 42/15

$a = 42$ mm

$b = 42$ mm

$l = 0{,}5$ mm

$d = 0{,}15$ mm

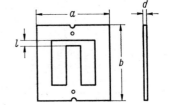

Anhang

Tafel 7 Hauptanwendungen weichmagnetischer Werkstoffe

Werkstoff	Handelsname[1]	Anwendungen[1]
Reineisen	Magnetreineisen (DIN 46 400)	Relaisteile, Polschuhe, Joche
Eisen mit 1 ... 4% Silizium		normale Netztransformatoren und Netzdrosseln
Eisen mit 3% Silizium und magn. Vorzugsrichtung	Trafoperm	Impulstransformatoren, Magnetverstärker
Eisen mit 50% Nickel	Permenorm	Abschirmungen, Systeme für Meßinstrumente
Eisen mit 70 ... 80% Nickel	Mumetall; Permalloy; Ultraperm	Nf- und Hf-Transformatoren, Tonköpfe, magn. Abschirmungen
Eisen mit $\approx$ 50% Kobalt	Vacoflux	Transformatoren mit kleinem Raumbedarf und großem Temperaturbereich
Karbonyleisen	Sirufer	Schwingkreisspulen für Zf, LW, MW und KW im Rundfunkempfänger
		Spezielle Eigenschaften je nach Art und Anteil der Metalloxide
Weichmagnetische Ferrite	Siferrit, Ferroxcube	Schwingkreisspulen und Hf-Drosseln bis $\approx$ 1 GHz
		Breitbandübertrager

[1]) Beispiele

Tafel 8 Daten für Netztransformatoren (Telefunken)

Nr.	Größe	Einheit	Normkern						
			M 42	M 55	M 65	M 74	M 85	M 102a	M 102b
1	Höchstlast (Wicklung nicht unterteilt)	VA	4,5	12	26	48	62	120	180
2	Höchstlast (Wicklung unterteilt)	VA	3	9	21	40	52	100	160
3	Spannung je Windung (unbelastet)	1/mV	44,6	84,4	134	183	230	298	447
4	Windungen je 220 V (unbelastet)	1/V	4940	2610	1650	1200	956	740	494
5	Prim.-Wdg. je 220 V (unter Höchstlast)	1/V	4300	2400	1550	1150	920	718	482
6	Sek.-Wdg. je 220 V (unter Höchstlast)	1/V	6400	2980	1790	1280	1010	770	506
7	Sek.-Wdg. je 6,3 V (unter Höchstlast)	1/V	190	87	52	37	29	22	14,5
8	Eisenverluste	W	0,8	1,9	3,5	3,8	5,6	8,5	13
9	Wirkungsgrad	%	60	70	77	83	84	87,5	88,5
10	Blechdicke / Blechsorte	mm / V_{10}	0,5 / 3,0	0,5 / 3,0	0,5 / 3,0	0,5 / 2,3	0,5 / 2,3	0,5 / 2,3	0,5 / 2,3
11	Stromdichte innen	A/mm²	4,5	3,8	3,3	3,0	2,9	2,4	2,3
12	Stromdichte außen	A/mm²	5,2	4,3	3,6	3,3	3,3	2,8	2,7
13	Kupferverluste (Höchstlast, Durchschnitt)	W	2	3	[4]	5	6	8	9
14	nutzbare Fensterhöhe	mm	6,6	7,5	9,2	10,4	9,3	12,2	12,2
15	nutzbare Fensterlänge	mm	24	30	35	43	46	58	58
16	Kernbreite	mm	12	17	20	23	29	34	34
17	Pakethöhe	mm	15	20	27	32	32	35	52
18	Eisenquerschnitt (brutto)	cm²	1,8	3,4	5,4	7,4	9,3	12	18
19	Fensterquerschnitt	cm²	2,7	4,0	5,6	7,1	7,5	11,5	11,5
20	Eisengewicht	kg	0,14	0,33	0,62	0,88	1,3	2,0	3,0
21	Kupfergewicht	kg	0,04	0,09	0,16	0,28	0,3	0,55	0,65
22	Windungslänge innere Hälfte	cm	7,3	9,6	12,1	14,2	15,1	17,1	20,6
23	Windungslänge äußere Hälfte	cm	9,8	12,4	15,2	17,9	18,6	21,4	24,9

Tafel 9 Eigenschaften von Kupferdrähten

Durchmesser[1])	Querschnitt	Gewicht je km Länge	Länge je Ω Widerstand	Ströme in mA (A) für die Stromdichten 1,0; 1,5; 2,0; 2,5 und 3,0 A/mm²				
d mm	A d mm²	Gl P/km	l_R m/Ω	$I_{1,0}$	$I_{1,5}$	$I_{2,0}$	$I_{2,5}$	$I_{3,0}$
0,03	0,000707	6,29	0,0403	0,7	1,1	1,4	1,8	2,1
0,04	0,00126	11,2	0,0720	1,2	1,9	2,5	3,1	3,8
0,05	0,00196	17,5	0,112	2	3	4	5	6
0,06	0,00283	25,2	0,162	3	4,5	6	7,5	9
0,07	0,00385	34,4	0,220	4	6	8	10	12
0,08	0,00503	44,9	0,288	5	7,5	10	13	15
0,09	0,00636	56,8	0,364	6,4	9,6	13	16	19
0,10	0,00785	69,9	0,448	8	12	16	29	24
0,11	0,00950	84,7	0,544	9,5	14	19	24	28
0,12	0,0113	101	0,646	11	17	22	28	33
0,13	0,0133	119	0,758	13	20	27	33	40
0,14	0,0154	137	0,878	15	23	30	38	45
0,15	0,0177	158	1,01	18	27	36	45	54
0,16	0,0201	179	1,15	20	30	40	50	60
0,17	0,0227	202	1,30	23	34	45	57	68
0,18	0,0254	226	1,45	25	38	50	63	75
0,19	0,0284	253	1,63	28	43	57	71	85
0,20	0,0314	280	1,80	31	47	62	78	93
0,21	0,0346	308	1,98	35	52	69	87	104
0,22	0,0380	339	2,18	38	57	76	95	114
0,23	0,0415	370	2,38	41	62	82	100	125
0,24	0,0452	403	2,58	45	67	90	113	135
0,25	0,0491	438	2,80	49	74	100	123	147
0,26	0,0531	474	3,04	53	80	106	133	159
0,27	0,0573	511	3,28	57	86	116	143	172
0,28	0,0616	550	3,52	62	93	123	154	185
0,29	0,0661	590	3,79	66	99	132	165	198
0,30	0,0707	629	4,03	71	106	142	177	212
0,32	0,0804	716	4,60	80	120	161	201	241
0,34	0,0908	810	5,20	91	136	182	227	272
0,35	0,0962	857	5,49	96	144	192	240	288
0,36	0,102	910	5,80	102	153	204	255	306
0,38	0,113	1 010	6,47	113	170	226	282	339
0,40	0,126	1 120	7,20	126	189	252	315	378
0,45	0,159	1 420	9,09	159	238	318	397	477
0,50	0,196	1 750	11,2	196	294	392	490	588
0,55	0,238	2 120	13,6	238	357	475	595	715
0,60	0,283	2 520	16,2	283	425	566	707	850
0,70	0,385	3 440	22,0	385	578	770	963	1,16 A
0,80	0,503	4 490	28,8	503	755	1,01 A	1,26 A	1,51
0,90	0,636	5 680	36,4	636	955	1,27 A	1,59 A	1,91 A
1,00	0,785	6 990	44,8	785	1,18 A	1,57 A	1,96 A	2,36 A
1,5	1,77	15 800	101	1,77 A	2,65 A	3,54 A	4,42 A	5,30
2,0	3,14	28 000	180	3,14 A	4,70 A	6,27 A	7,85 A	9,40 A
2,5	4,91	44 000	280	4,91 A	7,37 A	9,82 A	12,3 A	14,7 A
3,0	7,07	63 200	405	7,07 A	10,6 A	14,1 A	17,6 A	21,2 A
3,5	9,62	86 000	551	9,62 A	14,4 A	19,2 A	24,0 A	28,8 A
4,0	12,6	112 000	720	12,6 A	18,9 A	25,2 A	31,6 A	37,8 A

[1]) Die angegebenen Drahtdurchmesser gelten für die blanken Drähte. Bei Kupferlackdrähten ist der tatsächliche Durchmesser um die doppelte Lackschicht dicker und zwar ungefähr 0,012 mm bei Drähten bis 0,1 mm ⌀, 0,02 mm bei Drähten bis 0,2 mm ⌀ und 0,03 mm bei Drähten bis 0,6 mm ⌀. Bei dickeren Drähten muß man schließlich mit einer Durchmesserzunahme (durch die Lackschicht) von etwa 0,05 mm rechnen.

Sachverzeichnis

A
Ablenkkoeffizient 132
- spule 127
- system 127
Ablenkung 83, 127
Abstimmanzeigeröhre 125
Achtpolröhre 113
Aktives Bauelement 77
Analoge monolithische IS 240
Aluminium-Elektrolytkondensatoren 43
Anheizzeit 78, 89
Anlaufgebiet 91
Anode 169
Anodenspannung 94
- strom 94
Antimon 159,163
Antiparallelschaltung 155
Anzeigeröhre 143
Arbeitspunkt 94, 199
- widerstand 102, 115
Arsen 159
Atomhülle 157
Atomkern 157
Ausgangsübertrager 69
Außenwiderstand 100
Austrittsarbeit 77
- geschwindigkeit 77
Avalanche-Effekt 175

B
Barium-Strontium-Oxid 78
Basis 1
Basis-Emitter-Spannung 184
Basisstrom 181
Belastbarkeit von Widerständen 14
Bifilarwicklung 78
Bild-Bild-Wandlerröhre 119
Bild-Signal-Wandlerröhre 120
Bildwandler 119
Binär 73
Bipolar 46

Blitzröhre 150
Bremsgitter 104
Brennspannung 145, 154

C
Cadmiumsulfid-Helleiter 29
Caesium 114
Charakteristik 91, 95, 185

D
Defektelektron 161
Dehnung 23
Dehnungsmeßstreifen 23
Diac
Diac 221
Dickschicht-Technik 229
Dielektrikum 38
Differenz-Verstärkerstufe 242
Differenzspulenaufnehmer 59
Diffusionslegierter Transistor 204
Digitale monolithische IS 236
Digitale Verknüpfungsglieder 237
Diode 90, 169
DIP-Ausführung 236
Direkte Heizung 89
Donator 160
Doppelbasistransistor 208
Doppeldioden 93
Doppellochkern 57
Doppel-Pentode 114
Doppel-Triode 114
Dotierung 160
Drahtquerschnitt 13, 17
Drahtwiderstand 13, 17
Drain 208
Drehkondensator 47
Drehwiderstand 20
Dreipolröhre 94
Drifttransistor 205
Dual-In-Line-Gehäuse 236
Dünnschicht-Technik 230

Sachverzeichnis

Duodioden 93
Durchbruchspannung 175
Durchgriff 95
Durchlaßrichtung 166
Dynamische Kennlinie 94, 99
– Steilheit 94, 99
Dynamische Werte 94, 99
Dynode 118

E
Edelgassicherung 150
EE-Schnitt 56
Eigenkapazität 57
Eigenleitung 161
Eigenleitungsschicht 161
Einweggleichrichtung 92
EI-Schnitt 56
Elektrisches Feld 83
Elektrolyt-Kondensator 43
Elektromagnetische Ablenkung 127
Elektronenemission 77
Elektronenoptik 125
Elektronenröhre 77
Elektronenstrahl 83, 125
– röhre 125
– zählröhre 136
Elektronenvervielfachung 118
Elektrostatische Ablenkung 133
Elementarladung 82
Elemente 159
Emission 79
Emitter 181
– strom 181
Endpentode 111
Entionisierung 85
Epitaxial-Transistor 205
Esaki-Diode 172

F
Farad 35
Farbbildröhre 129
Farbcode 12, 35
Farbfernsehröhre 129
Farbpunkt 129
Farbringe 12
Feldeffekt-Transistor 206
Feldemission 81
Feldlinien 31

Feldplatten 31
Fernseh-Bildröhre 129
Ferrit 57, 73
FET 206
Flipflop 237
Flat-Pack-Gehäuse 236
Flüssige Katode 153
Fluoreszenz 126
Fokussier-Elektrode
Fotodiode 224
Fotoeffekt 114
Fotoemission 79
Fotokatode 114
Fotoleiter 28
Fototransistor 225
Fotothyristor 226
Fotovervielfacher 118
Fotozelle 115
Füllfaktor 61
Fünfpolröhre 104

G
Gallium 159
Gamma-Strahlen 81
Gasentladungsröhre 142, 152
Gasfüllung 85, 117, 142
Gasgefüllte Röhre 85, 142
– Fotozelle 85
Gate 208
Gehäuse 206, 235
Geiger-Müller-Zählröhre 151
Germanium 159
– -Diode 169
– -Kristall 161
Gitter 95
– strom 94
– vorspannung 94, 108
Gleichstrom-Vormagnetisierung 71
Gleitende Schirmgitterspannung 108
Glimmanzeigeröhre 143
Glimmer-Kondensator 43
Glimmlampe 142
Glimmlicht 142
Glimmrelaisröhre 145
Glimmröhre 142
Glimmstabilisator 144
Glimmthyratron 147
Glimmzählröhre 149

Sachverzeichnis

Glühkatode 89
Golddrahtdiode 171
Grenzschicht 164

H
Halbleiter 157
– -Dioden 167
Hall-Effekt 226
Hallgenerator 226
HDK-Kondensator 42
Heißleiter 27
Heizung 89
Helleiter 28
Heptode 113
Hexode 113
Hf-Übertrager 72
Hochfrequenzspule 57
Hochfrequenz-Transformator 72
Hochvakuum-Diode 90
Horizontal-Ablenkung 127
Hybrid-Technik 229, 239
Hysteresisschleife 74

I
Ignitron 153
Impulsbetrieb (eines Kondensators) 37
Impulsleistung 15
Indirekte Heizung 89
Indium 159
Induktive Meßgrößenaufnehmer 59
Induktivität 55, 59
Induktivitätsfaktor 55, 59
Infrarot-Bild-Wandler 119
Infrarot-Strahlung 119
Innenwiderstand 96
Integrierte Halbleiterschaltung 232
Interbasisspannung 208
Intrinsic-Material 161
Ionenfleck 128
Ionenröhre 142
IC 229
IS 229
JK-Master-Slave-Flipflop 237

K
Kaltleiter 25
Kapazität 35
Kapazitätsdioden 52

Kapazitäts-Variations-Diode 52, 222
Kapazitive Meßgrößenaufnehmer 51
Katode 77, 169
Katodenstrom 77
Katodentemperatur 91
Kernschnitt 56
Kenngrößen von Transistoren 191
Kennlinie 91, 95, 185
Keramik-Kondensator 41
Kern 63
Kernblech 56
Klystron 139
Kohleschichtwiderstand 13, 19
Kollektor 181
– strom 184
Kollektor-Emitter-Spannung 184
Kollektor-Emitter-Strom 184
Kondensator 35
Konstantan 18
Kristall 160
– gitter 160
Kunststoff-Folien-Kondensator 40
Kunststoffgehäuse 236
Kunststoff-Kondensator 40
Kupferoxydul 167

L
Ladung 81
Ladungsträger 81
Laserdiode 224
Laufzeitröhre 138
Lawineneffekt 175
Leckstrom 209
Legierungstransistor 205
Leitungsvorgänge 77
Leuchtschirm 126
Lichtgeschwindigkeit 127
Lichtgesteuerte Röhre 114
Lichtquant 114
Linse 125
Loch 163
Lochmaske 129
Löschspannung 145, 154, 217
Logarithmische Drehwiderstände 22
L-Schnitt 56
LSI-Schaltungen 239

Sachverzeichnis

M
M-Schnitt 56
Magisches Auge 134
– Band 136
Magnetfeld 31
Magnetische Speicher 73
Manganoxid 57
Mantelkern 56
Massewiderstand 19
Mehrgangpotentiometer 22
Mehrgitter-Röhre 113
Mesa-Transistor 204
Metall-Kunststoff-Kondensatoren 40
Metall-Lack-Kondensator 41
Metall-Oxyd-Silizium-Feldeffekt-
 Transistor (MOS-FET) 210
Metall-Papierkondensatoren 39
Metallschichtwiderstand 19
Minoritätsträger 162
MIS-FET 212
Monolithischer Schaltkreis 231
MOS-FET 210
MP-Kondensator 39
MSI-Schaltungen 239

N
Nachbeschleunigung 133
Nachleuchten 126
NDK-Kondensator 42
Netzelektrode 125
Netztransformator 61
Nf-Übertrager 69
Nickelantimonid 32
Nickeloxid 57
Niederfrequenzspule 55
Niederfrequenztransformator 69
n-Kanal 162
n-Leitung 162
npn-Transistor 185
NTC-Widerstand 27

O
Ohm 11
Oktode 113
Operationsverstärker 240
Oszillograf 134
Oszillografenröhre 134

P
Papier-Kondensator 38
Peltier-Effekt 227
– -Element 227
Pentode 104
Permeabilität 58
p-Kanal 162
Planar-Transistor 231
Planartechnik 233
Plattenschnitt 47
p-Leitung 162
Plumbicon 122
pn-Übergang
pnp-Transistor 185
Potentiometer 20
Primäremission 80
Primärwicklung 65, 71
PTC-Widerstand 25
Proton 157

Q
Quecksilberdampf-Stromrichter 153
Quelle 208

R
Radioaktive Emission 81
Raumladung 91
Rauschsignal 16
Rechenverstärker 240
Rechengeschwindigkeit 233
Rechteckferrit 74
Referenzelement 180
Reflexklystron 139
Regelkennlinie 108
Regelpentode 108
Regelung 108
Relaisröhre 145
Ringkern 57, 74
Röhre77
Röhrenkapazität 112
Röntgenröhre 136
Rotor 47

S
Sättigung 91
Schalenkern 57
Schaltelemente 232
Schichtwiderstand 18

Sachverzeichnis

Schirmgitter 104
– röhre 104
– -Spannung 104
Schmetterlings-Drehkondensator 49
Schleusenspannung 168
Schraubkern 58
Sekundärelektronen-Vervielfacher 117
Sekundäremission 80
Sekundärwicklung 62, 67, 71
Selen 168
Senke 208
Siebdrossel 55
Siebenpolröhre 114
Signal-Bild-Wandlerröhre 124
Silizium 159
– -Diode 173
– -Gleichrichter 174
– -Kristall 161
Sintern 45
Source 208
Spannungsabhängiger Widerstand 30
Speicher 73
Spektrale Empfindlichkeit 114
Sperrschicht 165, 208
Sperrspannung 169
Spezifischer Widerstand 17
Spitzentransistor 181
Spulen 55
– körper 56
Stabilisierung 201
Statische Kennlinie 91
Stator 47
Steilheit 96
Steuerbarer Siliziumgleichrichter 217
Steuersteg 134
Störstelle 160
Störstellenleitung 162
Stoßionisation 85
Strahlungszählröhre 151
Streufeld 55
Streuinduktivität 55
Strombelastbarkeit 13
Stromdichte 66
Stromtor 153
Stromverstärkung 183
Substrat 230, 232
Superikonoskop 120
Superorthikon 120

T
Talspannung 172
Tantal-Elektrolytkondensator 45
Tantal-Technik 231
Temperaturkoeffizient 25
Temperaturverhalten (von Halbleitern) 179, 199
Tesla 65
Tetrode
Thermisches Rauschen 16
Thermoemission 78
Thyratron 153
Thyristor 217
TO-Gehäuse 235
Transfluxor 75
Transformator 61
Transistor 181
Treibertransformator 69
Triac 221
Trimmer-Kondensator 49
Trimmer-Widerstand 20
Triode 94
Trockengleichrichter 167
Tunneldiode 172

U
Überspannungssicherung 150
UI-Schnitt 56
U-Kern 57
Ummagnetisieren 73
Ungepolter Kondensator 46
Unijunction-Transistor 212

V
Valenzelektron 157
Varactor 52, 222
Variometer 59
Varistor 30
VDR-Widerstand 30
Veränderbare Spule 58
Veränderbarer Kondensator 47
– Widerstand 20
Verbundröhre 114
Verlustfaktor 65, 57
Vertikal-Ablenkung 127
Vidikon 123
Vierpolröhre 103
Vierschicht-Diode 214

Sachverzeichnis

Vierschicht-Triode 217
Vollweg-Schaltdiode 212
Vollweg-Thyristor 221

W
Wehnelt-Zylinder
Weichmagnetische Werkstoffe 225
Wellenlänge 79, 81
Widerstandswendel 134
Widerstandswert 11
Wickelraum 72

Wicklungswiderstand 55
Wirbelstrom 54

Z
Zählrohre 151
Z-Diode 175
Zener-Effekt 176
Ziffernanzeigeröhre 143
Zinkoxid 57
Zündkennlinie 154
Zündspannung 145, 154, 217
Zuverlässigkeit 233

Fachbücher zur weiteren Fortbildung in der Elektronik

Hans-Joachim Siegfried
Leitfaden der elektronischen Steuerungs- und Regelungstechnik

Als echter Leitfaden führt das Werk Techniker aller Sparten in die elektronische Steuerungs- und Regelungstechnik ein. Es entstand in langjähriger Unterrichtspraxis und eignet sich deshalb als Lehrmittel in den Anwendungsfächern berufsbildender Schulen. Aber auch beim Selbststudium wird es seine Aufgabe erfüllen, denn zahlreiche Merksätze, Übungs- und Wiederholungsaufgaben zu jedem Kapitel mit dazugehörigen Lösungen machen das Lernen des Stoffes leicht.

Teil 1: Elektronische Steuerungstechnik

Zunächst wird die Schaltalgebra als Basisfach für logische Verknüpfungen gelehrt. Danach werden die Grundschaltungen der Steuerungstechnik dargestellt und anschließend das Entwerfen von Steuerschaltungen mit Hilfe der Schaltalgebra geübt. Zu einer vollständigen Steuerung gehört auch das Stellglied, das ausreichend besprochen wird. Darauf kann der Leser an die wichtigsten Steuerungsprobleme bei Elektromotoren herangeführt werden. So hat der Lernende einen vollständigen Abriß in die Hand bekommen, der ihn in die Lage versetzt, aus einzelnen Grundschaltungen (Grundbausteinen) vollständige Steuerschaltungen zu erfassen.

Teil 2: Elektronische Regelungstechnik

Dieser Teil behandelt zunächst die numerisch gesteuerten Arbeitsmaschinen, bei denen Steuerungs- und Regelungsaufgaben zusammentreffen. D. h., es geht um Programmierung, maschinelle Informationsverarbeitung, Steuerungsarten, Betrachtung der Wirtschaftlichkeit usw. In dem weiteren Abschnitt zeigt der Verfasser eine elektronische Regelungstrecke frei von mathematischem Ballast, anschaulich für den Praktiker. Im Mittelpunkt stehen der Analog-Rechenverstärker und die Schaltung verschiedener Regelkreise. So kann der Benutzer des Bandes bald auf breiter Basis fußend den für seinen Fall besten Regler aussuchen und dessen optimale Einstellwerte ermitteln,

Teil 1: Elektronische Steuerungstechnik. 192 Seiten, 48 Bilder und zahlreiche Tabellen. Kartoneinband etwa DM 22,—. Best.-Nr. 525. ISBN 3-7723-5251-0

Teil 2: Elektronische Regelungstechnik. Etwa 200 Seiten, 134 Bilder und 13 Tabellen. Kartoneinband etwa DM 22,—. Best.-Nr. 584. ISBN 3-7723-5841-1

FRANZIS-VERLAG MÜNCHEN